JN205089

戎光祥中世史論集 第6巻

戦国大名の土木事業

中世日本の「インフラ」整備

鹿毛敏夫◉編

戎光祥出版

中世日本の「土木」と「インフラ」――はしがきにかえて

いつの頃からか、日本でも「インフラ整備」という言葉をよく聞くようになった。

英語の「インフラストラクチャー」（略して「インフラ」）とは、「下部構造」「下支え」や「基盤」という意味で、経済用語として、人間の社会生活や経済活動の基盤を形成する道路・水路・港湾・鉄道・空港・情報通信網といった産業基盤や、住宅・上下水道・灌漑・排水・公園・環境衛生などの生活基盤を意味するようだ。これらの整備は、特に都市整備と産業発展を図るうえで欠かせない要素で、世界史的には古代ローマにおける道路や上下水道の整備事例が著名だろう。

日本史でも、大規模土木事業を伴うインフラ整備が古代から行われてきたはずだが、一般的な教科書を見る限り、それらしい記述は、江戸（日本橋）を起点とする幹線道路「五街道」や飛脚による通信制度の整備、河村瑞賢による東廻り・西廻り海運ルートの全国的整備、芦ノ湖からの箱根用水や利根川からの見沼代用水をはじめとした幕府・大名による治水・灌漑事業、江戸・大坂・京都の三都における都市開発等、江戸時代以降の事例がメインであり、あたかも日本の古代・中世にインフラ整備はなかったかのような錯覚に陥ってしまう。

そこで本書では、近世に先がけての中世におけるインフラ整備の実態をとらえ、その諸相を分析する。特に、戦国大名や国人領主による大規模土木事業の事例を広く紹介し、各地で実施された事業がどういう政策的特徴をもち、当時の社会全体にどのような影響を及ぼしたのか、主に文献史料と考古史料の考察データに基づき論じていきたい。

「戦国大名の土木事業――中世日本の「インフラ」整備」の実態を解明するステージとして、三つの切り口を準備した。

まず、第一のステージは、「戦国大名・国人領主の土木政策と城郭」である。冒頭、木村信幸「十六世紀後半における安芸国吉川氏の土木事業」では、中国地方の吉川氏による城・館・寺の築造と整備の実態について、具体的に日山城や万徳院、吉川元春館等の事例にそくしてその特質を考察する。次に、九州地方では、吉田寛「豊後府内における道路と土木工事」で、豊後大友氏の拠点都市府内について、特に考古調査の成果に基づいた道路遺構（街路）の構造とその工法、街路に付帯する諸施設の実態を具体的に紹介する。

一方、新名一仁「『上井覚兼日記』にみる土木事業――城郭普請を中心に」では、戦国大名島津氏の老中上井覚兼による宮崎城をはじめとした普請・造作・誘の事例を、同氏が残した「日記」史料を中心に分析していく。そして、四国伊予の城郭整理については、山内治朋「小早川期伊予の城郭政策――統一政権下の城割と領国統制」において、特に豊臣政権下の小早川隆景による城割の推移と、その政策の特質について考察し、そこから異なる地域性や実情に合わせた現実的政策の特徴をあぶり出す。

中国・九州・四国の各地における戦国・織豊期の大名権力や国人による城や館、道路の造作とその整備の状況について、比較しながら読み進めていくことで、地域や政権の性質の相違点についても解読していただければと思う。

第二のステージとしては、「中世の都市設計」を用意した。ここでは、近年までに文献史学と考古学の双方による調査・分析が進展した四つの都市を比較したい。まず最初の、北島大輔「大内氏の町づくり――中世都市山口の〝原点〟の発見」では、周防大内氏の拠点都市山口における館建設の時期とその地割技術、町並みにおける街路の整備がもたらした都市軸の創出の問題等について、大内氏館、および「大殿大路」と「竪小路」の交点をキーワードとして分析する。次に、青木勝士「戦国大名相良氏の「八代」整備」が論述する肥後相良氏の拠点都市八代については、従来の地籍図による図上復元の成果を考古データで検証、修正していく手法により、地名や寺院の正確な比定を行い、町割の基準軸を明らかにして都市整備のグランドプランを考察していく。

一方、水野哲雄「中世博多の都市空間と寺院「関内」」では、同じ九州における筑前博多について、特に「関内」と呼称する、多くの町屋敷が並び建つ寺院付随の都市空間の実態を分析する。そして最後に、中国地方の日本海側では、石見の国人領主益田氏による開発に注目したい。中司健一「中世益田上本郷の発展過程についての試論」において、その居館である三宅御土居と七尾城を含む益田上本郷一帯の開発について、益田川の北側地域における南北朝時代の先行開発から、南側地域における同氏主導のもとでの町並み整備にいたる推移を明らかにしていく。

周防山口・肥後八代・筑前博多・石見益田という四つの中世都市について、その設計と開発・整備、都市空間の中世的特質について総合的に感じ取っていただければ幸いである。

締めくくりとしての第三のステージは、「中・近世の社会基盤整備」である。冒頭の竹田和夫「平安～室町期における生活の中の水を考える――古典文学作品と絵画資料を中心に」では、まず、古代・中世を生きた人びとが、水をどう意識し関わってきたかという重要な課題について考察するが、特に、導水の観点から文学作品や絵巻物に記された懸樋・遣水・雨落溝・井戸・曲物等に着目したい。二番目の津野倫明「朝鮮出兵期の長宗我部領国における造船と法制」では、朝鮮出兵時に豊臣政権が発した大規模造船命令に対応し、長宗我部氏が海事関係法制の整備を行う様相を明らかにする。加えて、土佐の沿岸航路の整備や木材・碇綱等の造船用資材の調達、「舟大工」や「舟手衆」等の人材確保の実態も考察する。

三番目の川口洋平「中・近世における貿易港の整備――博多・平戸・長崎の汀線と蔵」では、中世から近世までを見通し、貿易港の社会基盤整備の実態について、礫敷き遺構や石積護岸等の分析から博多・平戸・長崎を比較する。そして最後の鹿毛敏夫「戦国大名のインフラ整備事業と夫役動員論理」では、戦国大名大友氏による筑前と豊後の治水・利水・灌漑事業の実例を複数紹介し、その事例を豊臣政権期や近世期に全国的に活発化する公共性の高いインフラ整備事業の先がけとして評価する。しかし一方で、そうした大規模土木事業における夫役の徴発については、戦国期と豊臣期ではその動員論理に質的に大きな相違を認める。

平安から中世、近世までの長期間の見通しのなかで、人びとの生活における水への意識の問題から、造船・航路・港湾等の各機能、治水や灌漑、そして、大名権力の夫役動員の論理の問題まで、社会基盤整備に関わる各要素の成熟過程について読み取っていただけるものと思う。

文献史料の残存状況においてきわめて論証の難しい分野のひとつである「戦国大名の土木事業――中世日本の「インフラ」整備」だが、近年著しい研究成果を挙げつつある中世考古学の分析結果との整合性に留意しながら文献を再確認することで、従来見落としていた史料を再発見したり、既出史料の読みや意義に新たな価値を付加できたりという事例も少なくない。文献史学と考古学による学際的な共同研究の成果として、決して戦争と破壊に明け暮れたわけではない戦国時代日本の「土木」と「インフラ」の具体相を楽しんでいただければ幸いである。

二〇一八年四月

鹿毛敏夫

目次

第3部　中・近世の社会基盤整備

第1部　戦国大名・国人領主の土木政策と城郭

Ⅰ　十六世紀後半における安芸国吉川氏の土木事業

木村信幸

はじめに

本稿では、十六世紀後半に戦国大名毛利氏の一翼を担った吉川氏の土木事業を取り上げる。まず、一節において吉川氏の権力成長過程を概観し、当該期の吉川氏の性格を押さえるとともに、本稿で紹介する土木事業を行った背景についてまとめておく。次いで、二節以下において、当該期の吉川氏の城・館・寺を具体的に取り上げ、その土木事業を紹介することとする。

一、十六世紀後半における吉川氏の性格と土木事業の背景

吉川氏は、元々は駿河国入江荘（静岡市清水区入江）を本領とする入江氏の庶家であった。吉川氏を名乗るのは、入江景義の子経義が同荘内吉川村に居住したことから始まる。この吉川氏が安芸国（広島県西部）と関係を有するようになるのは、経義の曾孫経光が承久の乱（一二二一年）の戦功によって大朝本荘（広島県北広島町大朝）の地頭職

を獲得したことによる。この地頭職は経光の子経高に譲られ、経高が鎌倉末期に安芸国に下向・居住したと従来言われてきたが、その徴証は認められない。経高は播磨国福井荘東保上村（兵庫県姫路市）に居住していたと考えられ、鎌倉時代末期にその子供の世代が大朝本荘に移住するのである。

移住した大朝本荘の惣領地頭や一分地頭の吉川氏一族面々は、南北朝動乱から応永年間（一三九四〜一四二八）へと続く内乱の過程で、没落したり勢力を強めたりする。中でも荘内の鳴滝を譲られ石見国の三隅（みすみ）氏の庶子永安氏の養子となった経茂の系統は、その子経兼（初名は経明）・孫経見のときに大朝新荘（北広島町新庄）を獲得し、本拠をここに移す。そして、経見は大朝本荘枝村内の大塚・妻鹿（めが）原や志路（しじ）原（わら）村内の石・中原（同上石・海応寺・下石・中原・西宗）などを獲得して勢力を拡大し、応永二十二年（一四一五）に幕府から吉川氏全体の惣領の地位を承認される。こうして室町・戦国期の吉川氏惣領家が成立するのである。[1]

惣領家は庶子家統制と国人領主連合の形成・維持・強化という課題の克服に努め、権力を維持・強化するのであるが、そのための重要な施策が前惣領であった「隠居」の政務参画であった。惣領の地位を退いた「隠居」が新しい惣領の下で外交・軍事を担い、惣領を後見・補佐したのであった（惣領―隠居制）。なお、この権力の二元的な在り方は、本拠城（現在の小倉山城跡）の構造にも反映され、惣領（当主）が本丸を、隠居が「三重」（三の丸）をそれぞれ保持し、そこに居住していたと考えられる。このシステムの下で、惣領家は、譜代家人をはじめとして本領や給所（新獲得地）などの所領内の有力層や庶子家出身者などを「被官」（直属家臣団＝直臣団）に編成し、直臣団を充実させていった。

また、惣領の実名の後字に通字「経」を用いることにより、庶子家の持つ出自的な同等意識の克服に努めた。そして、庶子家の面々に惣領の名代として軍事指揮に当たらせたり、「役人」として行政的・統治権的支配を行わせたりすることによって、惣領の権力行使・機能を代行・補完させていった。このように、惣領家は、直属家臣団を充実させて庶子家統制を進めていき、庶子家を「同名」（親類衆）として家臣上層に編成し、しだいに惣庶関係を主従関係に変化させていったのである。(2)

こうして、吉川氏は安芸国の主要な国人領主に成長するのであるが、この間、幕府・管領細川氏（戦国期には出雲国の尼子氏）と周防・長門両国を中心とする地域大名大内氏の両勢力の狭間で去就を迫られ、その対応に苦しむ。天文八年（一五三九）二月以前に、尼子氏勢力が備後国北部の「志和地城」（広島県三次（みよし）市）・安芸国北部の「北の城」（同安芸高田市）を攻略するのに呼応して、吉川興経は毛利氏勢力下の壬生城（北広島町壬生）を攻めて「山県表」（同町壬生・有田・今田を中心とする地域）を占拠する。こうして毛利氏の本拠吉田（安芸高田市）の北東・北・西を包囲した尼子勢は、翌九年九月から毛利氏を攻撃するのである（郡山合戦）。興経もこの攻撃に加わるが、翌十年正月に尼子勢は敗北・退却した。この後、興経は大内方に転じ本領を安堵されるが、山県表侵攻の拠点であった与谷城（北広島町寺原）を失ってしまう。(3)

翌天文十一年から始まった大内氏による尼子氏攻めに興経も従軍するが、翌十二年に再び尼子氏に与して富田城に入り、大内方の総退却の引き金となった。この結果、大内義隆は、同年八月十八日付けで「吉川所帯」（吉川家）を毛利元就に与えるのである。これは大内氏による吉川家取り潰しであるが、実質的な吉川氏の在地支配は続いているのであり、毛利氏がすぐさま吉川氏の掌握に乗り出したわけではない。吉川興経が所領を隣接する毛利氏と敵対し、このような段階に至ってもなお尼子氏と大内氏の両大名権力の狭間で存在し勢力を維持し得たのは、吉川・毛利両氏間を取り持つ隠居の祖父国経と叔母（国経の娘で毛利元就の妻。法名は成室妙玖）の尽力の賜物であった。

しかし、天文十三年に祖父国経、翌十四年（一五四五）に叔母が相次いで死去すると、興経は毛利氏と決裂し尼子方の旗幟を鮮明にして、郡山合戦の戦後処理の一環で奪われた与谷城に替わる山県表侵攻の拠点として日山城を築き入城する。隠居の死により権力を一元化した興経は、大朝新荘と山県表との境目にある火野山に築城することによって、山県表で勢力が拮抗する毛利氏を攻撃する意思を表明したのである。一方、吉川氏「同名」で「役人」の地位にあった吉川経世（国経の次男。興経の叔父）らは、興経の施策に反対し、与谷城を拠点として毛利元就・成室妙玖夫妻の次男元春を擁立する。こうして吉川家中は分裂したのである[4]。

元春は、天文十二年に兄隆元から加冠され「元」の字を拝領し、翌十三年末には高橋一族北氏を相続した叔父の就勝（元就の異母弟）の後継者となっていた。この元春が天文十六年に興経の養子となって吉川氏の家督を相続することにより、吉川家中の分裂という事態が収拾されることになる。同十八年には大内義隆が元春の吉川家相続を承認し、大内氏によって取り潰された吉川氏は名実ともに「復活」する。

翌十九年正月、元春は日山城に入り、九月には興経とその与党勢力を粛正し、毛利氏与党の吉川氏家臣団と吉田から召し連れた旧毛利氏家臣団とを併せて新たな家臣団を編成した。そして、年末には毛利隆元から下品地など現在の北広島町内の所領を与えられ、毛利家中と同様の「諸役等」を果たすよう命じられる。このように、元春は隆元に最も身近な毛利氏親類衆のまま国人領主吉川氏の当主となり、吉川家を「復活」させたのであり、当該期の吉川氏の性格を考える際にはこの点に注意を要する。

この後、元春は小早川家を相続した弟の隆景と共に、「両川」として毛利氏の政務に参画する。そして、当主の元就・隆元・輝元と共に連署判物に署判して毛利氏を代表したり、毛利氏の外交、国人領主統制及び家中統制に当たったりした。その際、高橋北氏及び吉川氏が歴史的に形成した大内氏及び細川（尼子）氏与党の国人領主とのネットワーク・情報を、共に元春が相続により継承したことはきわめて重要であった。これを基盤として、元春は大内・細川（尼子）両陣営に属したすべての国人領主と連絡・調整して毛利氏に味方するよう尽力し、形成した同盟関係を維持したのである。また、編成した家臣団を駆使して、毛利氏の家中運営と合戦遂行支援に当たった。こうした毛利氏政務の補佐・補完に当たっては、国人領主や家臣等の意識に配慮し、それを代弁することによって毛利氏当主の機能に一定の制限を加えることもあったが、そうすることによって毛利氏の領国支配は成り立ったのであった。[5]

このように、当該期の吉川氏は安芸国人領主（国衆）であるとともに、戦国大名毛利氏当主に最も身近な親類衆であり、毛利氏権力の一翼を担う存在であった。[6]

さて、元春は、天正十一年（一五八三）秋冬頃に家督を長男の元長（初名は元資）に譲る。[7]それに伴い、「石」「伊志」（北広島町）に隠居所として館（現在の吉川元春館跡）を造り、ここで生活するようになる。元春の転居に合わせて、館を中心とした地域が整備され、吉川氏親類衆や奉行人（官僚）たちの中には館周辺に居住する者が現れる。こうして戦国期城下町としての「石」が成立する。[8]

元長は、元亀二年（一五七一）に従兄弟の毛利輝元と秘密を共有する契約（起請文）を交換することを皮切りに、以後政務に参画するが、直後の天正二年（一五七四）秋頃に「万徳院」という「草庵」の建立を企画する。「アマタノ加勢」＝大勢の（万）神仏の加護（徳）により、疑心暗鬼に苛まれる自分を救済するためである。元長は山上の「城」で政務に加わりながら、「麓」の万徳院で〝院主〟のごとく活動していたようである。

天正十四年十一月に元春、翌年六月に元長が相次いで死去すると、家督は元春の三男の広家（初名は経言）が相続する。広家は、同十六年（一五八八）頃に日山城を改修する。これは、毛利輝元の郡山城の整備と軌を一にする威容を整えるものであった。また、この頃、万徳院を元長の「草庵」（別邸）から前当主の「廟所」（菩提寺）へと大改修する。家督相続前の立ち居振る舞いにより、広家は家臣たちから「無調法」な「無法者」とレッテルを貼られていたので、その汚名を返上し、元春・元長に仕えた家臣たちの信頼を回復するためであった[9]。

同十九年三月、豊臣秀吉の命により広家は出雲国の富田城に移る。広家は、館の地「土居」に元春の菩提寺である海応寺を建立するが、家臣たちも城下町「石」を跡にする。

慶長五年（一六〇〇）、関ヶ原合戦の敗北により、吉川氏は毛利氏家臣として周防国岩国（山口県岩国市）に移封される。これに伴い、万徳院・海応寺も移転する。こうして、吉川氏と安芸国との関係は途絶えるのである。

二、日山城の築造と改修

本節では、戦国後期の本拠城である日山城（図1）[10]の築造と改修について述べる[11]。

従来の研究では、毛利元就の次男元春が吉川家を相続する以前から、火野山に何らかの軍事的施設が設けられていたが小規模であり、相続後の天文十九年（一五五〇）二月に元春が新庄の小倉山城からここに本拠を移し、日山城として整備したといわれてきた。しかし、前節で述べた通り、天文十四年頃、祖父吉川国経・叔母成室妙玖の死に伴い権力を一元化した興経が、尼子方の旗幟を鮮明にして大内方の毛利氏と対決するため、大朝新荘と山県表の境目にある火野山に小倉山から本拠を移したのであった。興経が築き居住したのは、おそらく火野山の山頂地区（図1の27周辺）

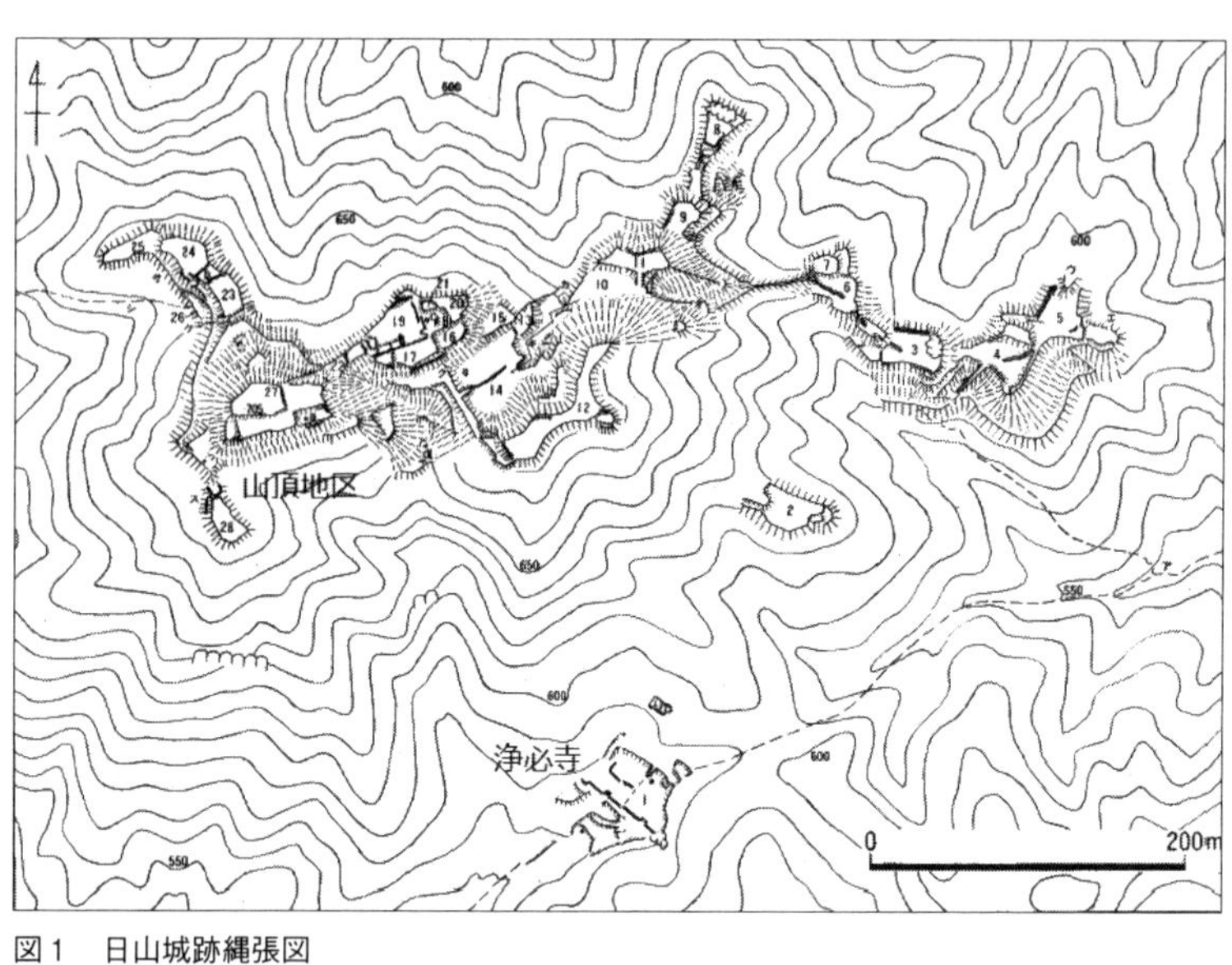

図1　日山城跡縄張図

であろう。そして、興経の養子となった元春は、同十九年正月、ここに入城した。

元春は、同年九月、興経とその与党勢力を粛正すると、永禄年間初頭までの一五五〇年代に、山腹に成室寺（図1の1浄必寺）を建立して実母成室妙玖の菩提を弔うとともに、彼女の毛利・吉川両家中に対する影響力を利用して円滑な権力編成・強化を図ったと考えられる。[12] 永禄六年（一五六三）閏十二月、元春は出陣中の出雲から新庄に残っている重臣の粟屋元俊に宛てて日山城での正月の恒例行事の執り行いを依頼しているので、これ以前に城内に元春等の居住施設や政務を行う殿舎などが整備されていたようである。

また、永禄九年の尼子氏降服後、元春は出雲国から帰国すると「日山普請」を行う。元春在城中は、動員された「数百人」の民衆が交替で工事を行ったようである。翌年六月以降、元春は筑前・豊前両国の大友軍と戦うため九州に渡海した。元春の出陣に伴って大多数の民衆が軍事動員されたので、この間の普請は、吉川譜代家臣の森脇春秀と旧毛利氏家臣の井上与三右衛門尉の指示の下、「三十八人四十八人」が数十日間連続して務めた。
重労働によるためか、「普請衆」から不満の声が噴出したようで、元春は、自分の「供」は「人なミ」のことであって、「普請」のために残し置いた者は「一段辛労」であると労っている。工事の進捗は陣中の元春に報告され、元春は具体的に「注文」（仕様書）によって工事を指示した。年末に完成の報告を受けた元春は、自分が指示した通りの堅固な出来栄えに満足している。

これら永禄十年から十一年にかけての改修整備は、毛利氏が尼子氏を攻略して出雲国を征服したことと関係している。この後、山陰地域の国人を始め京都五山の僧などさまざまな人々が日山城を訪問するようになるが、これは、元春が「毛利両川」として戦国大名毛利氏の領国支配の一翼を担っていたからであり、日山城もこうした地位に見合うように整備されたのである。

前節で述べた通り、元春・元長急死後は元春三男の広家が相続し、翌天正十六年（一五八八）から日山城を整備する。これは、毛利輝元の郡山城の整備と軌を一にする威容を整えるものであった。しかし、同十九年三月、豊臣秀吉は広家に出雲国富田城（島根県安来(やすぎ)市）に移るように命じる。これにより、日山城の本拠城としての機能は終わり、整備工事も中途半端な形で終了する。現在、日山城跡の東端の郭（図1の5）には、西端に石塁があるが北・東端（ウ・エ）は自然地形のままであり、加工の痕跡が見られない。このような中途半端な様子は、完成前に工事が中断し、以後この城が使用されなくなったことを示していると推測される。

三、万徳院の建立

ここでは、中世文書や発掘調査成果から建設の意図・経緯、施設構造がよくわかる万徳院を取り上げる。

（1）創建・改修の経緯・目的

日山城の南麓一帯は「麓」「里」と呼ばれ、元春や元長の召に備えて近習が居住していたようで、元長の別邸「万徳院」も、この麓の「青松」と呼ばれた場所に造られた。天正三年（一五七五）のことである[13]。

前述の通り、元長は元亀二年（一五七一）の毛利輝元との起請文の交換を皮切りに政務に参画する。具体的には、父元春が築いてきた国衆らとの関係を自分の代に引き継ぎ、元春と共に国衆らからの愁訴を毛利氏に取り次ぐとともに、元春の後継者として家督相続以前から「家之儀」（吉川家の内政全般）を執り行っていた。

このような外交と内政に当たる中で、元長は同年配の同学の友であった西禅寺の周伯恵雍に長文の手紙[14]を書いている。これによると、まず、戦争のことについて、人を疑い人から疑われ、お互いにそしり合うなど、しみじみと落ち着いた気分になれない、そのような毎日が続くことを嘆いている。そこで、新たな寺院建立を思い立った。現在建設中のその寺は、「諸宗兼学之地」としたいので特定の「宗旨」は設けないが、表向きの本尊には弘法大師を安置し、心の中では釈迦如来・大日如来・阿弥陀如来の「三仏」を崇敬すると述べている。それは、諸宗の本尊の中でこの三尊が最も優れており、私のように罪深い者は何一つとして思いが叶わないので、この三尊をはじめとする「アマタノ加勢」＝大勢の神仏の加護が必要だ、と言うのである。

つまり、政務に携わる中、疑心暗鬼に苛まれる自分自身を大勢の神仏の加護によって救うために、万徳院を建立したのである。「万徳」とは、非常に多くの神仏の加護という意味と考えられ、万徳院とは、一つの宗派にとらわれず、いろいろな宗派を兼ね学び、「アマタノ加勢」を望むという「諸宗兼学」の寺を言い換えたものなのである。

天正十五年六月に元長が病死すると、同十七年か十八年頃に弟広家は前当主元長の「廟所」として改修する。広家は、改修とその後に行われたであろう落慶法要により元長の菩提を弔って、家臣からの信頼を回復しようとしたことは前述の通りである。

（２）発掘調査の成果と土木事業の特徴

万徳院跡は、次の四つの区域から構成されている（図２[15]）。
①本堂・庫裏などの主要な施設が建つ境内地（図３[16]）と北側斜面から成る中心部区域。
②①の西側丘陵に整備された西側区域（墓所）。九基の方形石積墳墓がある。
③②の南側に隣接する西南部区域。塔頭寺院と吉川元長の墓所と推定される方形石積墳墓（ＳＴ２１０）から成る。
④①の南側に続く参道を中心とする南側区域。塔頭寺院などがある。
このうち、①の中心部区域の発掘調査が実施されている。石垣下から石段を上がり表門（ＳＩ０１）を通って境内地に入ると、正面に本堂（ＳＢ０１）、西側（左側）に池庭（ＳＧ０１）、東側（右側）に庫裏（くり）（ＳＢ０２・０３）があり、本堂の北側（裏側）に霊屋（ＳＢ０４）、その東側（庫裏の北側）に風呂屋（ＳＢ０５）がある。これらの施設は徐々に

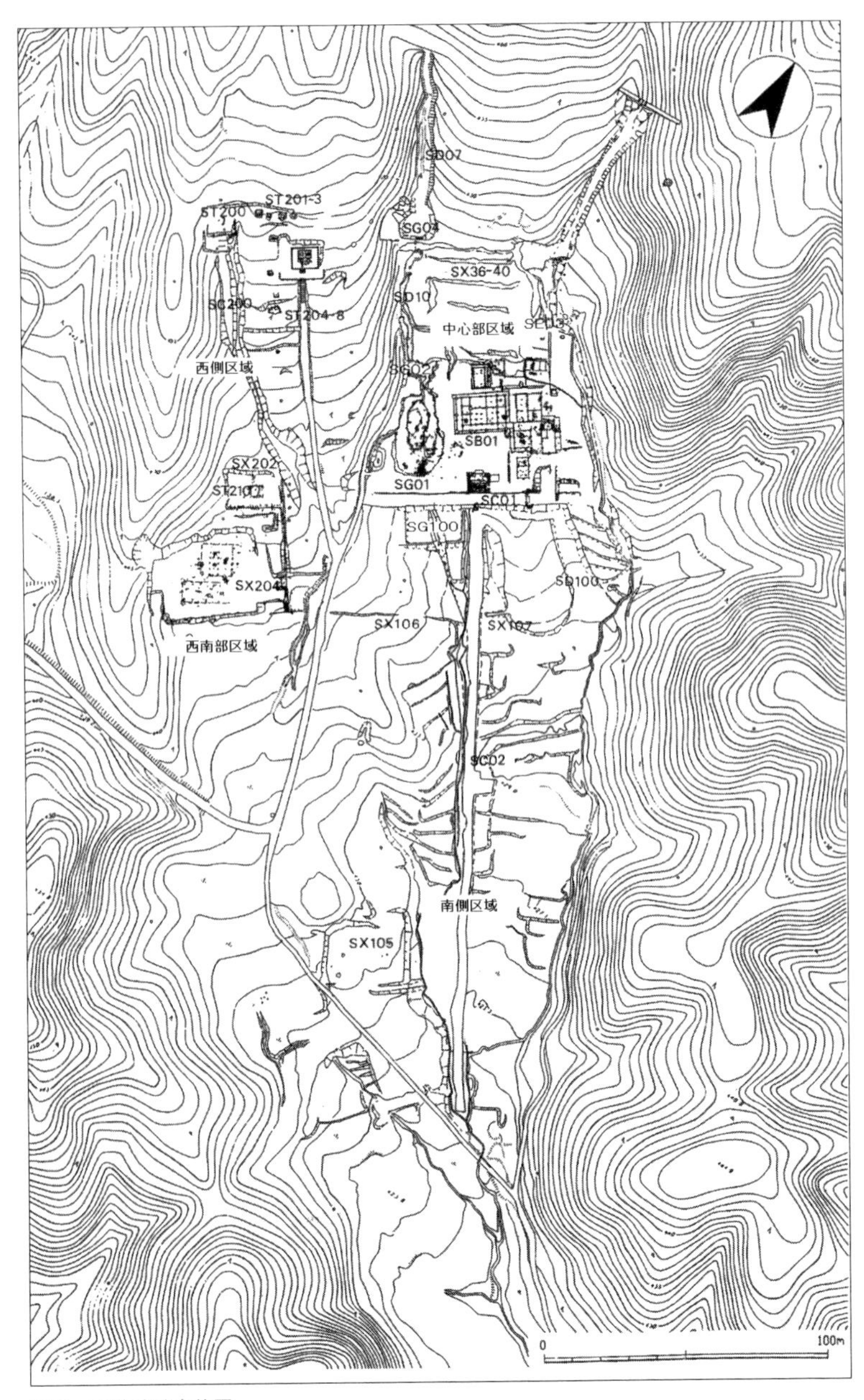
SD07
ST201-3
ST200
SG04
SX36-40
SC200
SD10
ST204-8
中心部区域
SE13
西側区域
SG02
SB01
SX202
ST210
SG01
SC01
SG100
SX204
SD100
SX106
SX107
西南部区域
SC02
南側区域
SX105
0
100m

図2　万徳院跡全体図

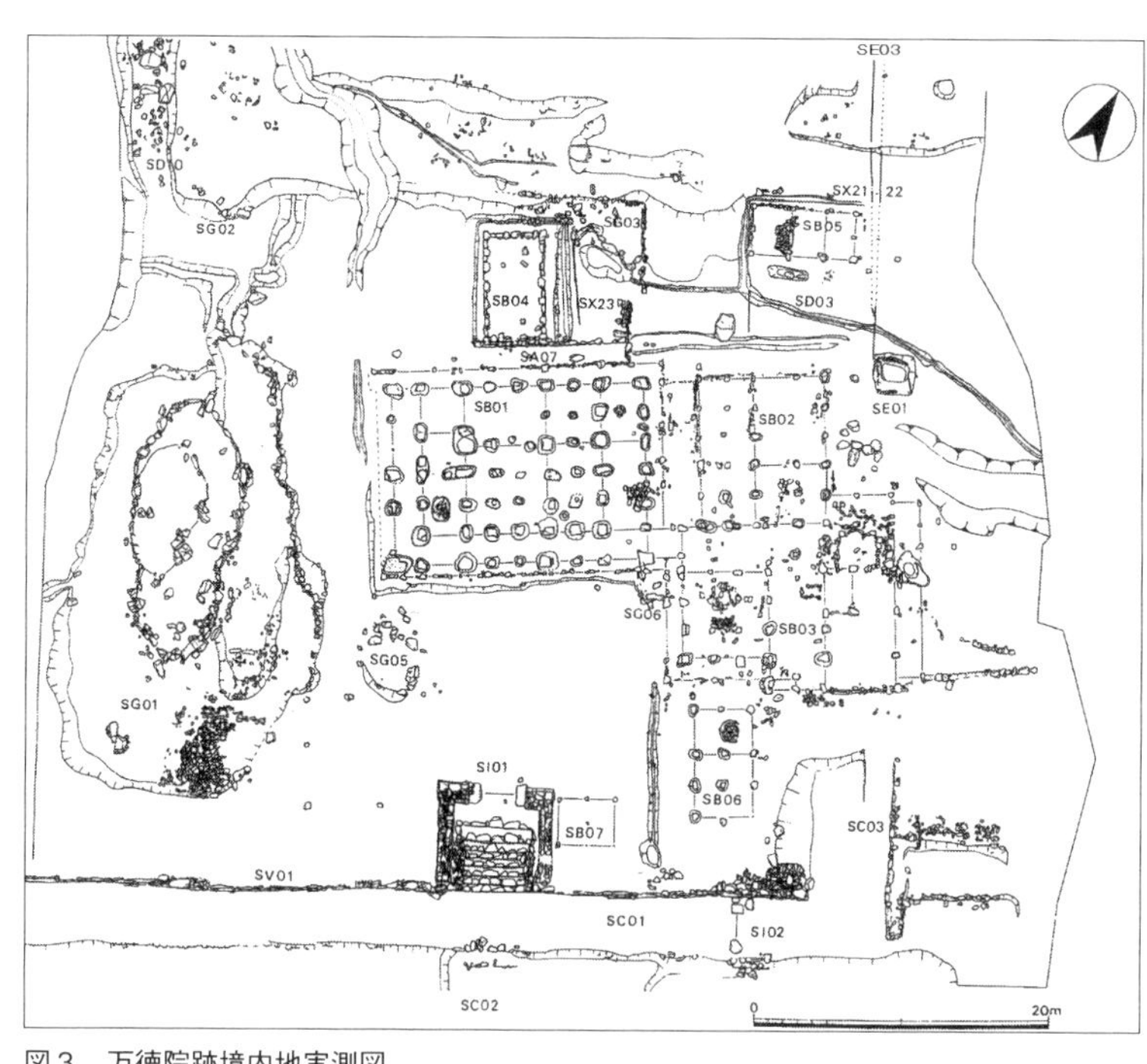

図３　万徳院跡境内地実測図

整備されたものと思われる（後述）が、現存例の少ない十六世紀末期を代表する地方寺院の遺構としてきわめて貴重である。その中から、注目すべき土木事業として、池庭の出水対策と水道施設を取り上げる。なお、石垣については、吉川元春館跡や他の遺跡と併せて五節で述べる。

【池庭の出水対策（図２・図３）】　池庭は境内地西側に設けられている。南北約三十メートル、東西約十二〜十八メートルの規模の池と、池の中央やや北寄りに南北約十八メートル、東西約八メートルの規模の中島から成る。この池庭の特徴は、旧来の谷筋をそのまま取り込んで造られたこと、そして水をたたえた池ではなく水の流れている池だったことである[17]。このような谷筋を利用した流れの池を造るため、出水時の綿密な対策が施されている。

まず、谷筋上流部に土塁堰堤を築いて溜め池（ＳＧ０４）を造っている。谷水はこの土塁堰堤の基底部に設けられた暗渠を流れ、出水時の大水や土石流はこの溜め池の土塁堰堤によって一時的に食い止められる。

次に、境内地北西隅に調整池（ＳＧ０２）を築いている。溜め池（ＳＧ０４）からの谷水は谷川流路（ＳＤ１０）を流れてここに達する。この調整池で、谷水が直進を阻まれて東へと直角に流れを変えられることにより、池への大水の直撃や土砂の流入を防いでいる。

そして、谷水はこの調整池の南東隅で流れを南へと変え、遣り水風に池へと導かれる。池は、旧谷地形を踏襲した中島の東側だけに谷水が流れるように、中島の西側を東側よりも約二十センチ高く地山を削り残し、かつ東側は南北で約七十センチの高低差を設けている。さらに、中島の西側の池底は北から南へと徐々に低くしていき、そのまま池の南部から南東部へと回り込んでテラス状に拡がっており、東側を流れた谷水を抱え込む。谷水はここでわずかに溜まり、オーバーフローした水がテラス内の栗石暗渠に吸い込まれ、石垣下の暗渠を経て境内地南外側にある方池（ＳＧ１００）へと排出される。

つまり、中島西側から池の南部・南東部へ続くテラスは出水時の洪水敷であり、池庭そのものが遊水池としての役割を果たしているのである。また、境内地の外側にある方池も出水時の大水による参道の崩壊を防止するための調整池として計画されたと考えられる。

このような幾重もの出水対策は、本堂を中心とする境内地の保全のために工夫されたものであり、石垣（ＳＶ０１）築造に伴う造成工事と同時並行で行われた。こうして、境内が出水と土砂で被災するのを防ぐとともに、境内地南端に設けた石垣の崩壊を防止したのである。仮に池庭を築いていなくても、境内地の保全のためには溜め池・調整池・遊水池などの何らかの出水対策が必要であったと考えられる。万徳院では、これらの出水対策施設をそのまま利用して、池庭を築いたのである。

小都隆氏は、万徳院創建時の境内地は二本の谷川に挟まれた斜面を削平・整地するとともに、東側の谷川をさらに東へと移設し旧谷川を埋めて敷地を広げ、ここに本堂（ＳＢ０１）と庫裏（ＳＢ０２）を建てたとされる。また、吉川元長死後の改修時に出水対策を伴う境内地の造成・石垣の築造を行ったとし、境内地の造成の時間差を創建時と改修時といった十年を超える時期差ととらえている。[18]

しかし、上述したような幾重もの出水対策を踏まえるならば、小都氏の想定する創建時の境内地は出水に対してあまりにも無防備と言わざるをえない。

そもそも、元長は政務に携わる中で疑心暗鬼に苛まれる自らを、大勢の神仏の加護を得て救い、「心清浄」[19]になるために万徳院を創建したのであった。そして、「寿命長延・七珎万宝」を祈り、春は門松を立て「亀鶴」の長寿を保ち、秋は「仙寿之菊」を鑑賞し「万歳楽」を奏すといった「目出度事」を専ら行う構想であった。[20]つまり、万徳院には現世利益を享受できる施設・装置が整備されていた蓋然性が高く、例えば門松の設置にふさわしい門構えや万歳楽を催せるほどの境内地の広がりと環境を備えていたと考えられる。

また、元長は、宮庄春真に対し、陣中や居所で供を随行することや髪型・衣類・馬・武具などの装いをはじめ、「親類之かしら」にふさわしい立ち居振る舞いを求めている。[21]これに関しては、父元春が経言に対して、「元就の子」・「我等末之子」としてふさわしい行動・態度・作法を取るように諭していること、[22]戦時における形勢不利状況を打開することが経言や今田経忠・吉川経景クラスの武将の果たすべき役割であり、その遂行が「男之上のみめ・面目」[23]（男子たる者の見栄・名誉・面目）であると述べていることが注目される。元春は、「分際」（家中における地位や職責）に応じた行動・態度・作法を取るよう子供たちや家臣たちに求め、育成したのであった。元長も元春から「家の人躰」[24]（次期当主）としての在り方を教育されて成長したのであり、この元春の教えが染みついていたからこそ、上述のように宮庄春真を説諭したのである。つまり、元長自身も元就の孫・元春の子としての在り方を重視し、常に意識して行動・実践したと考えられる。その実践により、「みめ・面目」や「威風」[25]が保たれることを踏まえて万徳院の創建時の状況を考えるならば、東西を谷川に挟まれただけで門構え・石垣のない状況が、はたして元長の「分際」にふさわしい「みめ・面目」「威風」に即したものと言えるであろうか。元長が次期当主としての「みめ・面目」「威風」を保つには、万徳院にはそれにふさわしい門構えや石垣が備えられたと考えるのが妥当である。

さらに、岩国市の吉川史料館に所蔵されている赤い袈裟姿の「吉川元長像」は、流れの中の庭石に腰掛ける元長を描いたものである。この像は「我等影」・「梅花と大浪之図」[26]や「我等梅花像」・「有髪像」[27]と元長が呼んだ肖像画であり、天正七年（一五七九）以前から天龍寺の策彦周良（さくげんしゅうりょう）の賛を求めようとしていた。つまり、この像は「梅花と大浪」を描いた寿像であり、万徳院の流れの庭園をモチーフに描かれたと推測される。

以上のことを併せ考えると、万徳院創建時に池庭と石垣は既に存在した蓋然性が高いと思う。境内地の造成の時間差は、工事の工程差と考えられるのである。万徳院の諸施設の整備は、何も創建時と元長死後の改修時の二時期に限定する必要はなく、後述する吉川元春館のように、徐々に整備されたと私は考える。

まず、日山城麓の「青松」の地の樹木の伐採を行い、本堂（ＳＢ０１）と庫裏（ＳＢ０２）の地固めを行う。そのため、東側の谷川は東へ移設するとともに、木材と花崗岩バイラン土を交互に埋めて地盤を改良する。庫裏（ＳＢ０２）はこの地盤の上に建設する。[28]西側の谷川は上述の出水対策を施して池庭を造り、石垣を築いて境内地南端を確定し、本

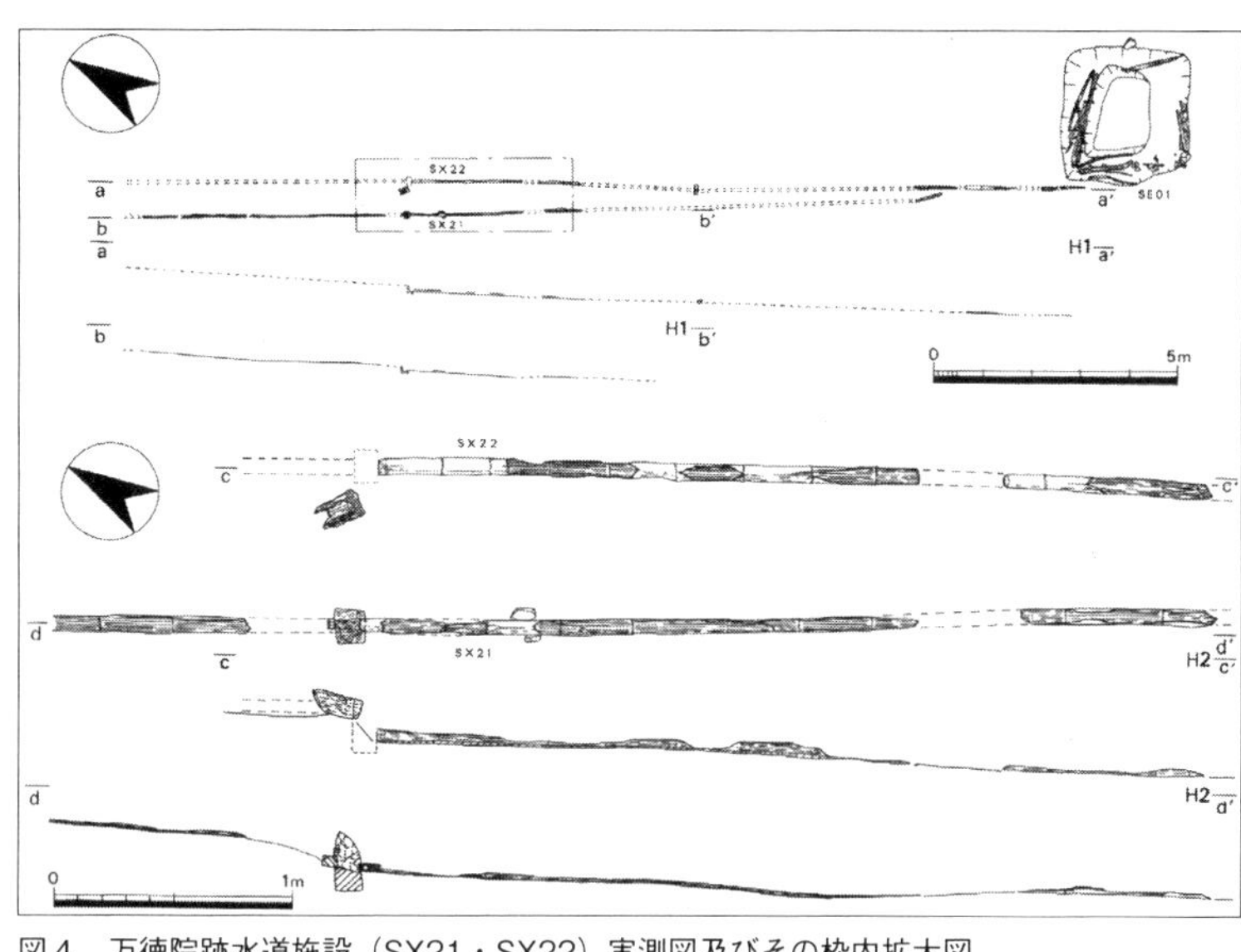

図４　万徳院跡水道施設（SX21・SX22）実測図及びその枠内拡大図

堂・庫裏の北側斜面などの土砂を利用して境内地を埋め立てる。このように境内地を造成しながら、本堂・庫裏、続いて石垣上の塀や門を建築する。[29]

次いで、庫裏の北側に風呂屋を建築する。天正二年十月頃、元長は痛めた手足の治療のため日山城の「エン石」（石風呂）に入浴していた。[30]この時点ですでに着工していた麓の万徳院にも、本堂など主要施設に続いて風呂屋（ＳＢ０５）を設けた蓋然性は高い。また、元長の随行家臣の番所（ＳＢ０６）も必要であり、本堂など主要施設に続いて建設されたと考える。

その後、元長が死去すると、万徳院は広家によって大改修される。境内地では霊屋（ＳＢ０４）の新築と庫裏の増築（ＳＢ０３）が行われたが、改修の重点は周辺部（前述の②西側区域・③西南部区域・④南側区域）の整備であったと考えられる。

【水道施設（図４）[31]】　水道施設は、境内地の二ヵ所から三基が見つかった。一つは、境内北東部の浅い水溜まり（ＳＥ０３）から庫裏（ＳＢ０２）東側の貯水施設（ＳＥ０１）へ向けて延びるもので、二基から成る。いずれも直径約七センチの節を抜いた竹管を継ぎ手（駒）で接続する。途中竹管が残存していない部分もあるが、総延長は、西側の水道（ＳＸ２１）が約十六・九メートル、それより約六十センチ東側の水道（ＳＸ２２）が約十四メートルを検出した。西側の水道の継ぎ手（駒）は、長さ十五・四センチ、幅十一・六センチ、現存高二十三・三センチの直方体で、下端を地中に据えて固定されていた。南北両面に円形の孔が開けられており、北側の面の孔よりも南側の面の孔の方が約九センチ低い位置にある。これらの孔に竹管が二センチ内側に差し込まれていた。東側の水道の継ぎ手（駒）は二つ見つかり、西側のそれと平行した位置にあったものは現存長十・三センチ、幅八・九センチ、現存高十七・四センチで、北面よりも南面が約七センチ低い位置に竹管との接続孔を開けている。もう一つの継ぎ手（駒）は、これよりも五・八メートル南に横（東西方向）に長く据えられていた。長さ二十三・三センチ、幅七・九センチ、現存高八センチで、中央に開けられた直径七センチの孔は、北面よりも南面が一・五センチ低い位置にある。

西側の竹管（ＳＸ２１）は残存部分が貯水施設（ＳＥ０１）まで達していないが、東側のそれと同様に貯水施設（ＳＥ０１）まで敷設されていたと考えられる。これらの水道施設は風呂屋（ＳＢ０５）と同様に「遺物を含む木材等を投棄した上面に新たに造成された整地土上に載っており、当初から存在したとは考えにくく」いという[32]。しかし、前述したように、本堂（ＳＢ０１）・庫裏（ＳＢ０２）の建設と並行して境内地の地盤改良が進められたのであり、その上で風呂屋（ＳＢ０５）が建設され、水道施設も敷設されたのではないかと考える。

ところで、貯水施設（ＳＥ０１）は庫裏（ＳＢ０２）の北東隅に隣接している。庫裏（ＳＢ０２）は北東側の土間に大戸口があったと推定されており、貯水施設（ＳＥ０１）を利用しやすい状況にある。庫裏（ＳＢ０３）の増築に当たり、元々の庫裏（ＳＢ０２）は南側一間分以上が取り壊されるなどの改変が行われたが、北側は「梁や小屋組をそのまま再用」[33]し、元のままであったという。つまり、貯水施設（ＳＥ０１）は、庫裏（ＳＢ０２）からの利便性を考慮してこの場所に造られたのであり、庫裏（ＳＢ０２）とセットで設けられたと考えられる。そして、そこへの引水施設として水道が敷設されたのである。

もう一つの水道施設は、本堂（ＳＢ０１）の北側、霊屋（ＳＢ０４）と坪庭風の小庭（ＳＧ０３）との間で、南北に六・四メートル延びる竹管の痕跡及び北側と途中の二ヵ所に継ぎ手（駒）の痕跡が検出された。北側の継ぎ手の痕跡は長さ五十八センチ、幅三十センチ、深さ八センチと大きいことから、北側の段状地から落とした水を受ける大型のものであったと推定されている。「境内上方から引いた水を約一メートルの落差をつけ導水管等を使って落としていたものと考えられ、ＳＢ０１の裏手まで導水していた」とし、「手洗の水を引いていた」可能性が指摘されている。[34]妥当な見解と思う。

この水道施設は、霊屋（ＳＢ０４）や坪庭風の小庭（ＳＧ０３）と同時期に機能していたので、同時期に造られたと思われるが、本堂（ＳＢ０１）の手洗の用途であるとすれば、創建時にもこの水道施設（ＳＸ２３）に先行するものが敷設されていた可能性があろう。

四、隠居所吉川元春館の築造

本節では、吉川元春の隠居所（いわゆる吉川元春館）の築造と整備について述べる。[35]

（1）館建設の経緯

従来、吉川元春が元長へ家督を譲ったのは天正十年（一五八二）十二月のこととされてきたが、この史料的根拠は脆弱である。元春と元長の連署する判物（公式文書）の署判位置が家督継承の前後で変化することに着目したり、吉川元春館の存在を示す史料の年代を検討したりした結果、元春から元長への家督譲りは天正十一年九月から十二月までの秋冬頃に行われたと推定される[36]。

元春は、家督譲りを決意するとすぐさま隠居所の「普請」（土木工事）に着手したと思われ、翌天正十二年二月頃には「作事」（建築工事）に取りかかっていた。そして、四月には「番匠」を追加動員し、六月までには元春夫妻の居住施設や衣装などを収める蔵を完成させ、ここに転居していた。翌天正十三年には石垣工事を始めたが、五月には石材が不足したため、周辺から石を引き集めた。また、この頃館の背後には、塗蔵（ぬりぐら）が建築されるとともに、外部との区画施設として「山芝」（柴垣）も整えられた。翌天正十四年九月、元春は豊臣秀吉の九州攻めに応じて出陣するが、「番匠」を一人も残らず館の「会所」の建設に従事させている。同年十一月、元春は在陣中の豊前国小倉（福岡県北九州市）で病死したため、会所の完成を見ることはできなかった。

元春を追いかけるように、元長も翌天正十五年六月に病死すると、家督は広家が相続する。天正十六年、広家は豊臣秀吉の養女（宇喜多秀家の姉）と結婚することとなり、「吉野原普請」（館の改修）を行う。本拠の日山城の整備と併せて行われたこの「普請」は威容を整えるとともに、妻を迎え入れる殿舎の建築であったと思われる。このように、吉川元春館は諸施設の整備・充実が徐々に図られたのであった。

天正十九年三月、豊臣秀吉の命令により出雲国富田城に本拠を移すことになると、上述の通り広家は元春の隠居所（吉川元春館）の地「土居」に元春の菩提寺海応寺を建立した。館はその機能を終え、おそらく解体され、その用材等は寺をはじめとする諸建築に再利用されたと思われる。

（2）遺構の特徴と土木事業

吉川元春館跡は、東側の石垣から約八十メートル西側にある高さ約一・五メートルの段差によって東西に二分される（図5）[37]。東側区域は全域が発掘調査されており、元春夫妻が居住した館の空間で、厳密な意味での館の遺跡である。西側区域は、東端部の平坦地と北西端部の方形石積墳墓（ST615）の発掘調査及び海応寺跡の試掘調査が実施されている。いわば、元春の菩提寺海応寺とその関連遺跡である。本稿で紹介するのは、吉川元春館跡の東側区域、厳密な意味での館の遺跡である。

南北に延びる石垣の切れ目に位置する表門から西へと館内部に入ると、正面に南北約六十メートル、東西約二十メートルの広場があり、その奥に北（右）から主殿（SB442）・遠侍（とおさぶらい）（SB601）が並んで建つ。広場の南（左）には番所（SB101）と付属屋（SB102）が建つ。番所（SB530）があり、さらにその南には台所（SB101）と付属屋（SB102）が建つ。番所（SB530）の東側には通用門が南に開いている。広場の北側（右側）は築地塀（SV419・420）によって区画されており、その北は広場よりも約〇・五メートル高い敷地となり、書院造の大規模建物（SB415）が建つ。この建物は、北を土塁、東と南を石垣上の築地塀によって囲まれた閉鎖的な空間にあり、礎石の抜き取り穴の一つから小犬の土人形が出土していることから、女性が居住していたと考えられ、広家の妻の居所と推定される。前述したように、広家

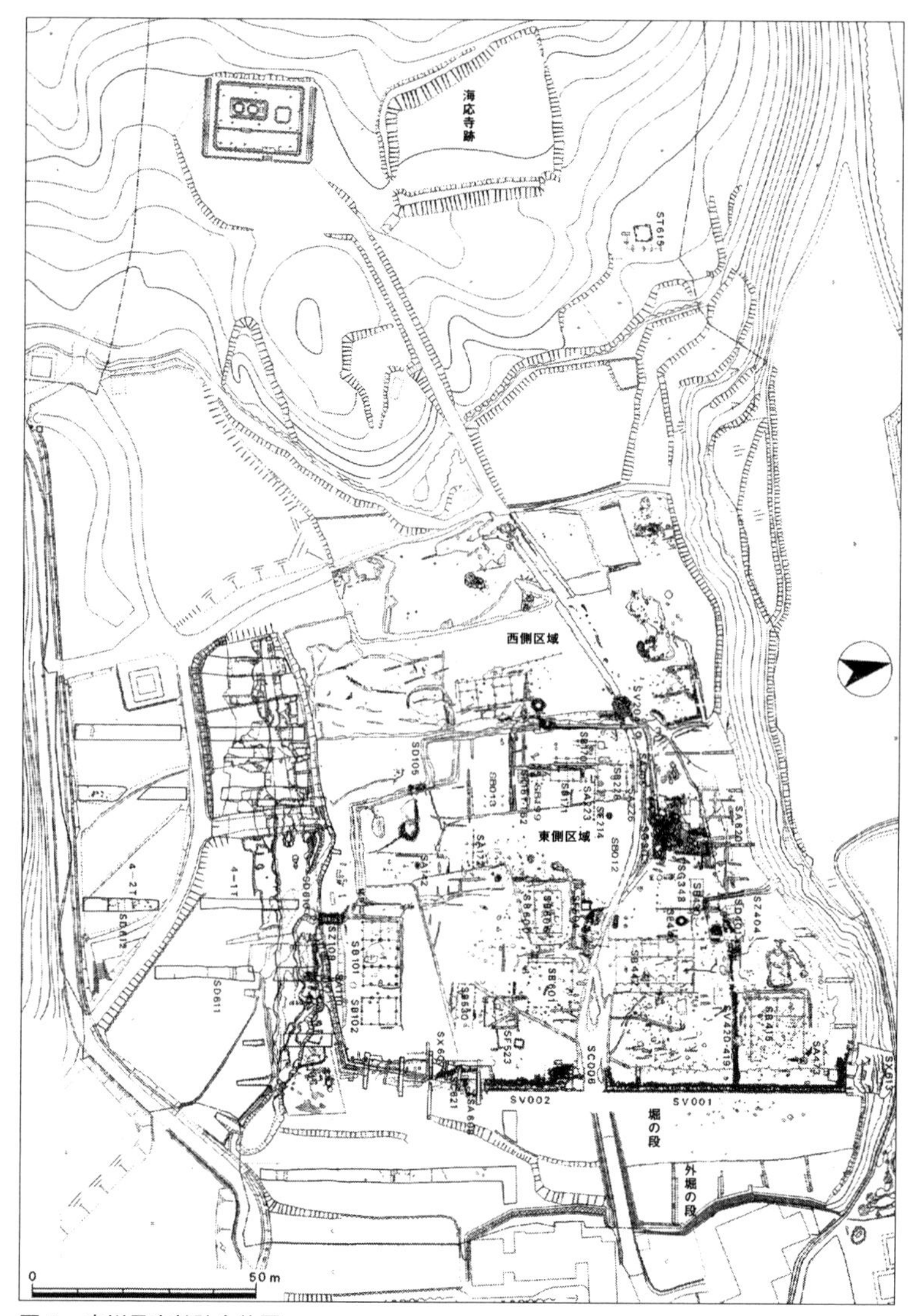

図５　吉川元春館跡全体図

の結婚は天正十六年十月のことであり、それに伴って整備されたと考えられる。なお、この居所ができる前の状況は不明である。

遠侍（ＳＢ６０１）の奥（西）には常御殿（ＳＢ６００）があり、主殿（ＳＢ４４２）の奥（西）には庭園（ＳＧ３０３）がある。庭園（ＳＧ３０３）は、北を土塁、南の一部と東・西を築地で囲まれた東西約十一メートル、南北約十三メートルの閉鎖空間に築かれている。この空間の北東隅に一辺約六メートル、高さ約一メートルの築山（つきやま）を設け、その南裾に三段の滝石組みがある。滝石組みの西には三尊石があり、これらの巨石の南には石敷きの池が広がる。この池の東半南側護岸を利用した礎石建物（ＳＢ０１２）が常御殿（ＳＢ６００）との間に建ち、庭園を舞台装置の一つとした「会所」と推定される。

これらのさらに奥（西）側に風呂屋（ＳＢ１７１）・便所（ＳＢ１９９）があり、その奥が東西両区域を区画する段差となる。段差の下には、庭園（ＳＧ３０３）を起点とする排水溝（ＳＤ１０５）があり、南部の台所（ＳＢ１０１）の南西側で暗渠となって、館の南端土塁（ＳＡ１１０）の下を通る。

なお、「うしろ」（西側）の「山芝」（柴垣）の痕跡は確認できなかったが、排水溝（ＳＤ１０５）の西上側に築かれていたと推定される。「うしろ」の塗蔵は、排水溝（ＳＤ１０５）付近の礎石建物（ＳＢ０１３）の可能性がある。

このような遺構の中から、ここで紹介する土木工事は敷地の造成である。吉川元春館は、志路原川の河岸段丘上、南西から北東に延びる低丘陵上に位置する。その尾根上を掘削して平坦面を造り出し、そこで生じた土砂を尾根の南側斜面に埋めることによって平坦面を拡張している。

注目される第一点は、土塁を築いて尾根の南側の埋立範囲をあらかじめ明示し、その範囲内に土砂を埋め立てることによって造成していることである。詳しく述べると、まず、館の北側の範囲は、段丘の北斜面を急傾斜に切り落として切岸に加工し、その上に土塁を設ける。東側については、東端部の地山（地盤）を急角度に掘削して館内外の段差を形成する。この段の上部の高さにそろえて以西の平坦面を造成する。これにより、表門の位置よりも北側はすべて地山面上に平坦面が造成される。

一方、南側は地山が徐々に低くなるため、東端部の地山から約〇・五メートル西側（内側）に、基底部の幅約二メートル、上端の幅約一メートル、高さ約一メートルの土塁を築き、その土塁の内側を埋め立て、北側の平坦面と水平レベルをそろえて造成している。館の南側も同様で、南端に土塁を築き東端土塁と接続し、その範囲まで土砂を埋め立てて平坦面を造成しているのである。

注目される第二点は、東端部の段差の下側から約一・五メートル離して石塁を築き、段差東端と石塁西面との間を埋め立てて館内部の平坦面を拡張していることである。この石塁は、北側部分（ＳＶ００１）が基底幅約二・二メートル、上端幅約一・五メートル、南側部分（ＳＶ００２）が基底幅約二・八メートル、上端幅約一・七メートルで、石塁東面が特徴的な立面形状を有する館の正面（東側）石垣である（後述）。

このように、館の造成は、正面（東側）石垣を築造する以前の段階と築造後の段階の二段階あることが知られる。前述した通り、前者が天正十一年秋冬頃から、後者が天正十三年頃からそれぞれ着工したものであること、元春は家督を元長へ移譲後速やかに館を建設して日山城から下城し、天正十二年六月には居住していることから、この造成の二段階は、時期差ではなく、工事工程によるものと考えられる[38]。

造成から建築までの大まかな流れをまとめるならば、次のようになろう。まず、南北約百メートル、東西約八十メートルの縄張りを行い、北から約五十メートル幅の地山（地盤）を削り出す。その際、北側段丘斜面は切り立った切岸とする。同時に、掘削により生じた土砂で、削りだした地山（地盤）の南端からさらに南へ約五十メートルの位置に南側から南東側にかけて土塁を築き、埋め立て範囲を明示する。その際、南端土塁の一角に排水溝の出口を横穴式石室状に組み上げ、館の排水装置とする。そして、埋め立て範囲を尾根上の掘削土で造成する。尾根上の安定地盤にある主殿級の建物は、南側の造成を行いながら建設する。続いて、東側正面に石塁を設け、既造成地との間を埋め立てて平坦面を拡張する。これにより石塁は正面石垣となったのである。

五、石垣の築造

当該期の吉川氏の本拠城周辺には、特徴的な立面形状の石垣を有する館や寺などの施設が点在していた。ここでは、この石垣築造について述べる[39]。

（1）構　造

ここで取り上げる石垣は、表及び図6[40]に記す通り七遺跡で確認されるほか、吉川元春館跡周辺で三ヵ所の伝承地（後述）がある（図7[41]）。その構造的な特徴は、次の通りである。

①石の最も広い面を表面（正面）に出して立てた石を、適当な間隔を開けて配置していること（図8[42]のA）

②立石と立石の間には石の広い面が上下に重なり、最も狭い面が隣り合うように石を横積みしていること（図8のB）

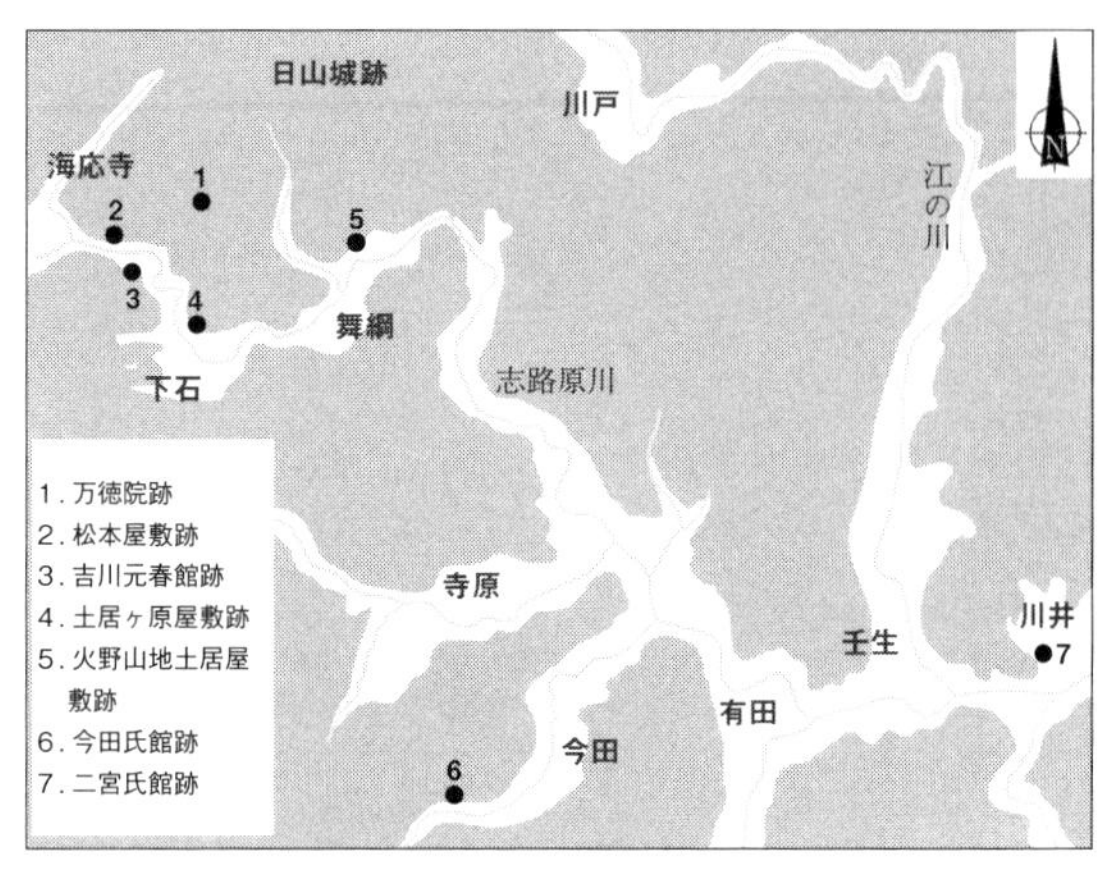

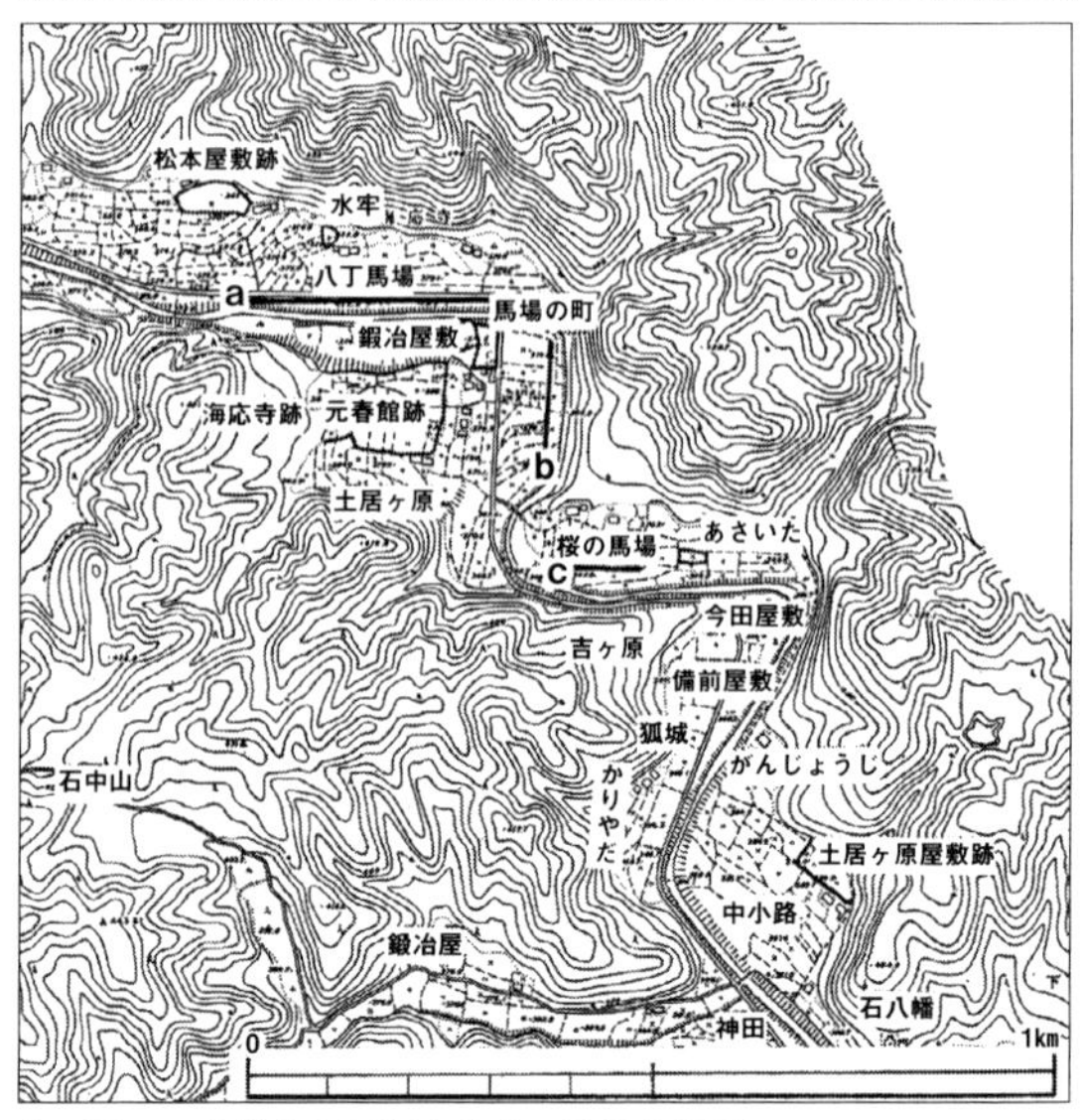

上：図６　特徴的な石垣を有する遺跡位置図
下：図７　吉川元春館跡周辺の特徴的な石垣伝承地（a・b・c）位置図

また、万徳院跡及び吉川元春館跡の発掘調査によると、この石垣は裏側にも面があることが確認されており、石塁状構造であることも特徴である(43)。

こうした特徴を有する遺跡石垣が同一地域に存在し、いずれも十六世紀後半（さらに絞り込むならば第四四半期）というほぼ同時期に造られたと推定されることから、こうした特徴のある築造方法が十六世紀後半（第四四半期）の当該地域の特質と言えるであろう。また、このことは、これらの石垣が同一の職人集団によって造られたことを推測させ、石垣築造の職人集団が存在したことがうかがわれる。

表のNo.１から６の館・寺などの施設は当該期には吉川領内にあり、史料や伝承からいずれも吉川氏又はその家臣が

No.	遺跡名	長さ（m）				高さ（m）	推定される館主など	石垣築造の推定年代
		左側	門	右側	全長			
1	万徳院跡	34.6	4.2	17.8	56.6	2.0	吉川元長	1574～75年
2	松本屋敷跡	30.8	6.0	30.7	67.5	2.0	吉川元春妻	1580年頃
3	吉川元春館跡	19.5	7.1	53.3	79.9	3.7	吉川元春夫妻	1585年
4	土居ヶ原屋敷跡	32.0	8.0	36.0	76.0	1.5	吉川家臣	1583～91年
5	火野山地土居屋敷跡	28.0	2.0	28.0	58.0	1.0	吉川家臣	16世紀後半
6	今田氏館跡	16.0	4.0	42.0	62.0	2.5	今田経高・春倍	16世紀後半
7	二宮氏館跡	26.0	3.8	26.0	55.8	2.0	二宮就辰	1591～1600年

表　特徴的な石垣を有する遺跡一覧

館主等と考えられる。したがって、この石垣築造の職人集団は、吉川氏と関係を取り結んでいたと思われる。

No.7の二宮氏館跡の館主は、伝承から毛利氏奉行人（官僚）の二宮就辰と推定される。二宮氏館跡のある川井地区は当該期には吉川領であるが、天正末年の毛利氏惣国検地により、二宮就辰は山県郡内に二百四石余の所領を獲得する。この所領が山県郡内のどこなのか不明であるが、一部または全部が川井地区の二宮氏館跡周辺である蓋然性は高い。二宮氏館跡は、二宮就辰が新獲得地の支配拠点として天正末年以降に築いた館の遺跡と考えられる。なお、この館の石垣を、吉川氏と関係を有する職人集団が築いたことについては、最後に述べる。

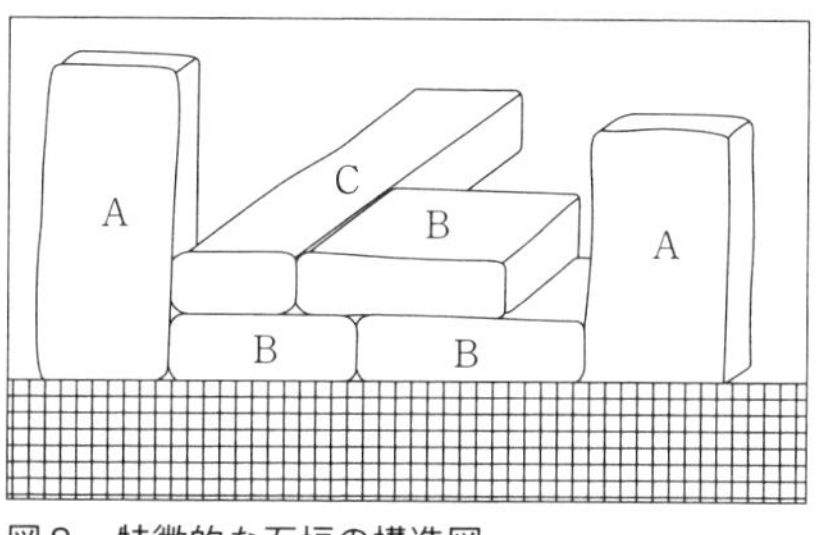

図8　特徴的な石垣の構造図

（2）吉川氏と関係を取り結んだ職人集団

【石つき之もの共】　この石垣築造の職人集団は、毛利氏の広島城下町の整備中に起きた、ある出来事に登場する「石つき之もの共」[44]と推定される。

天正十九年（一五九一）十月、吉川氏は毛利氏から広島城下町の「堀川普請」を命じられる。工事着手後約一ヵ月で「堀河土手道」が完成したようであり、そのため毛利氏から新たに「厳島石垣」の工事を命じられる。吉川氏は、堀川普請終了後、引き続いて厳島の石垣を築造することを請け負った。ところが、堀川普請に従事する「役目衆」・「下々」、すなわち「石つき之もの共」をはじめとする職人衆や土木作業員たちが寒い中での突貫工事に対する不満を訴えた。そこで、吉川氏は「寒い中御苦労であるが、とにかくがんばれ、石つき道具など遣わすから」と、ひとまずは工事続行に踏み切ろうとする。しかし、結局は現場の声を無視するわけにはいかず、厳島の石垣工事を年内は免除してもらうように、毛利氏に申し入れることとなったのである。

広島城下町の「堀川」とは、築城用の資材などを搬入するため開削された平田屋川と推定される。江戸時代には広島城外堀（八丁堀）と接続しており、この外堀同様に川の護岸には石垣が設けられ、その上側は「土手道」となっていたのであろう。こうした石垣護岸と土手道を有する「堀川普請」や、「厳島石垣」の工事を行う「石つき之もの共」は、まさに石垣築造のプロフェッショナルであったのである。また、毛利氏から吉川氏に割り当てられた「堀川普請」に従事し、吉川氏から「厳島石垣」工事を命じられ、吉川氏に対して工事の延期を要求したことから、彼らは十六世紀末に吉川氏と関係を取り結んだ職人集団であった。

現在、「堀川」は埋め立てられて「並木通り」となっているため、石垣を確認することができないが、「厳島」では厳島神社東廻廊の東側の「鏡池」を中心とする空間の東側護岸石垣に上記の特徴を見ることができる。この現状の石垣が築造当初のままではないにしても、その意匠をとどめており、この石垣が「石つき之もの共」の作品と考えられる。[45]

このように、上記（1）で推定した石垣築造の職人集団と「石つき之もの共」は、石垣構造（石積技法）・吉川氏との関係・活動時期が共通することから、同一の職人集団であると考えられる。

【平田屋惣右衛門（佐渡守）】　ところで、広島城下町の平田屋川と言えば、平田屋惣右衛門（佐渡守）が開削したことが知られる。文政五年（一八二二）に作成された広島城下町の地誌『知新集（ちしんしゅう）』には、次のように記される。[46]

平田屋町

いにしへ平田屋惣右衛門といふもの此ところにすみけるゆゑおのつから町名となれり、しかしてより橋をも平田屋橋、川をも平田屋川とよへり、さて其平田屋惣右衛門といふハ本国出雲にて、尼子家盛なりし時名を佐渡といひてかの地に於て新田をひらき平田と名つけ其ところに住けるゆゑやかて家名にもよひけるか、この佐渡後に惣右衛門とあらため広島開発の時毛利殿の招にしたかひ当地に来り、此所に於て家地三十間を賜ハり町人頭となり町中の支配をなせり、（割書き）「毛利殿此惣右衛門を呼よせられしハ、またく城普請町割なとやうの事に工なりけるをのこゆゑ、もハら其事にとりつかハれけるよしなり、」

（中略）七代目にいたり家おとろへ遂に新組足軽となり天明の頃平田屋町を退転す、今其子孫中村佐兵衛といふもの牛田村に住、

平田屋惣右衛門（佐渡守）は、出雲国平田の出身で、現地で新田を開発して「平田屋」と名乗ったこと、城普請・町割の優れた才能を見込んだ毛利氏が広島城下町の整備に起用したこと、城下町で「家地三十間」を与えられて「町人頭」となったこと、彼の居住地を「平田屋町」、川を「平田屋川」、橋を「平田屋橋」と呼んだこと、後に没落し、天明年間（一七八一～八九）頃に平田屋町を立ち退き、文政五年（一八二二）頃には「中村」と名乗り「牛田村」に居住していたこと、などが伝承されたことが知られる。

ところで、この平田屋惣右衛門（佐渡守）は実在の人物である。天正四年以前から杵築（きづき）大社の「御供宿」経営者となっ

ており、慶長初年（一五九六～）頃には毛利氏の特権商人「杵築御蔵本」に名を連ねている。[47] また、天正十六年の出雲国平田保の熊野権現宮棟札写に「地頭」吉川広家に次いで「代官平田屋佐渡守」と、また天正十八年の出雲国幡屋村の八幡宮造営棟札写に「大檀門宍道備前守政慶」に次いで「代官平田屋佐渡守家秀」と、それぞれ記されている。[48]

当該期の平田（島根県出雲市平田町）は、斐伊川の河口に位置し、中国山地から流出した土砂が宍道湖畔に遠浅の浜を形成していたと推定される。それは、天正三年六月二十二日に宍道湖を白潟（松江市）から舟で西進した島津家久が、蓮の花の咲き乱れる中を「一町」（約百九メートル）進んで「平田といへる町」に着いたことからもうかがえ、平田は陸路や斐伊川・宍道湖・中海水運との結節点として栄えた「町」であった。[49] 毛利氏の出雲国侵攻後は吉川領となり、山陰方面の軍事指揮を行う吉川氏の最重要拠点であった。この吉川領平田を冠する屋号を名乗り、中世都市杵築（出雲市大社町）で経済活動を行い、天正十六年段階には吉川氏公領平田の代官を務め、慶長期には毛利氏の御用商人として確認されるのが平田屋惣右衛門（佐渡守）、その人である。これらのことから、彼が出雲国平田の出身であること、平田・杵築間を始めとする地域間交易に携わっていたこと、これらを元手に斐伊川や宍道湖畔の堤防を築くなどして土地造成や新田開発を行ったこと、こうした資本を基に事業を展開する上で「平田屋」と号したこと、領主吉川氏・大名毛利氏はそのような動員力・経済力に注目したこと、[50] 惣右衛門（佐渡守）の実名「家秀」の「家」は吉川広家の偏諱であること、などが考えられる。

つまり、『知新集』の伝える「平田屋惣右衛門」像はおおむね正確であり、[51] 平田屋惣右衛門はいわば多角経営企業体を運営する武士的商人であった。上記の「石つき之もの共」との関係を見てみると、広島城下町での活動（堀川・土手道と平田屋川）や吉川氏との関係に共通性があり、同一の職人集団と考えられる。「石つき之もの共」は、平田屋惣右衛門が率いる「企業体」の土木部門に当たると思われるのである。

【中村方】　さて、当該期の吉川氏と関係を取り結ぶ石垣職人に、次の史料[52]に登場する「中村方」がある。

洞春寺石組之儀、被申付候、然者中村方之事被差遣候やうにと被申候間、申入候、於御分別者可為本望候、恐々謹言、

右馬頭

八月七日　　輝元（花押）

元春参

御宿所

毛利氏の本拠である郡山城下にある洞春寺（毛利元就の菩提寺）から「石組」工事を申し付けられた毛利輝元（元就の孫）は、「中村方」の派遣を吉川元春（元就の次男。輝元の叔父）に依頼している。このことから、「中村方」は「石組」築造の職人集団であり、吉川氏（元春）と関係を取り結んでいることが知られる。なお、史料の年代は、寺院創建が元亀二年（一五七一）六月の元就の死後であること、輝元の花押の形状[53]から天正七年十一月以降と考えられること、元春が天正十四年十一月に死去することから、天正八年から同十四年の間と推定される。

上記の「石つき之もの共」・「平田屋惣右衛門」との関係を見てみると、工事内容が「堀川普請」（平田屋川の開削）と「洞春寺石組」、直接の工事発注者が吉川広家と吉川元春、両者の名前が「子孫中村佐兵衛」と「中村方」と共通することから、両者は同一の職人集団と推定される。平田屋惣右衛門の家名は「中村」であったと考えられるのである。

おわりに――戦国期城下町「石」の建設

以上、十六世紀後半における吉川氏の土木事業として、本拠城である日山城、次期当主元長の別邸万徳院、前当主元春の隠居所（吉川元春館）といった施設の築造と整備について述べるとともに、館や寺院などに残る石垣に注目して築造の職人集団にも言及した。最後に、吉川元春館跡を中心とする、いわゆる戦国期城下町「石」の建設[54]について述べ、結びとしたい。

「石」地区は、現在の北広島町上石・下石・海応寺地区に当たり、十四世紀末には吉川氏の所領であった。十六世紀になると、惣領家から分かれた一族が在地名から石を名乗っている。元春は吉川家相続後、いったんは石氏の所領を安堵（承認）するが、三年後の天文十九年（一五五〇）には石氏に代所を与えて「石之村」を収公している。これは、日山城下周辺の直轄領化であり、後の吉川元春館建設の出発点となるものである。

前述の通り、天正十一年（一五八三）秋冬頃に元春は長男元長に家督を譲り、隠居所（吉川元春館）を建設し、ここに居住する。これをきっかけにして一族や奉行人（官僚）には館周辺に居住する者が現れ（海応寺地区）、商工業エリアを備える上石・下石地区と併せた「石之村」の「都市化」が進む。図７に遺跡や地名として記した土居ヶ原屋敷や今田屋敷・備前屋敷などは、このとき築かれたのであろう。しかし、天正十九年には豊臣秀吉の命令で広家が出雲国富田城へ本拠を移すため、戦国期城下町として機能したのはわずか八年間であった。

ところで、城下町「石」の武士居住地域である海応寺地区の志路原川沿いには、五節の（１）で述べた当該地域に特徴的な石垣の伝承地が三ヵ所ある（図７のａ・ｂ・ｃ）。ａは「八町馬場」の石垣で、山側（北側）に松本屋敷跡や「水牢」地名があり、国道改良工事の際に遺存していることが確認された。ｂ・ｃは「馬場の町」・「桜の馬場」の石垣で、ほ場整備により水田が拡張される前には存在していたという。いずれも山側に吉川元春館跡・地名「あさいた」が存在し、この「あさいた」は吉川氏奉行人（官僚）の朝枝高明の屋敷跡に比定される。

これらのことから、屋敷等の居住施設の安全を確保するために、それらの施設の建設に先立って志路原川の自然堤防上に石垣（石塁）を築き、護岸工事を行ったことが推測される。そして、石垣（石塁）上の土手道やその拡幅道が「馬場」と呼ばれて伝承され、この「馬場」が町並みの基準線となったと推定される。このような諸施設の状況からは、この武士居住地区が吉川氏とその家臣の居住地区として計画的に建設されたと考えられるのである。

そして、この石垣（石塁）工事を行ったのが、「石つき之もの共」（中村方）と推測される。彼らは、出雲国平田の堤防・護岸工事や新田開発等で技術を磨き、その腕を買われて吉川氏とその家臣の居住施設の石垣を築造し、城下町「石」の建設にも携わったのである。こうした実績と評価は毛利氏にも伝わり、洞春寺の石組工事や広島城下町の建設にも動員される。このとき広島城の普請奉行の一人である二宮就辰[55]との関係が生まれ、この結果、二宮就辰が新たに獲得した山県郡の所領内に館（二宮氏館跡）を設ける際、その石垣築造を「石つき之もの共」に依頼し、彼らが築造したと考えられるのである。

註

（1）経茂は系図上の名前であり、同時代資料では確認できない。

（2）以上の記述は、次の論文に基づいている。錦織勤「吉川氏の歴史」（大朝町教育委員会編『史跡吉川氏城館跡保存管理計画策定報告書』一九九〇年）、木村信幸「国人領主吉川氏の権力編成―物領・隠居・同名を中心として―」（『史学研究』第二二五号、一九九九年）、同「安芸国人吉川氏の本拠城―小倉山城と日山城―」（『芸備地方史研究』第二二一号、二〇〇〇年）。

（3）以上の郡山合戦前後の情勢については、木村信幸「安芸国人吉川氏の山県表占拠について」（広島県教育委員会編『中世遺跡調査研究報告第四集　史跡吉川氏城館跡に係る中世文書目録』二〇〇二年）を参照していただきたい。
（4）以上については、前掲註（2）の木村「国人領主吉川氏の権力編成―惣領・隠居・同名を中心として―」及び「安芸国人吉川氏の本拠城―小倉山城と日山城―」を参照していただきたい。
（5）木村信幸「戦国大名毛利氏の知行宛行とその実態」（『史学研究』第一七四号、一九八七年。後に村井良介編『論集戦国大名と国衆一七　安芸毛利氏』〈岩田書院、二〇一五年〉に収録）。
（6）以上の記述内容については、平成二十八年度広島県立歴史博物館分館頼山陽史跡資料館連続講座「『郷土ひろしまの歴史』を語る」第四回「戦国大名とひろしま」において、「吉川元春と毛利両川体制」と題して講演した。
（7）元春の家督譲り、元長の家督継承については、木村信幸「吉川元長の家督相続」（『広島県文化財ニュース』第二二五号、二〇一五年）を参照していただきたい。
（8）吉川元春館の建設と城下町「石」の成立については、木村信幸「吉川元春館の建設と石之村」（広島県教育委員会編『中世遺跡調査研究報告第二集　吉川元春館跡の研究』二〇〇一年）を参照していただきたい。
（9）以上、万徳院については、木村信幸「吉川元長の万徳院建立について」（広島県教育委員会編『中世遺跡調査研究報告第一集　万徳院跡の研究』二〇〇〇年）を参照していただきたい。
（10）千代田町役場編『千代田町史　通史編（上）』（二〇〇二年）三四四～三四五頁の図（木村信幸作成）を一部改変。
（11）日山城の築城と改修については、前掲註（2）の木村「安芸国人吉川氏の本拠城―小倉山城と日山城―」に基づいている。
（12）木村信幸「安芸国日山城内の浄必寺について」（『史学研究』第二六七号、二〇一〇年）。
（13）万徳院の創建・改修の経緯と目的については、前掲註（9）の木村「吉川元長の万徳院建立について」を基に記述した。
（14）吉川家文書別集第一四八号文書。
（15）小都隆「発掘調査から見た万徳院の変遷」（広島県教育委員会編『中世遺跡調査研究報告第一集　万徳院跡の研究』二〇〇〇年）一四頁の図を一部改変。
（16）前掲註（15）小都「発掘調査から見た万徳院の変遷」一五頁の図に加筆。

（17）尼崎博正「万徳院跡の庭園」（広島県教育委員会編『中世遺跡調査研究報告第一集　万徳院跡の研究』二〇〇〇年）。
（18）前掲註（15）小都「発掘調査から見た万徳院の変遷」。
（19）吉川家文書別集第二八号文書。
（20）吉川家文書別集第一五〇号文書。
（21）『山口県史　史料編　中世二』所収吉川史料館蔵文書第二号文書。
（22）吉川家文書第一二三〇号文書及び同第一二三一号文書。
（23）吉川家文書第一二三四号文書。
（24）前掲註（23）に同じ（吉川家文書第一二三四号文書）。
（25）吉川家文書別集第一〇八号文書。
（26）吉川家文書別集第一九一号文書。
（27）吉川家文書別集第三五号文書。
（28）広島県教育委員会編『史跡吉川氏城館跡　万徳院跡―第二次発掘調査概要―』（一九九四年）の付図3の境内土層断面実測図によると、庫裏（SB02）の中央から東側までの二間分は谷地堆積土層の上に整地土層が盛られて造成され、その上から礎石の据え付け穴が掘られて礎石が設置されたことが明らかである。
（29）石垣（SV01）と本堂（SB01）・庫裏（SB02）の軸線が厳密には平行になっていないが、三浦正幸氏は「本堂の建つ地盤と石垣の基底部の地盤との高低差が約二メートルあり、その未整地状態で本堂と石垣の縄張りを行い、石垣普請と本堂作事をほぼ同時に進行した場合では、それくらいの施工誤差が生じたとしても不思議ではない」と指摘している。三浦正幸「万徳院跡の諸建築」（広島県教育委員会編『中世遺跡調査研究報告第一集　万徳院跡の研究』二〇〇〇年）。
（30）前掲註（14）に同じ（吉川家文書別集第一四八号文書）。
（31）岩本芳幸「万徳院跡発見の水道施設」（広島県教育委員会編『中世遺跡調査研究報告第一集　万徳院跡の研究』二〇〇〇年）五二頁の図を縮小転載。
（32）広島県教育委員会編『史跡吉川氏城館跡　万徳院跡―第三次発掘調査概要―』（一九九五年）三一頁（田邊英男氏執筆）。

(33)　前掲註(29)三浦「万徳院跡の諸建築」三四頁。
(34)　広島県教育委員会編『史跡吉川氏城館跡　万徳院跡―第二次発掘調査概要―』(一九九四年)二〇頁(田邊英男氏執筆)。
(35)　吉川元春館の築造と整備については、前掲註(8)の木村「吉川元春館の建設と石之村」に基づいている。
(36)　以上の家督継承については、前掲註(7)の木村「吉川元長の家督相続」を参照していただきたい。
(37)　北広島町教育委員会編『史跡吉川氏城館跡　吉川元春館跡整備事業報告書』(二〇〇七年)の付図1に加筆。
(38)　広島県教育委員会編『史跡吉川氏城館跡　吉川元春館跡―第五次発掘調査概要―』(二〇〇〇年)五三頁(平川孝志氏執筆)。
(39)　木村信幸「『石つき之もの共』について」(『織豊城郭』第三号、一九九六年。後に光成準治編『吉川広家』〈シリーズ・織豊大名の研究4、戎光祥出版、二〇一六年〉に収録)。なお、その後の調査研究成果を加えて、平成二十九年度岩国市立岩国徴古館郷土史研究会において講演した。
(40)　広島県教育委員会編『史跡吉川氏城館跡　万徳院跡―第二次発掘調査概要―』(一九九四年)四七頁の図(木村信幸作成)に加筆。
(41)　前掲註(8)木村「吉川元春館の建設と石之村」縦組一七頁の図(木村作成)を一部改変。
(42)　前掲註(10)千代田町役場編『千代田町史　通史編(上)』三七三頁の図(木村信幸作成)を転載。
(43)　広島県教育委員会編『史跡吉川氏城館跡　万徳院跡―第二次発掘調査概要―』(一九九四年)二一頁(田邊英男氏執筆)及び同編『史跡吉川氏城館跡　吉川元春館跡―第五次発掘調査概要―』(二〇〇〇年)二七～二八頁(平川孝志氏執筆)。
(44)　吉川家文書別集第六二一・六七三・六七四号文書。
(45)　松井輝昭「戦国期厳島神社の土石流被害と河川の流路変更」(『中国四国歴史学地理学協会年報』第一三号、二〇一七年)によると、天正八年(一五八〇)秋頃に土石流に襲われた厳島神社では、海上社殿を末永く守っていくため、それまで神社の東側に流れていた御霊川(現在の紅葉谷川)の流路を、現在のように神社の「うしろ」を通して西側に流れるように変更することとし、その工事は天正十五年三月頃に完了したという。このとき閉じられた旧御霊川河口に築かれたのが「石つき之もの共」による「厳島石垣」と考えられる。
(46)　広島市役所編『新修広島市史』第六巻所収『知新集』五「中通組」。
(47)　秋山伸隆『戦国大名毛利氏の研究』(吉川弘文館、一九九八年)二一一頁及び長谷川博史『戦国大名尼子氏の研究』(吉川弘文館、二〇〇〇年）二三五・二四二頁。

（48）長谷川博史『中世山陰地域を中心とする棟札の研究　二〇一二～二〇一四年度科学研究費補助金　基盤研究（C）研究成果報告書』（二〇一五年）二八・一一八・一二五・一二七頁。

（49）岩橋孝典「十六世紀後半における山陰地域水上交通の一断面―島津家久と細川幽斎の旅を題材として―」（島根県古代文化センター『島根県古代文化センター研究論集第十五集　日本海沿岸の潟湖における景観と生業の変遷の研究』二〇一五年）一三〇頁。

（50）このように、平田屋惣右衛門が地域の実力者であることから、隣接する領主宍道氏も領内の幡屋村八幡宮の「大壇門」である自らの代官に平田屋惣右衛門を任命したものと思われる。

（51）『知新集』は、毛利氏が平田屋惣右衛門を招へいした理由として「城普請・町割」に巧みであったことを挙げ、土木事業に専従させたとするが、大名毛利氏はそれのみならず「御蔵本」（御用商人）として領主米の管理・運用や米銭の融通などに当たらせるなど、大名財政に関与させることを狙ったのであった。広島市編『図説広島市史』（一九八九年）五九頁（秋山伸隆氏執筆）。

（52）広島県立歴史博物館蔵。

（53）舘鼻誠「毛利輝元文書の基礎研究」（『古文書研究』第二六号、一九八六年）。

（54）戦国期城下町「石」については、前掲註（8）木村「吉川元春館の建設と石之村」を参照していただきたい。

（55）前掲註（51）の広島市編『図説広島市史』二三六頁参照（秋山伸隆氏執筆）。

Ⅱ　豊後府内における道路と土木工事

吉田　寛

はじめに――「府内古図」に見える道路

本稿の目的は、戦国時代の都市「豊後府内」で展開した道路と土木事業の様相を、主に発掘調査の成果に力点を置いた視点で検討することにある。

豊後府内は、戦国大名大友氏の本拠地として発展した都市である。この都市は現在の大分県大分市の東南部一帯、すなわち大分川左岸の沖積地上に立地する南北約二・二キロ、東西約〇・七キロの範囲に形成され、十六世紀後半の大友義鎮（宗麟）およびその嫡子である義統の時期に最盛期を迎えた。周知の通り、大友氏は文禄の役における大友義統（吉統）の失態を理由に豊後を改易される。その後、関ヶ原合戦後に府内に入部した竹中重利は、慶長七年（一六〇二）に中世の府内にいた住民を、新たに建設した近世城下町に移住させる政策を実施した。これによって、中世の都市「豊後府内」は歴史的な役割を終える。

豊後府内には、中世段階の都市の様相を描いたとされる絵図資料が伝来し、それらは「府内古図」[1]の名称で周知されている。近年の研究によると、ここに描かれている府内の景観年代は天正九年頃から同十四年（一五八一～八六）

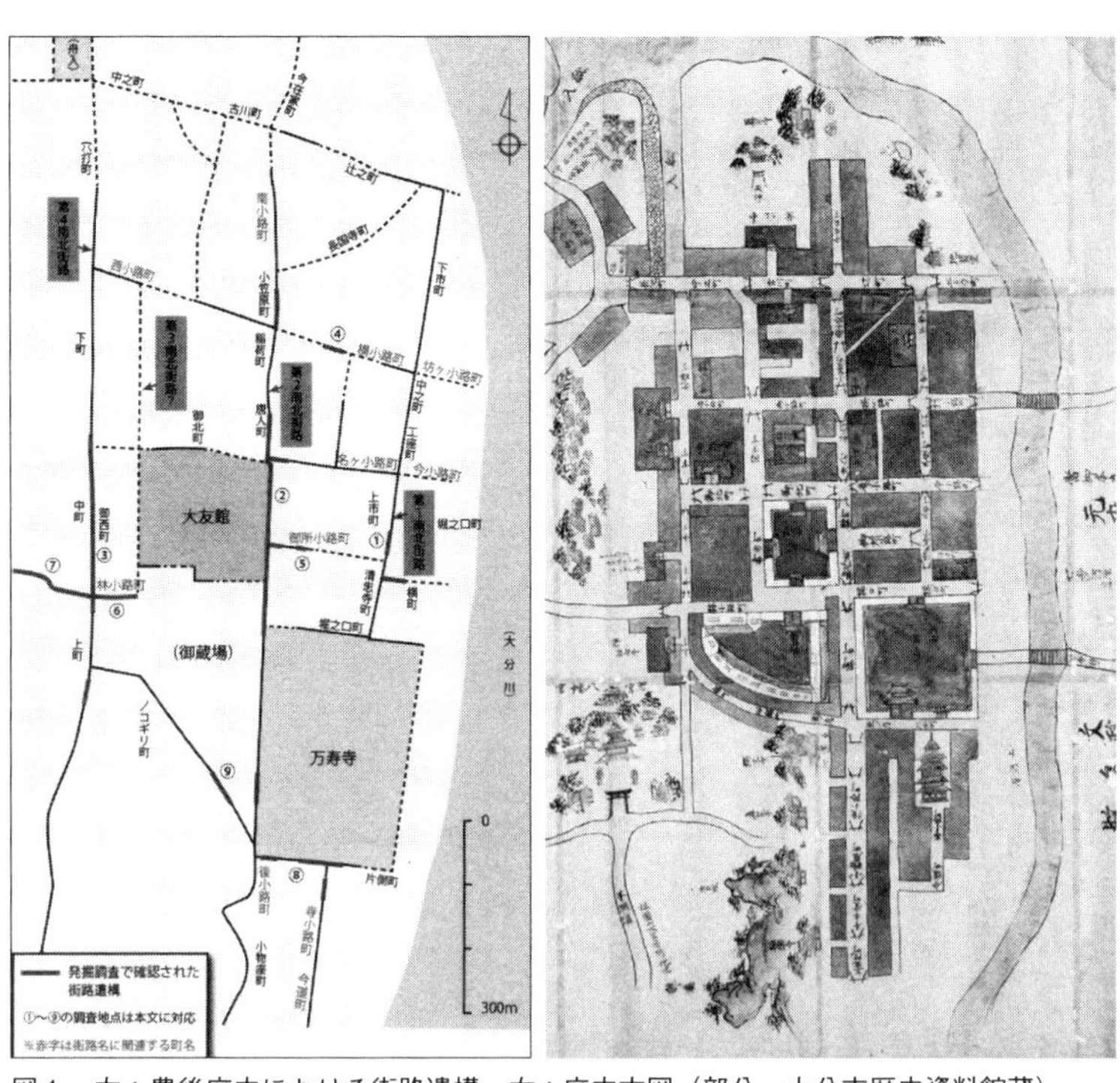

図1　左：豊後府内における街路遺構　右：府内古図（部分、大分市歴史資料館蔵）

の間［武富二〇〇六、四九頁］とされ、それは「天正元年（一五七三）に義統が家督を継ぎ、天正六年に政庁を臼杵から府内に再移転する背景のなかで、大友館と町場の大改造が行われ」た段階との指摘がなされている［玉永二〇一三］。府内古図をみると、その中央に大友館があり、館の南東には広大な敷地をもつ万寿寺が描かれている。町は道路によって碁盤目状に区画されており、道路は南北方向に四本、東西方向に五本ないし六本が確認できる。道路上には木戸（釘貫）を意味する記号と当時の町名が記入されている。

町の名称には、「小路」または「道」の名を含むなど、道路に由来する町名が十一ヵ所認められる。このうち「横小路町」・「名ヶ小路町」・「御所小路町」など七ヵ所が東西方向の道路に、残りの「南小路町」・「後小路町」・「寺小路町」・「今道町」の四ヵ所が南北方向の道路に面している（図1）。

「小路」の町名をもつ大部分の町は、東西道路に面しているので、東西方向の道路のほとんどは「小路」の名で呼ばれていたことが推定できる。従って、本稿でも町名から東西方向の道路名称が判明する場合は、「御所小路」などの呼称を使用する。

また、「南小路町」・「後小路町」・「寺小路町」の存在から、南北方向の道路の一部についても「小路」の名で呼ばれた場合があったことがわかる[2]。ただ、これらの町は豊後府内の南北の端、いわば町外れに位置しているため、これらの町の前面に存在した南北方向の道路が「小路」と呼ばれていたとしても、府内の中心部付近に位置する南北方向の道路が何と呼ばれていたのか、ということについてはよくわからない。同時代の文書に、豊後府内に存在した道路の名称が判明するような史料が残存していないと思われるからである。

一方、キリスト教宣教師の書簡類やフロイス『日本史』にも、豊後府内の個々の道路名称がわかるような記述はない。ただ、都市の道路については、全般的に「街路」と表記しているようだ。これを参考にして、発掘調査の現場では、南北方向の道路を大分川に沿った東側から第１南北街路・第２南北街路・第３南北街路・第４南北街路と仮称している（同図）。本稿でもこの方針に従うとともに、南北方向の道路を南北街路、南北方向の道路を東西街路と表現して以下の記述を進めていきたい。

一、発掘調査で判明した道路遺構（街路）の特徴

（1）街路の構造と工法

坂本嘉弘氏は豊後府内の構造を検討するなかで、「N―一〇度―E」（東に一〇度振る）と「N―四度―E」（東に四度振る）の二つの基本軸が存在したことを指摘した。そして、前者は十四世紀後半から十五世紀中頃まで第1南北街路を基本軸とし、これに直角に交わる区画で町造りが行われるとともに、大友館東側の第1南北街路に直交する東西街路は変更されることなく十六世紀末まで存続したとする。また、後者は十五世紀後半から出現する基本軸で、十六世紀前葉から各地点で認められるとした。東に一〇度振る道路遺構が第1南北街路であり、東に四度振る道路遺構が第2～4南北街路であることから、前者が後者に先行して構築され、町造りの基本となったことを提示している［坂本二〇〇一］。鹿毛敏夫氏も、豊後府内が平安時代末期の大分川河口西岸に営まれた河原市に起源をもち、その河原市町から発展してきた町屋群による基軸と天正元年（一五七三）に建築された大友館築地塀による基軸が、戦国時代の府内で交錯していることを指摘した［鹿毛二〇〇三］。以上のように、豊後府内の都市構造で認識できる二つの基本軸については、第1南北街路による基本軸が古相を呈し、第2～4南北街路による基本軸が新相を呈することは、研究者の間でも共通の認識となっている事象である。

さて、「府内古図」の景観年代、すなわち一五八〇年代頃の街路は、ほぼすべてのものが地表面に掘り込みを伴う「カット工法」による施行がなされている。この工法は主に丘陵部や台地上に道路を造成する際に採用されるものであるが、当該時期の豊後府内では、その施行地点が平地であるにもかかわらず、街路造成には伝統的にこの工法が採られているようだ。これは最初に道路幅に相当する規模の掘り込みを掘削し、その内部に粘質土層を充填させ、さらにその上部に砂や砂利を敷いて舗装面（硬化面）を形成するものである。舗装面には貝殻や土器細片を意図的に混和させる場合があり、また路面の両側辺に側溝を設ける場合もある。坪根伸也氏は、このような道路遺構が古代から中・近世の

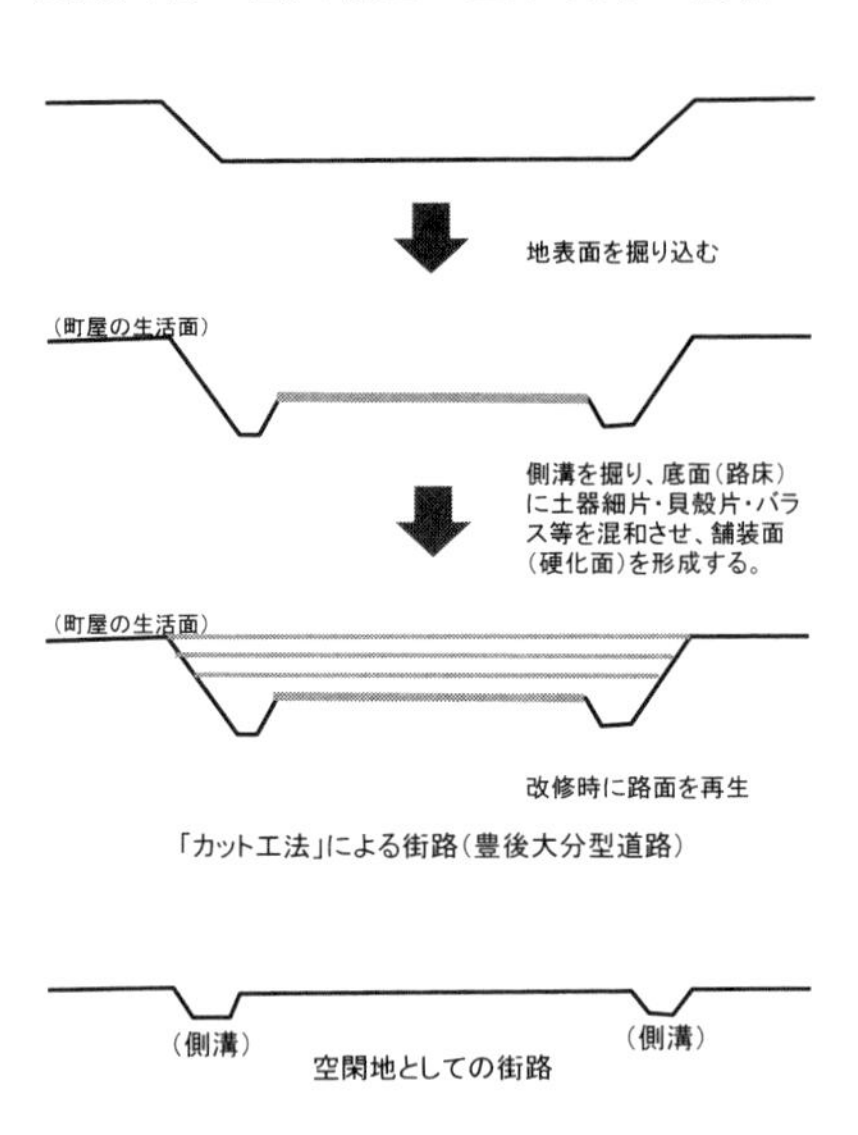

図2　「カット工法」による街路（豊後大分型街路）と空閑地としての街路

豊後府内で普遍的に見られ、しかもこの地域で特徴的に認められることから、豊後府内における当該工法による道路遺構を「豊後大分型道路」と呼ぶ［坪根二〇一一］。

この工法で造られた街路は、一見したところ、版築技法によってぶ厚い整地層をもつ道路が構築されているようにみえる。ところが、街路の断面を検討すると、そこに上述した舗装面（硬化面）が数面から十数面認められることから、この整地層群は版築技法で一気に積み上げられたのではなく、硬化面を再生する路面のメンテナンスが短期間に繰り返し行われた結果、徐々に嵩上げされたものであることがわかる。

つまり、街路の構築当初は町屋の生活面より路面のレベルが低いのであるが、路面のメンテナンスが繰り返し実施された結果、最終的には両者のレベルがほぼ同じになるという現象が生じるのである（図2上）。その一方、地表面には掘り込みがなく、側溝などを設けるのみで、側溝に挟まれた空間を路面として利用する場合が想定される。この場合は路面上に建物や井戸などの生活関連の遺構が認められず、遺跡としては特筆すべき施設のない空閑地として認識されることになる（同図下）。

（2）街路に付帯する施設

近年の発掘調査によって、街路の構造や工法だけではなく、街路に付帯するさまざまな施設の様相も明らかになってきた。それらの中で特徴的で注目すべきものを、以下で検討してみよう。

①木戸（釘貫）遺構

「府内古図」を見ると、南北街路と東西街路の交差点付近に鳥居状の記号が描かれていることがわかる。この記号は「木戸」あるいは「釘貫」と呼ばれるもので、二本の柱を建て、その間に横木を渡し、屋根や扉を設けることよって町への出入口とした施設である。実際の発掘調査でも、第2南北街路と名ヶ小路町、御所小路町との交差点などで木戸遺構が発見されている。豊後府内で確認される木戸遺構は、二基で一組となる素掘りの柱穴で構成されるのが基本であるが、第2南北街路における唐人町の南側に設けられたものは、柱穴の底面に大型の礎石があり、木戸の前面には砂利敷きや石列を有するなど、手の込んだ造りとなっていた（図3①）。発掘された木戸遺構に設計上の統一性があるわけではなく、遺構ごとにバリエーションが認められる造りとなっているようだ。

②側　溝

側溝は道路の両側、もしくは片側に設けられた小型の排水溝である。豊後府内の道路側溝は素掘りのものが大半であり、長い距離を通じて計画的に掘削されているものはなく、要所要所で途切れているものが多い。つまり、これらは雨水などを高度な都市計画のものでシステマティックに処理しようとしたものではなく、路面の浸水や泥濘を防ぐために、自分の家屋の前面や町場のごく限られた面積に生じた雨水を差し当たって処理する機能しか持たない。また、第2南北街路で検出された側溝には、二段程度の石積みをもつ石組み側溝も存在した（図3②）。しかし、この石組み側溝の長さは六メートル弱であり、限られたごく一部の地点に留まっている。上記のような特徴から考えれば、公

図3　街路に付帯する施設（1）

上段：①木戸（釘貫）遺構　柱穴の底面に礎石を有し、その前面に砂利敷きや石列がある（大分県教育庁埋蔵文化財センター『豊後府内 17』〈第1分冊〉2013年より）

中段：②石組み側溝　2段程度の石積みをもつ道路側溝。石積みのある部分は一部に留まる（同『豊後府内 17』〈第2分冊〉2013年より）

下段：③バラス舗装　砂利や小石をびっしりと敷き詰めて舗装している（同『豊後府内 17』〈第1分冊〉2013年より）

道である街路に側溝を設ける権限は、街路に面した家屋の占有者に、ある程度委任されていたか、あるいは黙認されていたと考えざるを得ないと思う。

③バラス舗装

道路を形成する整地層中に意図的にバラス（小石や小礫（しょうれき））を混和させ、路面を硬化する工法は豊後府内の街路遺構にも一般的に認められる。ただし、混和された小石や小礫がごく少量に留まり、本当に路面を硬化させる効果があったのか疑問である場合も少なくない。その反面、びっしりとバラスを充填して路面を鋪装した地点もある。このような事例は第２南北街路や第４南北街路の一部で認められ、特に前者の唐人町前面で顕著であった（図３③）。ただし、これほど丁寧な舗装が行われている地点は唐人町南側の木戸（釘貫）遺構から北へ約二十五メートルほどの地点に留まり、これよりさらに北側ではバラス舗装が顕著ではなくなる。バラスによって丁寧に路面が舗装された地点は、一部に留まるものである。第４南北街路についても同様で、東西街路である林小路との交差点付近のみでバラス舗装が顕著となる。しかしながら、これらの路面はその後の街路の改修により、すぐに埋められてしまう。結果的には、バラス舗装による路面が機能した期間はきわめて短かったことが推定される。

④街路に降りる階段

「カット工法」による道路（豊後大分型道路）が造成された場合、街路の構築当初では、町屋の生活面より路面のレベルが低くなることを前述した。このことを傍証するひとつでもあるのだが、後小路町前面の第２南北街路や万寿寺前面の東西街路では、街路へと降りる石組みの階段が発見された地点がある。後者では河原石と方形に加工した凝灰岩とを使用して二段程度の階段（図４④）を作り、さらに街路の改修に伴って、階段も付近の別の地点に作り替えられていることが判明している。

⑤クランク（鍵手状道路）

第２南北街路は、大友館北東隅付近ではクランク（鍵手状道路）を形成している。街路にクランクがあると、戦争時に見通しが効かないことや敵兵が道路を直線的に行軍できないことなど、都市の防衛に効果があるといわれている。豊後府内の発掘調査でこのようなクランクが確認されているのは当該地点のみであるが、他にも東西街路でクランクを形成した可能性がある地点が複数あるようだ。

大友館北東隅付近のクランクは、その北東に立地していた称名寺のあり方とも大きく関係する。暦応四年（一三四一）創建の称名寺は、十五世紀後半に寺域の西側を画する大規模な堀が掘削される。その後、永禄年間（一五五八～七〇）には大友家によって寺を沖の浜（町の北西約三キロに位置する豊後府内の外港）に移転させられたといわれている。それにもかかわらず、考古学的な調査では寺の建物が大規模に撤去された形跡はなく、十六世紀後葉から末葉には寺域を拡張する形で堀も西側に移動したことが判明している。寺域が拡張される理由［吉田二〇一三］には謎が多いが、当該地点のクランクはこの時期に形成された可能性がある。称名寺跡地の堀から出土する遺物には漳州窯（しょうしゅうよう）系の陶磁器を含むことから、堀の掘削年代は一五七〇年代を遡らない。そうすると、このクランクの形成時期は、冒頭で触れ

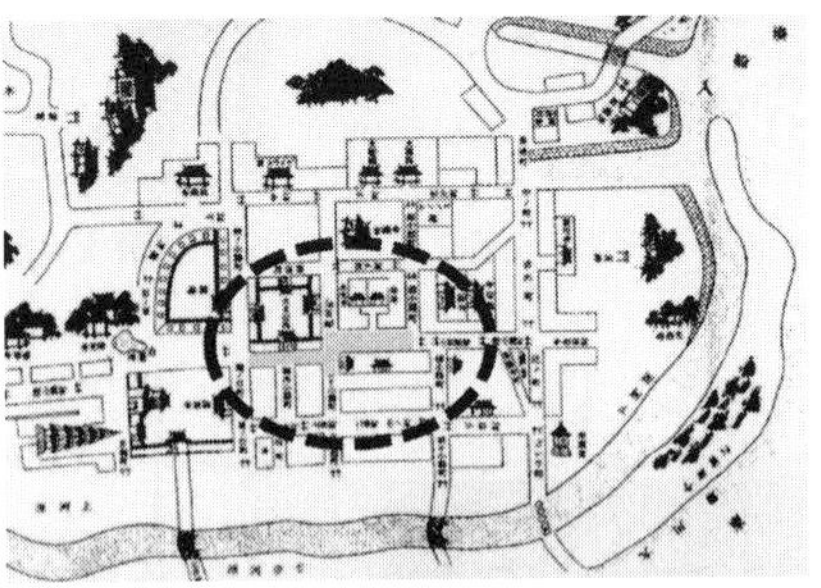

図４　街路に付帯する施設（２）

上段：④街路に降りる階段　川原石と方形に加工した凝灰岩を使用。町屋の生活面より下面にある街路に降りるための施設（大分市教育委員会『大友府内 22』2016 年より）

中段：⑤クランク（鍵手状道路）　クランクが表現された唯一の「府内古図」（部分、大分県教育庁埋蔵文化財センター 2016 を改変、原図は『大分市』1915 年）

下段：⑥竹筒を使用した暗渠　路面下に竹筒を埋設した暗渠。竹筒そのものは不朽していたが、その周囲に鉄分が付着していたため。管の痕跡が確認された（大分県教育庁埋蔵文化財センター『豊後府内 17』〈第１分冊〉2013 年より）

たように大友義統が天正六年（一五七八）に政庁を臼杵から府内に再移転するのに伴う町場の大改造時に対応する可能性が高くなる。また、このクランクの位置が大友館の北東という「鬼門」の方角に存在していることにも注意を払っておきたい。

なお、府内古図の一種である「舊府内城下図」（図4⑤）に、このクランクの状況が明瞭に描かれていたことが、近年指摘されている［大分県教育庁埋蔵文化財センター二〇一六、八頁］。

⑥竹筒を使用した排水暗渠

唐人町前面の第2南北街路で、竹筒を路面に埋設した排水暗渠（あんきょ）が発見された。これは、唐人町側の街路側溝がオーバーフローしないように、路面下を利用して、掘削深度のより深い称名寺跡地の堀へ排水を行うことを目的とした施設である。この暗渠は前述したバラス舗装の路面を埋めた後、嵩上げした路面に街路の主軸と直行する方向の小溝を掘削し、そこに節を抜いた竹筒を埋設したようだ。竹筒そのものは腐朽（ふきゅう）して失われていたが、筒のまわりに鉄分が付着しており、使用された管の痕跡は明瞭に残っていた。小溝の底面と竹筒は、堀の方向に向かって傾斜している（図4⑥）。唐人町前面の第2南北街路では、このような暗渠が五ヵ所で確認された。これらの暗渠は豊後府内においても唐人町の前面でしか発見されていない、特異な工法によるものといってよいだろう。

三、街路遺構の概要と初源年代

次に、現在までの発掘調査で、街路の構造や初源年代を示唆する調査成果が得られた地点の状況を示しておこう。

①第１南北街路（図５）

豊後府内で最も東（大分川寄り）に位置する南北街路である。街路は下市町から堀之口町までを南北に貫き、その主軸は東に約一〇度振れる。他の三本の南北街路が東に約四度振れるの対し、主軸の傾きが大きいことが特徴である。

第１南北街路の街路遺構の断面を検討すると、路面形成に伴う整地土層群が一メートル近くにおよび、一見したところ、版築技法で厚い整地層群を伴う街路が構築されているようにみえる。ところが、その断面に硬化面が十数面認められることから、前述したように、第１南北街路は版築技法で構築されたのではなく、舗装面（硬化面）を再生するための路面のメンテナンスが短期間に繰り返し行われたと解釈されるのである。また、複数の硬化面を伴う街路は掘り込みを伴う「カット工法」（豊後大分型道路）によるものである。掘り込みの幅や周辺の遺構の状況から、街路の幅員は約八メートルと判断される。

街路の形成土層中には焼土層が帯状に認められる部位があり、下市町付近では三〜四枚の焼土層が確認された。焼土層そのものからは出土遺物が少ないため、年代の比定は困難ではあるのだが、周辺の遺構との対比から、第１焼土層が一五九六年頃（慶長元年大地震に関連?）、第２焼土層が一五八六年頃（天正十四年の豊薩戦争時）、第３焼土層が十六世紀第三四半期前後に比定されている。比定年代の当否はともかく、戦乱などによる火災後も街路の復興が確実になされていることは注目してよいだろう。

下市町付近の発掘調査成果からみると、カット工法による第１南北街路は十五世紀後葉以前の溝や堀という区画遺構を埋めて構築されている。カット工法で造成された街路の初源年代を確定するのは困難だが、少なくとも十六世紀代には確実に当該工法による街路が機能している。また、十五世紀後葉および十四世紀後葉にも、溝と溝の間に遺構のない空閑地が確認されており、その空閑地は十五世紀後葉では幅員約六メートル、十四世紀後葉では幅員約三メートルとなる。これらの空閑地が掘り込みを伴わない道路遺構で、溝が道路側溝である可能性はきわめて高いが、調査区の制約により、その広がりは明確ではない。ただ、街路の下層にパックされている十五世紀後葉の堀や溝、十四世紀後葉の溝は第1南北街路と主軸方向が同じであるため、その主軸の起源は十四世紀代まで遡る可能性が考えられる。

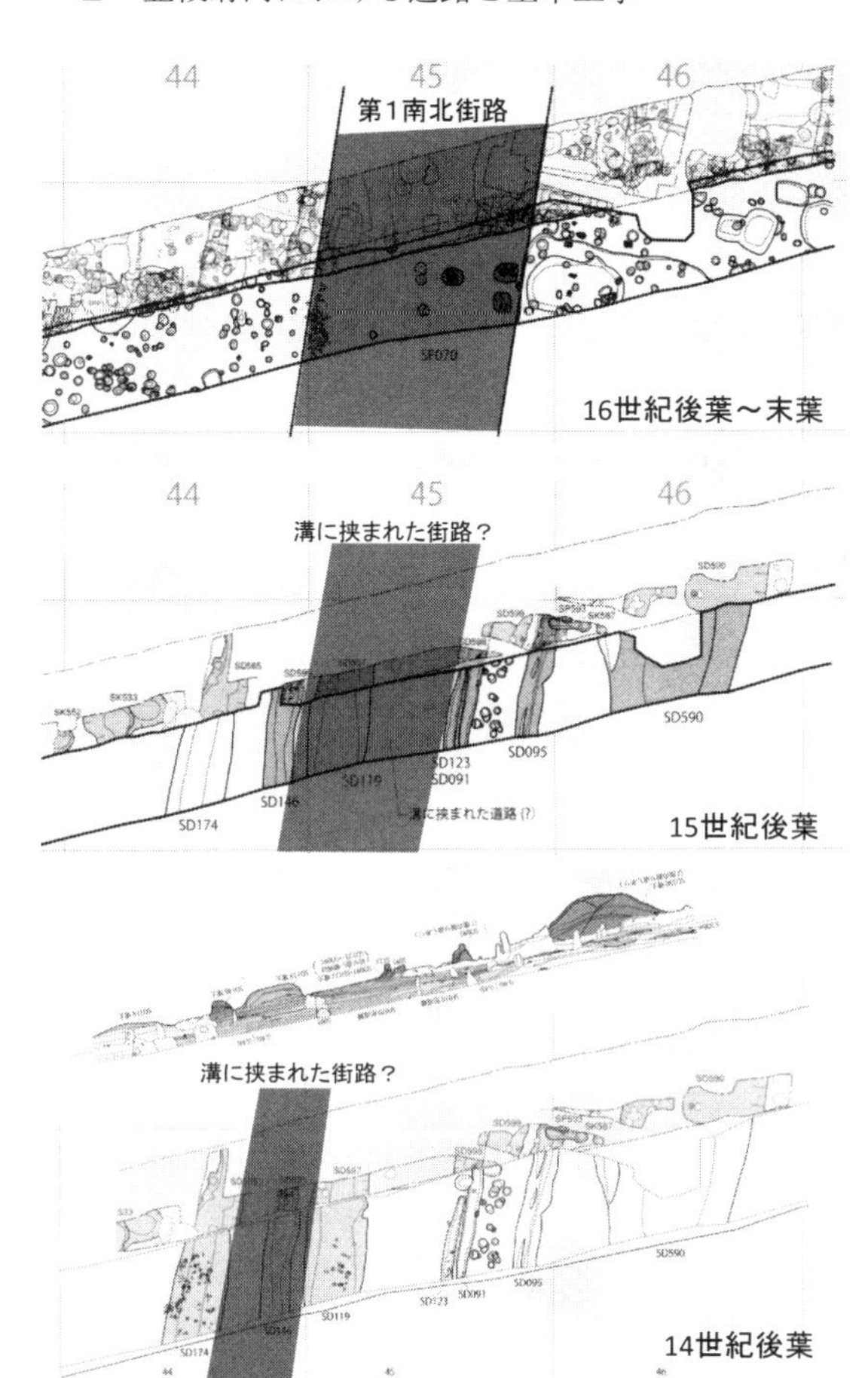

図5　第1南北街路の変遷（大分県教育庁埋蔵文化財センター『豊後府内 18』2013 年を改変）　14 世紀後葉・15 世紀後葉には溝に挟まれた道路が構築され、後の街路の基本軸は、この時期に成立している。ただし、街路の広がりは明らかではない。16 世紀代には「カット工法」（豊後大分型道路）による街路が構築され、機能している。

なお、第1南北街路は旧万寿寺跡の境内には、その延長部が確認されておらず、街路の初源と万寿寺の創建（徳治元年＝一三〇六）では後者の方が先行することが、近年の調査で明らかになった。さらに、万寿寺の南側では寺小路町や今道町を貫く南北街路が確認されており、これについては構築の初源が十五世紀後葉頃まで遡ることが判明している。万寿寺の南限からさらに南へ延びる南北街路は、第1南北街路の延長部と解釈することもできるが、この街路は堀之口町以北の第1南北街路と主軸が微妙に異なっている。

②第2南北街路（図6）

大友氏館跡の前面（東面）および万寿寺跡西面を貫く南北街路で、その位置から豊後府内のメインストリートと考えられるものである。構築方法は第1南北街路と同じ「カット工法」（豊後大分型道路）が採用されるとともに、路面形成に伴う整地土層群は五十センチ以上におよび、その断面には複数の硬化面が確認される。かって、掘り込み最下面から大窯3期後半の瀬戸美濃産陶器が出土したことから、その初源年代が十六世紀後半を遡らないと考えたことがあった。

しかし、近年の調査により、十六世紀後葉の掘り込みの外側に、時期を遡るさらに古い段階の掘り込みが存在することが確認された。新しい掘り込みによる街路の幅員幅は八～十メートルであるが、古い掘り込みの幅はこれを上回り、十六世紀前葉における街路の幅員は十メートルを越えることが想定される。また、別の地点では、掘り込みの下層に堆積する街路の形成土が十六世紀前葉から中葉に比定される堀（大友館の関連遺構か？）に切られていることも判明している。以上のことから、第2南北街路は十六世紀前葉以前に最初の構築がなされ、十六世紀後葉から末葉に大きな改修がなされた後、十七世紀前葉頃まで機能し続けていたことが確定した。さらに、第2南北街路を構成する整地層の下面から、街路と主軸を同じくする十五世紀後半の溝が検出されている地点がある。

十六世紀後葉から末葉の第2南北街路は、大友氏館跡から万寿寺西面までは定規で線を引いたような直線道路で、

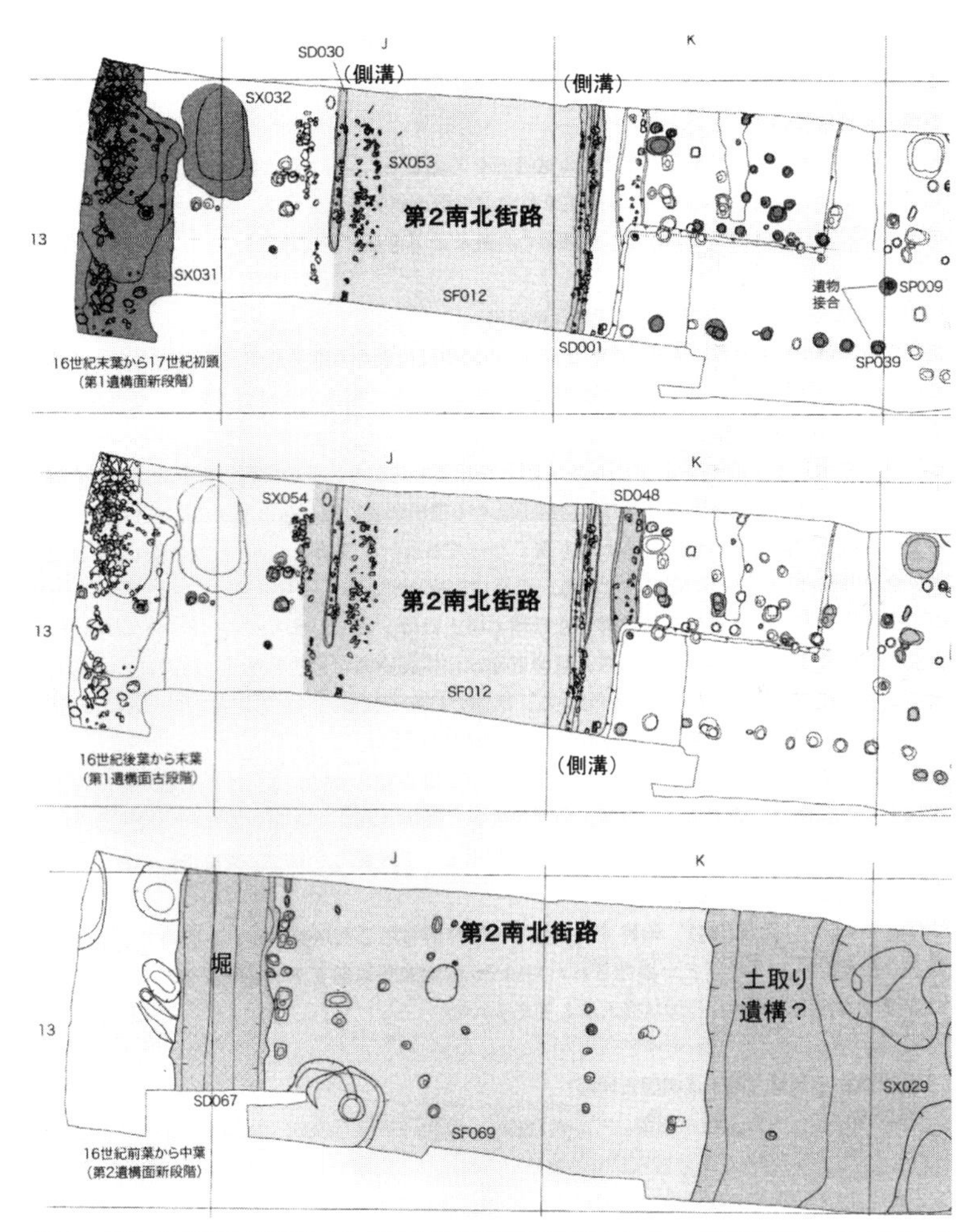

図６　第２南北街路の変遷（大分県教育庁埋蔵文化財センター『豊後府内 18』2013 年を改変）「カット工法」（豊後大分型道路）による街路。16 世紀前葉の幅員は 10 メートルを超える。16 世紀後葉から末葉に改修され、幅員が８～10 メートルとなる。

その幅も八～十メートルと広い。前述のとおり、大友館北東隅付近と唐人町前面の交差点付近では街路が直線とならず、鍵手状（クランク）をなしている。

唐人町前面の街路ではやや幅を減じ、幅員は六～七メートルと縮小する。さらに、近年の調査で小笠原町以北では街路は直線とならず、今在家町付近では地形に沿って緩やかに東方向に振れた道路となっていることも判明した。

③第４南北街路

豊後府内で最も西側に位置する南北街路である。穴内町・下町・中町・上町を貫いて、上野大友館（上原館）方面に続く。街路の主軸や構築方法は、第２南北街路とほぼ同じである。御北町付近の交差点では木戸（釘貫）遺構が、林小路町付近の交差点では路面にバラス舗装が認められた。街路構築の初源を示す資料は少ないが、十六世紀代には確実に街路の使用が認められる。

④横小路

豊後府内の発掘調査で、初めて確認された街路（東西街路）である。「カット工法」による構築方法は他の街路と同じで、複数の舗装面（硬化面）を有する。豊後府内の東西街路には幅五メートル前後の規模のものが多いが、横小路に関しては八〜十メートルと南北街路なみの広い幅員をもつ。その位置関係から、第２南北街路ではなく、第１南北街路と直交する。このことから、当該街路の構築時期がやや古いと考えられていたこともあったが、街路を形成する整地層の下面に十五世紀後葉の溝や十六世紀前葉頃の井戸が存在しており、カット工法による街路の初源はこれらの遺構の時期を遡らない。ただし、街路の下層には遺構が存在していない空閑地があり、カット工法による街路が造成される以前に、当該部分が道路として使用されていた可能性がある。

⑤御所小路（図７）

大友氏館跡西辺の中央付近から西に延びる東西街路で、その位置関係から大友館の正門付近に到達するための重要な街路と考えられる。ただし、路面を形成する版築状の整地層が、他の街路遺構と比較するときわめて薄いことが注

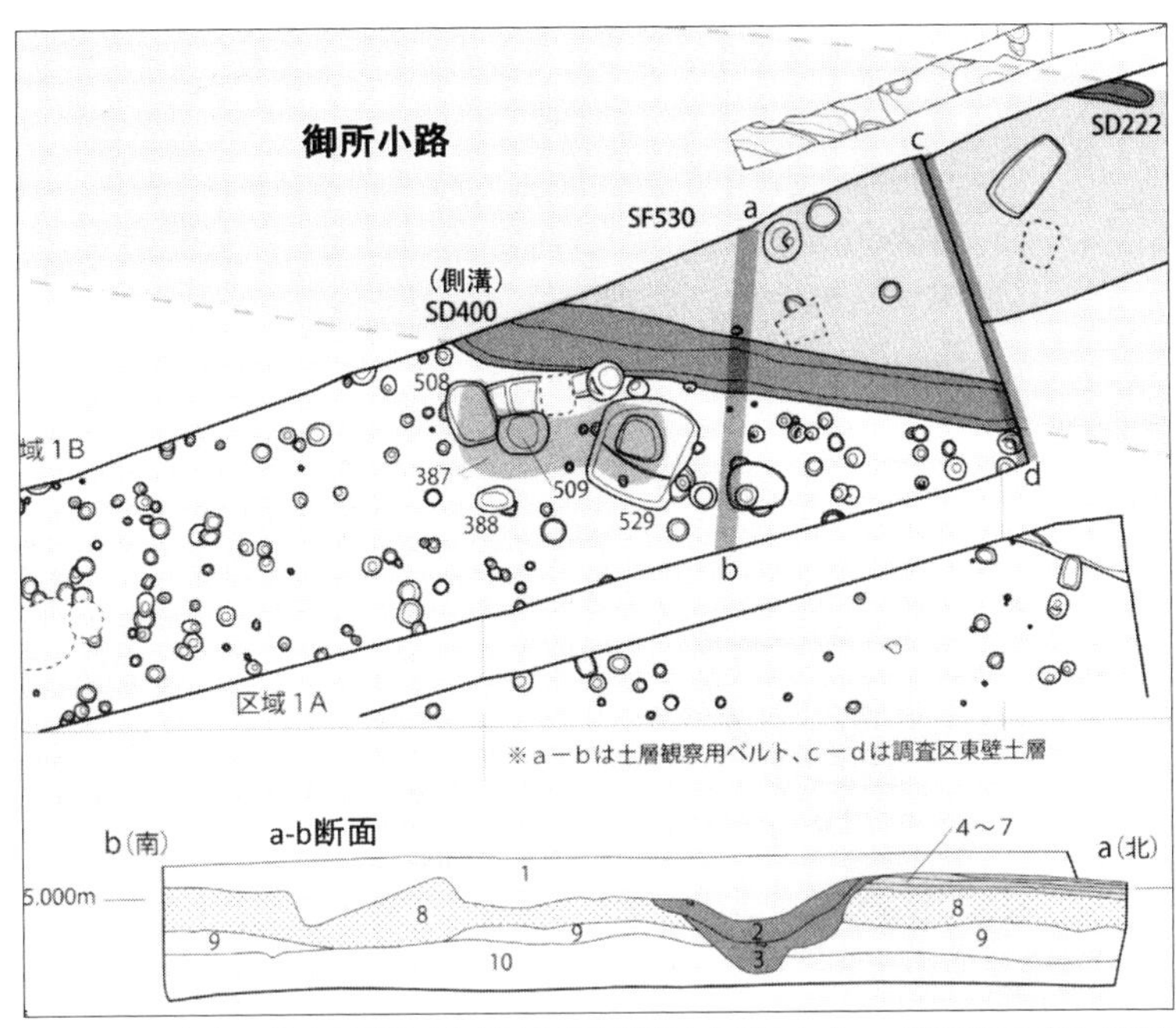

図7　御所小路と断面土層図（大分県教育庁埋蔵文化財センター『豊後府内19』2015年を改変）　断面図の4～7が街路遺構の形成土層。層の厚みは20センチ前後ときわめて薄い。2・3は素掘りの側溝の埋土。

目される。南北街路や横小路については、街路を形成する整地層の厚みが一メートル前後となるのに対し、御所小路のそれは二十センチ程度となっている。これは街路の存続時期が短かったか、路面のメンテナンスが他に比してあまり行われていなかったことを示す現象であろう。街路の形成土には、土器細片が混和されていた。第2南北街路との交差点付近の側溝からは、京都系土師器の破片が集中して出土しており、「辻の祭祀」が行われた可能性がある。

また、御所小路との交差点付近に複数の柱穴による木戸遺構が二ヵ所確認されており、ふたつの木戸遺構の間隔から、街路の幅員が約五メートル（二・五間）であることが判明した。街路は十六世紀後葉には確実に使用されているが、構築の初源時期はこの時期をそれほど遡らない可能性が考えられる。

⑥林小路

発掘調査当初には、「御蔵場」の北側区画に相当する土塁状の遺構と考えられていた遺構である。遺構の断面に版築状の整地層と硬化面が複数認められることやその位置関係から、現在では当該遺構が土塁状の高まりではなく、街路と解釈するのが主流になっている。ただし、遺構底面の一部に大型の礫や石塔部材を敷いている地点があることなど、他の街路と異なる特徴も認められる。当該遺構が東西街路であるとすれば、遺構の周辺に展開する柱穴や井戸は御蔵場の施設ではなく、町屋もしくは屋敷の関連遺構と解釈するのが妥当であろう。遺構の下層は空閑地となっている部分が多く、十六世紀後葉の街路遺構は一五世紀後葉や末葉の溝を埋めて構築されていた。

以上、発掘調査の成果から、街路遺構構築の初源時期がわかる、いくつかの事例を検討してみた。上記の事例を時間軸に沿ってまとめると、以下のようになる。

十四世紀初頭、徳治元年（一三〇六）に、大分川左岸の段丘上に万寿寺が創建される。万寿寺の境内からは街路遺構は検出されておらず、第1南北街路の初源時期は万寿寺創建より後出する。万寿寺創建直後の街路の状況については、不明な点が多い。

十四世紀後葉になると、下市町付近に万寿寺の主軸とほぼ同一方向の溝2条が構築され、溝に挟まれた空間が街路として使用された可能性がある。十五世紀後葉にもこれと同一方向の堀や溝が構築されている。これらの遺構は短期間で廃絶するものの、これらの溝や堀が第1南北街路の主軸方向と一致するため、当該街路を造成する際の基軸となった可能性が高い。これが、現状で第1南北街路が他の街路よりも古い時期に造られたとされる考古学的な証拠とされている事例だが、発掘調査の制限のため、十五世紀後葉以前に比定される空閑地による街路遺構（？）はごく一部の地点で確認されたに留まっており､その広がりは不明である。第1南北街路がカット工法による街路（豊後大分型道路）となる時期が十五世紀後葉以降であることは間違いないが、その詳細な時期を確定するような資料も不足している。ただし、十六世紀前葉にはカット工法による第1南北街路が機能していることは間違いない。

十六世紀前葉になると、大友館前面にもカット工法による第2南北街路が造成され、この街路は十四世紀後葉に成立した大友館の主軸を踏襲している。なお、大友館周辺で検出されるいくつかの溝や堀にも十四世紀後葉にまで遡るものが発見されており、大友館の主軸方向を踏襲した空閑地による道路がいつまで遡るかという問題はまだ未解決である。また、十六世紀前葉には第4南北街路もカット工法による造成が行われ、機能していた。したがって、未発見の第3南北街路[3]を除くと、十六世紀前葉には豊後府内の街路のほとんどが、カット工法による街路（豊後大分型道路）に切り替わっていることがわかる。

十六世紀後葉から末葉になると、第2南北街路の幅員が縮小されるものの、大きな改修が加えられ、おそらくはこれに前後して御所小路も構築される。さらに、大友館北東隅付近の第2南北街路にクランクが生じるのもこの時期である。大友館付近の第2南北街路の改修は、大友義統が政庁を府内に再移転する天正六年（一五七八）頃に行われた可能性が高いと考える。

以上の検討から、豊後府内における街路遺構には、十四世紀後葉・十六世紀前葉・十六世紀後葉〜末葉にそれぞれ画期が認められる。十四世紀後葉は十六世紀代における四本の南北街路の起源となる二つの主軸が成立する時期、十六世紀前葉は豊後府内のすべての街路がカット工法による街路（豊後大分型道路）に切り替わる時期、十六世紀後葉〜末葉は政庁再移転に伴う街路の再整備の時期と評価してよいだろう。

まとめにかえて

豊後府内において、街路はどのようなシステムのもとに造成や施工が行われてきたのであろうか。このことを雄弁に語る史料は残存していないと思われるが、参考になる文書[4]を次に掲げてみよう。

　　佐賀郷**道作**奉行
詫广別当　　斎藤弾正忠
平林兵部丞
天下就御下知、稠被仰下了、
右、よこ六尺、間弍間、郷役同給主申談、従来廿八可有馳走者也、
　　天正十八年九月廿一日
（平林文書『大分県史料』二五、三五〇頁）

文書の内容と年号から、豊後国でも府内ではなく佐賀郷（佐賀関）、それも大友義統（吉統）が豊臣政権下に属した時代の史料だが、佐賀郷の「道作」に当たって詫磨・斎藤・平林の三人が奉行に任じられ、「よこ六尺、間弍間」の規格で道づくりがなされたことを示す。

また、大友家の年中儀式では、例年正月十六日の評定初めに読み上げられる吉書（年始・改元・代始・政始・任始など新規の開始の際に吉日を選んで総覧に供される儀礼的文書）と推定される文書中に、次の記事がある。

　　条々
一、賀来之社造営之事。

一、京都御一札之事。
一、国中**道作**之事。
以上
正月十六日
右の条々数を御前より、申次を以て御出し候を、老中相認めて所賀来の社総地頭殿、稙田庄追補使殿、笠和郡政所殿、高田政所殿、野津院政所殿、
此五箇所へ、御意の文体は、**道作**に付きての仰共、老中の伺にて奉書其相認め、其後老中御前へ伺候、雑煮御杯あり。
右筆同前なり。
（「大友公御家覚書」大友家年中儀式次第方違之事、文禄三年）

この儀礼が成立した時期は明らかではないが、大友家が「道作」を領国支配の基本として重要視していた［木村二〇〇一、八一頁］ことがわかる。

史料不足の感は否めないが、大友家では儀礼的にではあれ、「道作」が国策として重要視されており、実際の施工に当たっては、その差配を行う奉行人が存在していた事例があることが指摘できる。それでは、このような奉行人のもとに動員された実際の土木作業を担った者はどのような人々であったのだろうか。

これも近世に下る二次史料となるが、元禄十一年（一六九八）に戸倉貞則によって編集された『豊府聞書（ほうふききがき）』に次のような意味の記述がある。すなわち、慶長七年（一六〇二）に府内城主である竹中重利は、府内城と近世府内城下町を修築を完成させ、新しい城下町には中世府内の住民を移住させた。その際、府内の住民は近隣の親族朋友の援助を得た上で、新しい町の造成や家屋の解体・移住を自らの手で行った、というものである。

近年の発掘調査でも、近世府内城下町の道路遺構はカット工法による豊後大分型道路であることが確認されており、中世の工法と同じものであることが判明している。木村幾多郎氏は、この道路づくりの工法が中世府内と近世府内城下町で同一であることや、中世府内の町名の一部が近世府内城下町のそれと共通するものがあることから、『豊府聞書』の記事が城下町移転の実態を示していることを指摘した［木村二〇〇一］。つまり、移転に当たっては自分たちの住む町は自分たちで造るという、町ごとの分担が行われていたことが想定されるのである。

このことは、中世段階の道路の造成および維持・管理についても援用できると考えられ、例えばバラス舗装が交差点付近の一部に留まることや唐人町のみで認められる暗渠施設、街路の付帯施設である木戸（釘貫）が遺構ごとに異なっていることなど、発掘調査で確認された遺構の実態とも付合しているといえる。街路遺構の断面で認められるような頻繁に行われた道路の改修や路面の再生は、奉行人などの差配は考えられるにせよ、その町に住む住人自らによって行われていた可能性が高いと考えるのである。

さらに、道に面して家屋を有していた町の住民は、街路に対してどのような意識をもっていたのであろうか。先に、側溝の項目で検討したように、豊後府内の街路側溝は高度な都市計画によるシステマチックな排水機能を有するものではなく、路面の一部に生じた雨水を当面処理するだけの役割しかない。側溝は計画的に掘削されたのではなく、要所要所で途切れる一方、部分的には石組みをもつ地点もあるなど、不統一な施工が目立つのである。以上の現象は、側溝の維持・管理については、街路に面した地点を占有する単独もしくは複数の家屋の居住者に委任されていた、または黙認されていたと考えざるをえない。街路に側溝を設ける権限については、街路に面した家屋の住民による裁量に委ねられることも多かったのではないだろうか。

以上の通り、豊後府内では大友家による「道作」が例年の評定初めで掲げられるような重要施策として位置づけられる一方、実際の街路の造成・施工および維持・管理については町の住民が行い、さらに街路の付帯施設である側溝の維持・管理については、街路に面した家屋の住民による裁量に任されていた実態が想定されるようになった。これまでの発掘調査の蓄積や制限の多い少数の史料から上記のことを想定したが、さらなる調査の進展や史料の検討を待たなければ解決できない問題点も多いと認識している。

今回は現状で判明した事象を当面の結論として位置づけ、今後の検討に備えたい。

註

（1）府内古図については、木村幾多郎氏の論考を参照［木村一九九三、二〇〇二］。また近年、［大分市歴史資料館二〇一七］により、現存する古図すべてが集成され、細分類が行われている。

（2）府内古図B類によると、称名寺東面の南北方向の道路が「とうちやう小じ（道場小路）」と呼ばれていたことが、鹿毛敏夫氏によって指摘されている［鹿毛二〇〇八］。

（3）第3南北街路については、これまでの発掘調査では確認されていない。この街路の詳細な位置が確認されれば、大友氏館跡の東西規模［高橋・小柳二〇〇八］を確定する大きな手がかりとなるため、第3南北街路の発見が今後の発掘調査での重要な課題のひとつとなる。

（4）街路に関連する文書については、鹿毛敏夫氏からのご教示を得た。

参考文献

大分県教育庁埋蔵文化財センター 二〇一六『豊後府内を掘る―明らかになった戦国時代の都市―』
大分市歴史資料館 二〇一七「平成二八年度テーマ展示Ⅲ・THE府内古図　中世豊後府内のまち」（『大分市歴史資料館ニュース№114』）

鹿毛敏夫 二〇〇三「戦国大名館の建設と都市―大友氏と豊後府内―」(『日本歴史』六六六。後に『戦国大名の外交と都市・流通』思文閣出版、二〇〇六年に収録)
鹿毛敏夫 二〇〇八「戦国大名領国の国際性と海洋性」(『史学研究』二六〇。後に『アジアン戦国大名大友氏の研究』吉川弘文館、二〇一一年に収録)
木村幾多郎 一九九三「研究ノート府内古図の成立」(『大分市歴史資料館年報一九九二年度』)
木村幾多郎 二〇〇一「府内古図再考」(『Ｆｕｎａｉ　府内及び大友氏関連遺跡総合調査研究年報』大分市歴史資料館)
木村幾多郎 二〇〇一「豊後府内城下町移転と旧府内町」(『大分・大友土器研究会論集』)
坂本嘉弘 二〇〇一「考古学から見た中世大友府内城下町の成立と構造」(『南蛮都市・豊後府内』大友氏館跡国指定史跡記念事業中世大友再発見フォーラム)
坂本嘉弘 二〇〇八「中世都市豊後府内の変遷」(『戦国大名大友氏と豊後府内』高志書院)
高橋徹・小柳和宏 二〇〇八「中世府内の大友館考―府内古図からみた大友館の所在地および規模について―」(『大分県立歴史博物館研究紀要』九)
武富雅宣 二〇〇六「府内古図にみる光西寺」(『光西寺史』真宗大谷派四極山光西寺)
玉永光洋 二〇一三「戦国都市豊後府内　空間構造と府内再移転を中心にして」(『臼杵史談』第一〇三号)
坪根伸也 二〇一一「時をかける道路――豊後大分型道路の成立と継続性の背景」(『古文化談叢』第六五集)
三重野誠 二〇〇八「大友宗麟・義統の十六世紀末における動向」(『戦国大名大友氏と豊後府内』高志書院)
吉田寛 二〇一三「豊後府内出土の金箔押し鬼瓦・鯱瓦の年代と問題点」(『大内と大友―中世西日本の二大大名―』勉誠出版)

＊大分県教育委員会・大分市教育委員会発行の発掘調査報告書については割愛した。

Ⅲ　『上井覚兼日記』にみる土木事業
――城郭普請を中心に

新名一仁

はじめに

『上井覚兼日記』は、戦国島津氏の老中にして日向国宮崎地頭でもあった武将・上井伊勢守覚兼（一五四五～一五八九）の日記である。その原本（島津家旧蔵本）は、東京大学史料編纂所蔵の島津家文書に含まれており、一九九八年に国の重要文化財に指定されている。同本が島津家から編纂所に移譲される前の、昭和二十九年（一九五四）から『大日本古記録』（岩波書店）で刊行がはじまり、上・中（一九五五年）・下（一九五七年）三巻で全文翻刻されている。本稿での引用は同書による。

現存するのは、天正二年（一五七四）八月から同三年四月、同年十一月から十二月、同四年八月十六日から九月六日、天正十年十一月四日から同年十二月、天正十一年正月から同十四年九月十五日までである。この期間は、島津本宗家がその根本分国である薩摩・大隅・日向三ヵ国統一を果たし、その支配領域・勢力圏が、肥後（熊本県）、肥前（佐賀・長崎両県）、筑後・筑前（福岡県）へと拡大していく時期にあたる。上井覚兼は、当初、島津本宗家当主義久の側近たる「奏者」として、後半は島津家の政策決定に関与する「老中」のひとりとして、この戦国島津氏の勢力拡大に尽力していた。

この日記の内容は、「戦国の世の実相と武人の生活とを描いてはなはだ精彩に富んでいる。（中略）連歌・俳諧・茶の湯・立花等々の文芸関係の記載も多く、戦国時代末・近世初期の史料としてきわめて貴重」[1]、「公務に関することからその日一日なにをして過ごしたかといった私的なものまで多岐にわたって」おり、「戦国武将の日常生活を赤裸々に今の私たちに語ってくれる希有の史料」[2]と高く評価されている。そして、なんといっても、全盛期の戦国島津氏の中枢にいた武将による日記であり、島津家の内政・外交・軍事行動など、その流れと政策決定過程を知りうることが最大の魅力であろう。

本稿は、こうしたこの日記の特徴に着目し、戦国島津氏領国における土木事業の一端を明らかにすることを目的とする。

一、戦国島津氏の領国統治システム――老中・奏者制度と地頭衆中制

（1）上井覚兼の立場

冒頭で述べたように、『上井覚兼日記』は、戦国期の地方武士の生活・文化・政治・外交を知りうる史料として、部分的によく引用されるが、意外と等閑視されているのは、上井覚兼がいかなる立場・地位でその行為を行い、見解を述べているかである。覚兼は、天正元年（一五七三）から「奏者」、同四年末から翌年初め頃には「老中」の地位にあり、さらに、天正八年（一五八〇）八月からは、老中のまま宮崎地頭として日向国に移封されている。土木事業に

関して見ていく際にも、覚兼がいかなる立場でその事業を命じ、遂行しているのか、必ず把握しておく必要があろう。

　本節ではまず、戦国島津氏の官僚機構とその政策決定過程、そして、島津氏の在地支配システムの根幹である「地頭衆中制」について概観し、そのなかに上井覚兼を位置づけておきたい。

（2）戦国島津氏の政策決定過程

戦国島津氏における官僚制のトップに位置するのが「老中」である。老中は、室町期島津氏の「老名」を引き継ぐものであり、国衆、地頭・衆中を始めとする家臣たちや寺社に対する知行賦（くばり）と所替・召移、それに伴う知行目録（坪付打渡状）の発給を中心とする「公的文書発給権」を持つことが最大の特徴であり、「加判役（かはんやく）」とも呼ばれた。これに加えて、守護裁判権の実務を担う存在でもあり、外交・内政に関する諸政策の決定に関する「談合」・「評定」を主催する存在でもあり、「評定衆」とも呼ばれた。このため、「談合と守護支配文書の加判をその機能としていた」と評価されている。(3)

　このうち、家臣や寺社からの訴えに基づく裁判と、政策決定の「談合」は、老中だけで完結するものではない。その裁定過程や談合の流れを明らかにしたのが、山口研一氏である。(4)山口氏は、訴人と老中、そして老中と太守島津義久(5)との間で取次行為を行う、「奏者」（「御使衆」・「申次役」ともよばれる）に注目し、その役割と島津氏の意思決定過程を明らかにした。以下、同氏の研究に基づき、島津氏の政策決定の特徴を整理する。

　訴訟に限らず、国衆や家臣・寺社から島津家（太守あるいは老中）に対し何らかの訴え・請願（詫言（わびごと））がある場合、直訴することはできなかった。必ず、奏者に取り次ぎを依頼したのであり、訴訟など重要なものについては、二人以上の

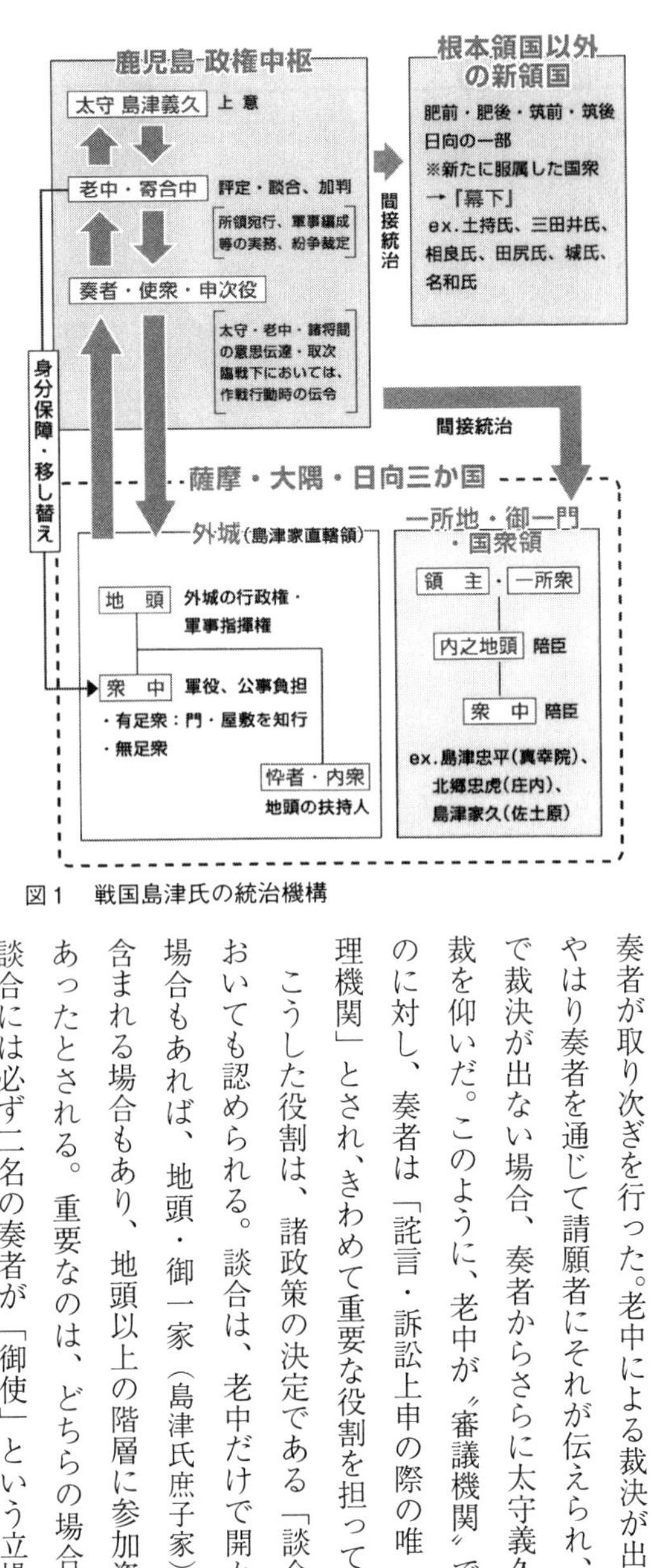

図1　戦国島津氏の統治機構

奏者が取り次ぎを行った。老中による裁決が出ると、やはり奏者を通じて請願者にそれが伝えられ、老中で裁決が出ない場合、奏者からさらに太守義久に決裁を仰いだ。このように、老中が〝審議機関〟であるのに対し、奏者は「詫言・訴訟上申の際の唯一の受理機関」とされ、きわめて重要な役割を担っていた。

こうした役割は、諸政策の決定である「談合」においても認められる。談合は、老中だけで開かれる場合もあれば、地頭・御一家（島津氏庶子家）まで含まれる場合もあり、地頭以上の階層に参加資格があったとされる。重要なのは、どちらの場合でも、談合には必ず二名の奏者が「御使」という立場で参加していたことである。そして、奏者は談合の内容を、太守義久に披露・報告したのであり、「島津氏の意思決定に大きな影響力を持った」存在であり、「老中の補佐役」とも評価されている。加えて、奏者は、老中の監視役としての役割も担っており、老中に失態があった場合、太守義久からの詰問使として老中に相対することもあった。

このように、奏者は島津家の意思決定過程上、大きな役割を担っており、太守義久の側近として有能な者が抜擢されたとみられ、のちに老中に昇格したものも少なくなかった。そうした奏者から老中へと出世した代表こそが、上井覚兼だったのである。

（３）地頭衆中制――宮崎地頭としての上井覚兼

①地頭衆中制

戦国島津氏の支配地は、〝島津本宗家の直轄地〟と、〝島津氏一族・有力領主の領地（一所地・私領）〟の二種に大別される。前者の場合、各地域の拠点となる城（外城）ごとに「地頭」がおかれ、地頭の下には小身の家臣が「衆中」として配置された（宮崎衆のように地名＋衆と表記される）。また、一所地においても、領域が広い場合は拠点ごとに地頭が配置され、これは「内之地頭」と呼ばれた。出陣の際には、この一所地・外城がひとつの単位として編成され、一所地の領主や地頭が部隊を指揮した。平時においても一所地・外城ごとに諸役や段銭の賦課が行われ、地域の行政組織として機能した。こうした軍事・内政制度を「地頭衆中制」と呼んでいる[6]。地頭は衆中に対する指揮権を持つが、衆中はあくまでも島津家当主（太守）の直臣であり、その意味では地頭と身分としては対等であった。島津氏は、大量かつ広範囲に「召移」を行い、「在地小領主層および名主層を土地から切り離し」、これを直臣として編成することで、地頭衆中制が成立したと指摘されている。

戦国島津氏は、薩摩半島中部の伊作（鹿児島県日置市吹上町）から田布施（同県南さつま市金峰町）を所領とする島津氏御一家、島津相州家忠良の嫡男貴久を祖としており、薩摩半島から徐々に勢力圏を拡大していった[7]。そして、敵対勢力を破るごとに、その闕所地を直轄領化し、地頭と衆中を配置していった。上井覚兼が宮崎地頭として日向国に入部するのは、天正八年のことである。

②宮崎地頭としての上井覚兼

天正四年八月、島津義久は、自ら日向国に出陣し、日向伊東氏西端の拠点・高原城（宮崎県西諸県郡高原町）を攻略する[8]。以後、島津側の調略活動もあり伊東氏の領国に動揺がひろがり、有力家臣の離反が相次いだ。翌天正五年十二月、領国の維持は困難と判断した伊東義祐は、一門等を引き連れて、姻戚関係にあった豊後の大友宗麟（義鎮）を頼って落ち延び、「山東」とよばれた伊東氏の支配領域は、一気に島津領となったのである。翌天正六年、日向国内の伊東氏旧臣が蜂起し、それに呼応する形で、大友宗麟が日向国に進攻。同年十一月、新納院高城（宮崎県児湯郡木城町）を包囲した大友勢と、島津義久率いる島津勢との間で合戦となり（高城・耳川合戦）、島津勢は大友勢を撃破。日向国全域に対する島津氏の支配権が確立したのである。

これ以前から島津氏御一家による領主支配が確立していた、島津忠平（のちの義珎・義弘）領の真幸院（同県えびの市・小林市）と、北郷時久領の庄内（同県都城市・北諸県郡三股町）、そして島津氏の「幕下」（従属国衆）となった縣（同県延岡市）の土持氏領、高知尾（同県西臼杵郡高千穂町）の三田井氏領など山間地域を除く、伊東氏の旧領が闕所地化された。まず、伊東義祐の居城であった佐土原城（同県宮崎市佐土原町）は義久の末弟家久に与えられ、その周辺が家久の私領となり、薩摩国串木野（鹿児島県いちき串木野市）から繰替となった。そして、それ以外の伊東氏の支城は島津氏直轄領となり、外城として地頭が配置されていった。そして、その一人として、宮崎城（宮崎県宮崎市池内町）に配置されたのが、老中の上井覚兼であった。

なお、覚兼は、天正八年八月十一日付で、島津義久から「日向国海江田之城所領八拾町」を、薩摩国永吉郷からの「繰替」として宛行われている[9]。宮崎城とその周辺は島津氏直轄地であったが、その近隣に一所地・私領として、この地を宛行われたとみられる。この「海江田」とは、現在の宮崎市大字加江田、折生迫（おりゅうざこ）、青島にかけての一帯に比定でき、宮崎平野では貴重な良港である折生迫湊（現在の青島漁港）を見下ろす紫波洲崎城（しわすざき）（宮崎市折生迫）には、覚兼の父薫兼（恭安斎）ら親族が入っている。

③「日州両院」統轄者としての上井覚兼

前記のように、覚兼は天正四年末頃から老中に就任しており、その地位のまま宮崎地頭となっている。上井覚兼の宮崎入部は、単なる地頭としての役割以上のものが求められていた。

『日記』天正十年十二月十二日条で、覚兼は自身のことを「殊ニ日州之事拙者曖にて候」と記している。「曖（あつかい）」とは、「支配、領知」等の意味があり[10]、日向国は自分が支配を任されていると自覚していたことがうかがえる。また、天正十一年六月、覚兼は病気療養と伊勢・熊野参詣を理由に「加判役」（老中）辞職を願い出るが、これに対する島津義久の返答は、「殊ニ日州之事、別而御頼被成召移候間、今分御侘之様子迄にて、役を御措なされ候する儀者、曾以御得心ニ参候ハぬ」と、これを却下している（『日記』同月十四日条）。義久は、「特に日向支配のために（覚兼を）召し移した」と強調した上で辞職願を却下しており、義久が単なる地頭以上の役割を覚兼に期待して召し移したことは確かであろう。

こうしたことから、『宮崎県史 通史編 中世』は、上井覚兼の立場を「日向国統括責任者」、「日向国の事務を担当する最高責任者」と評している[11]。その上で、覚兼の統括責任者としての権限について、⑴鹿児島からの軍事動員令の伝達、遠征時の日向衆全体の軍事指揮、⑵鹿児島からの軍役・夫役・段銭徴収指令の伝達、⑶日向国内地頭・衆中から鹿児島政権中枢への取り次ぎ、⑷地頭間・衆中間の相論裁定、の四つと指摘している。

　ただ、こうした諸権限が、日向国全域に及んでいたとは考えにくい。覚兼が鹿児島の老中から指令を受け、伝達を行っている対象地域は、しばしば「日州両院」と表記されている。『大日本古文書』は、この「日州両院」を「新納院・穆佐院」に比定しているが、実際に覚兼が、動員命令、軍役・公事の賦課事例から対象地を拾い出すと、北は三城（門川・塩見・日知屋、宮崎県東臼杵郡門川町・同県日向市）から、南は清武・田野（同県宮崎市清武町・田野町）に限定される。「両院」は、新納院・穆佐院に挟まれた、現在の宮崎平野一帯と考えるのが自然であろう。[12]

　以上のように、上井覚兼は、天正四年までの奏者、天正八年までの老中、同年以降の日州両院担当老中、宮崎地頭、海江田八十町の領主という、さまざまな立場で活動しており、『日記』にみえる土木事業が、どの立場で行われたのか念頭に入れつつ見ていく必要があろう。

二、『上井覚兼日記』にみる築城

（1）築城場所の選定

　戦国大名による土木事業の最たるもののひとつが、築城である。戦国島津氏の中枢にあった上井覚兼は、多くの城を攻略すると同時に、事例はさほど多くないものの城作りにも関与した。本節では、『日記』にみえる城作り（城誘（しろごしらえ））の事例を紹介する。

　城を新たに築く場合、まず重要になるのは、城地の選定である。『日記』には、残念ながら本格的な居城となるような大規模な築城事例はないが、陣城構築の事例が出てくる。

まずひとつめは、『日記』天正十一年（一五八三）七月七日条の記述である。

　吉日にて候間、当所古城可然在処にて候侭、爰より城ニ搆させ、人数を可召置存候間、登候て委見申候、

覚兼は、七月一日から父恭安斎の居城紫波洲崎城付近に滞在中であり、前日には木花寺（法満寺、現在の木花神社、宮崎市大字熊野）に宿泊していた。よって、この「当所古城」とは、加江田（海江田）にあった古城を意味しよう。加江田の古城といえば、十五世紀に島津氏と伊東氏が激戦が繰り広げられた、加江田城（車坂城、宮崎市学園木花台南）が思い浮かぶ。[13]「古城」と呼んでいることから、恐らく覚兼の宮崎入部以前に廃城となっていたようであるが、これを再利用して「城」を構え、「人数」（衆中）をある程度常置させる構想があったようである。そのため、覚兼みずから詳しく見分したようである。この加江田城跡は、覚兼の私領である「海江田」の中心に位置する。覚兼はこの地をしばしば訪れ、前出の木花寺や内山寺（宮崎市加江田）に宿泊することが多く、覚兼の海江田支配の拠点として新たな城郭を必要としたのであろうか。その意味では、この築城計画は、上井覚兼の私領に対する私的なものといえよう。
実際にこのあと加江田城が再び城として再建されたのかは、記述がないため不明であるが、新規に城郭が必要となった場合、かつて城として使用されていた場所を再利用するケースがあったことがわかる。

ふたつめは、『日記』同年九月二十六日条の記述である。

　忠棟（伊集院）御宿にて談合也、先々堅志田口ニ遠陣ヲ被着候而、従夫御働なと輙させられ候て肝要之由出合候、可然栫ニ可罷成処見せ有へきとて、山田新介（有信）・二階堂阿波介（季行）・敷祢越中守・上原勘解由兵衛尉、此外諸所功者一両人宛被出合、明日栫ニ可成地見させられ候するとて打立也、

天正九年九月、肥後に進攻した島津勢は、同国球磨・芦北・八代三郡を支配していた相良義陽を降し、同国最大の

宗教権威であった阿蘇大宮司家の重臣甲斐宗運討伐を相良氏に命じる。相良義陽は、同年十二月に阿蘇社領に進攻するが、同月二日、響ヶ原（響野原、熊本県宇城市豊野町糸石）で甲斐宗運の奇襲を受け、あえなく討死する[14]（響ヶ原の戦い）。島津氏は義陽の死後、八代・芦北両郡を相良氏から接収して直轄化し、八代古麓城（同県八代市古麓町）を拠点に、阿蘇大宮司家と直接対峙していく。

翌天正十年十二月、いったん島津氏と甲斐宗運との間で和睦が成立するが、甲斐宗運は、和睦の条件である人質の提出や敵対国衆との手切れを実行せず、のらりくらりと島津氏の要求をかわしていた。こうした姿勢に業を煮やした島津氏老中の伊集院忠棟・平田光宗・上井覚兼らは、天正十一年九月、八代に出陣する。太守島津義久の指示は、肥後での軍事行動では無く、龍造寺隆信の進攻を受けていた肥前島原半島の有馬鎮貴（のちの晴信）支援であったが、老中らはこれを無視し、同月十八日、突然、阿蘇社領南部の拠点である堅志田城下（熊本県下益城郡美里町中郡）に奇襲を掛ける。しかし、この奇襲は失敗に終わり、阿蘇氏と手切れとなってしまう。

奇襲に失敗した伊集院・上井ら八代出陣衆による善後策の協議（談合）が、前出『日記』の記述である。彼らは、堅志田の阿蘇＝甲斐勢と対峙するため、まず堅志田口（八代から堅志田への通路）に「遠陳（陣）」すなわち陣城を構築すれば、今後の軍事行動（御働）が容易になるであろうということに決し、まず、「栫」に適した場所を探すことになり、山田有信（日向高城地頭）ら四人を初めとして、所々の「巧者」を見分に派遣することを決定したという。

ここでいう「栫」とは、南九州の史料によく登場することばであり、崩すとほとんど同じ文字に見える「拵」とよく間違われるが、別のことばである。ふたつのことばの使用事例を検討した吉本明弘氏によると、「栫」は防御施設等を示す名詞、「拵」は普請や城郭整備等を示す動詞であるという[15]。この場合、「栫」であり、陣城に適した場所の選定に諸将を派遣したことを示す。

先程の覚兼領加江田の城地選定とは異なり、覚兼の私的な築城ではなく、島津家老中つまり肥後における軍事指揮官としての指示である。そして、目前の敵との戦闘を前提とした築城であり、城作り（城誘）を得意とする「巧者」（たくみのものヵ）を指名して、見分に派遣したのであろう。ただ、翌々日の九月二十八日、見分から戻った衆は、栫に適した地は無かったと報告している。『日記』からは、どのような場所なら適しているのか不明であるが、さまざまな要件があったのだろう。

なお、十月二日の談合で、「栫取」の上での持久戦の方向性が示され、翌三日、再度「陳城」選定のため「巧者」を見分に派遣している。

（2）陣城（栫）の構築——花之山栫の築城

天正十一年十月七日、覚兼ら八代出陣衆は、再び堅志田城下に攻め込み、町や村を破却するなど一定の戦果を挙げて撤退した。彼らはその後も、阿蘇氏への力攻めを望んだが、太守島津義久からの「甲斐宗運を討つこと自体は否定しないが、こちらからは「請太刀（うけだち）」、つまり相手が攻撃してくるのを受けて立つという形になるよう持っていくべき」との意向があり（『日記』同年十月一日条）、十月二十五日の談合で、「当庄為ニ罷成候するあしとの栫取、近日可仕之由也」[16]と、陣城構築の上で在番衆を残し、主力を撤退させることを決定する。

十月二十七日、築城がはじまる。

早朝より、忠棟御宿にて栫執之打立談合也、諸所衆盛等事果、未刻計各打立候、忠棟ハ小川へ宿也、吾々ハ小野・

守山・爰かしこに諸軍衆此夜ハ一宿也、

「桙執」とは築城を意味し、その談合で「衆盛」が行われている。衆盛とは、陣立てすなわち部隊編成のことであり、敵勢が攻め寄せる可能性のある地域での築城は、戦闘行為の一部であったことがうかがえる。その上で、前夜に築城予定地近くの小川（熊本県宇城市小川町）や守山（同町北海東）付近に布陣し、翌朝の「桙執」に備えた。

翌二十八日、築城に取りかかる。

早朝各打立、花之山圍（桙）執也、図書頭（島津忠長）殿を始、諸軍衆乗陣候、各盛を以普請也、軍神勧請新納右衛門佐（久饒）、鍬初山田新介（有信）也、此夜諸口外聞・外野伏・外廻等堅固ニ申調候也、

最終的に城地に決まったのは、花之山（はなのやま）（宇城市豊野町上郷）であった。この地は、八代古麓城から直線で約十七キロ、阿蘇家の拠点堅志田城から直線で約六キロの位置にあり、現在の宇城市小川町から同市豊野町に抜ける娑婆神峠の南側、標高二百二十九メートルの丘陵上に城が築かれた。堅志田城直近の街道沿いの丘陵が選ばれたことになろう。島津忠長（ただたけ）（太守義久の従兄弟、薩摩鹿籠（かご）領主）をはじめとする諸軍勢が布陣し、それぞれの盛（担当）で普請を行っている。起工にあたっては、神事が行われ、軍神勧請を修験道に通じた武将・新納久饒が、さらに鍬初めを前出の巧者のひとり、山田有信が行っている。さらに、この普請中に敵方の襲撃が想定されるためか、花之山に通じる「諸口」の「外聞・外野伏・外廻」を堅固に調えたという。見張りや番衆を意味するのであろう。

花之山桙の普請は、上井覚兼が同城を離れる十一月七日までは、連日続いていることが確認できる。ただ、普請の詳細については、残念ながら記されていない。

後述のように、わずか数年で攻め落とされて陣城としての機能を失っており、現在の遺構がこの時の十日以上に及

ぶ普請で構築されたものと考えられる。熊本県の調査報告によると、「山頂部分は楕円形状の平坦地（長径三十五メートル・短径二十メートル）となっており、さらにこれより一、五～二メートル下った西側と南側の斜面部には幅六メートルを計る弓形状の曲輪が認められる」という。(17) 陣城とよぶのがふさわしい小規模な城郭であったと思われる。

なお、普請が始まったばかりの十一月一日、花之山栫の在番を誰にするかの談合が行われており、番衆は「地下衆」（地元肥後の相良氏旧臣たち）を入れるとしても、主取（ぬしどり）（城代）は、八代在番老中の平田光宗が担当すべきと、上井覚兼らは説得に当たっている。ただ、平田光宗は、同月五日に至っても「番大将」の就任に難色を示し、協議は難航しており、最終的に今回の出陣に遅参した衆を在番とすることで決着している（十一月六日条）。

諸将が在番を押しつけ合ったのは、この城が敵方にあまりに近い位置にあるためであったとみられる。実際、翌天正十二年二月二十日、「八城花之山栫ニ従阿蘇家向陳取候由也」との情報が宮崎にもたらされている。おそらく甲斐宗運勢が、当栫の近くに向陣を取り、軍事的圧力をかけてきたのであろう。前記の報告書には、「東方向に谷一つ隔てて存在する舌状形の山稜末端部（標高百四十四メートル・集落よりの比高六十五メートル）に、「しんじよう」という呼称」があるとされ、あるいは阿蘇側の向陣の可能性があろう。

最終的に花之山栫は、天正十三年八月十～十一日頃、阿蘇・甲斐勢の攻撃を受けて落城し、在番衆の鎌田政虎らが討死している（『日記』同年八月十二日条）。

（3）城の防御施設

上井覚兼が築城に携わったこと自体は、前項で明らかとなったが、具体的にどのような縄張りを行い、虎口など防御施設を構築したのかは、残念ながら詳細な記述がない。本項では、覚兼の居城宮崎城あるいは島津方城郭に関する記述から、特徴的な防御施設を紹介しておく。

①切岸（きりぎし）

『日記』天正十三年七月十八日条に、「城之草払させ候て見申候、岸切せ候処も候、然者已上普請也」とある。宮崎城内の草払いをさせていたところ、岸を切る必要が出てきて、普請となったということであろう。これは文字通り「切岸」、つまり「曲輪の外周などに造り出された人工の急斜面[18]」のことである。山城において、最も基本的な防御施設であろう。

②垂（たれ）

『日記』天正十三年四月九日条は、覚兼が義弟吉利忠澄の塩見城（宮崎県日向市大字塩見）を訪れた際の記述である。

塩見へ参候、衆中中途まて打迎ニ被出候、総州（吉利忠澄）たれの口まて御出合被成、小宿へ御案内者被成候、逆瀬川豊前拯処へ宿申候也、従総州可参之由候間、城へ罷登候、

覚兼が塩見に入ろうとする途中まで塩見衆中が迎えに来ており、地頭の吉利忠澄が、「たれの口」まで迎えに来ていたという。その後、宿所となる逆瀬川豊前拯の屋敷にいったん入り、その後塩見城に登っており、「たれの口」は厳密にいうと城下の施設のようである。ただ、『旧記雑録』所収の島津氏関係軍記物にも、城攻めの際「垂」という表現が頻出しており、門に類する防御施設とみられる。

『日記』同年十一月三十日条には、「町口垂なと立させ、普請させ候て見申候」とあり、覚兼は宮崎城下の町場にも、「垂」の普請を命じている。

③城戸

『日記』天正十三年四月二十日条には、次のような記述がある。

此日、谷口和泉拯三男、日州居留同前ニ城戸之番等させ可申之由訴訟申候間任其儀候、衆中各へも談合申如此候、祝言とて御酒并二百疋持来候也、

谷口和泉拯は、新別府村（宮崎市新別府町）在住の有力者で、後述のように覚兼の街づくりに協力していた人物である。その和泉拯の三男が、「城戸之番等」を勤めたいと覚兼に訴え、それを承認したという内容である（詳細は三―（3）で述べる）。この「城戸」とは、宮崎城入口の門を意味するのではないだろうか。前出の「垂」との違いがはっきりしないが、「垂」が「町口」にある施設であるのに対し、「城戸」が城門だとすれば、何らかの機能の差があった可能性があろう。

三、宮崎城の整備と街づくり

（1）宮崎城の構造

『日記』のなかで、最も多く「普請」・「造作」・「誘」という表現が頻出するのは、居城である宮崎城内に関する記述である。本節では、この宮崎城内における土木事業を見ていきたい。

宮崎城は、現在の宮崎市中心部からみると北部の池内町に位置し、大淀川から北に約一キロほど離れた、南北に連なる標高九十メートルほどの丘陵上にある。この丘陵は、「基本的には南北へ連なるが、東や西に複雑に分岐して」おり、

「丘陵上はかなり平坦な場所が多く、そこを主要な曲輪」としている。[19]

現在、十数ヵ所の曲輪が確認できるが、現存の遺構は、慶長二十年（一六一五）の一国一城令により廃城になった時点のものである。天正十五年（一五八七）、豊臣秀吉による九州国割りにより、宮崎城周辺の宮崎郡の大半は、島津氏から召し上げられ、縣城主高橋元種領となった。慶長五年の関ヶ原合戦時、宮崎城は、飫肥伊東家の重臣・稲津掃部助重政によって攻略されるが、翌慶長六年八月、徳川家康の命により、伊東家から高橋家に返還されている。その後も同城は、隣接する伊東領や島津領に備えるための軍事拠点であり、城郭として再整備されたであろうが、「石垣や定型的な枡形といった慶長期にふさわしい痕跡が見られないことから、これ以降に最低限の維持はされていたとしても、実質的な城郭として宮崎城が整備されていたのは一六〇〇年の攻城戦までと見てよい」と指摘されている。[20]つまり、現在の縄張りは、関ヶ原前後に整備されたものであり、必ずしも『日記』に記載されていた頃の状況ではないことは、留意すべきである。

『日記』によると、上井覚兼の居所・居館は山上の曲輪にあり、「内城」と呼んでいた。この「内城」が現在の曲輪のどこに当たるかははっきりしないが、千田嘉博氏は、「曲輪群の中央に位置して防御上有利な場所にあったこと」、「城内中の高所を占めたこと」、「内部を分割して使用した痕跡がない単郭の広い曲輪であったこと」を根拠として、千田図＝図2の「曲輪Ⅰ」を、『日記』の「内城」に比定している。[21]また、八巻孝夫氏も、隣接する二つの曲輪（八巻図＝図3の曲輪2・9）との上下関係から、曲輪1が「本丸」である可能性が高いとしている。[22]

この「内城」の構造物に関する記述は、『日記』天正十一年（一五八三）二月十四日条に見える。島津家の菩提寺である福昌寺住持代賢守仲（だいけんしゅちゅう）を招いて饗応した際の記述である。

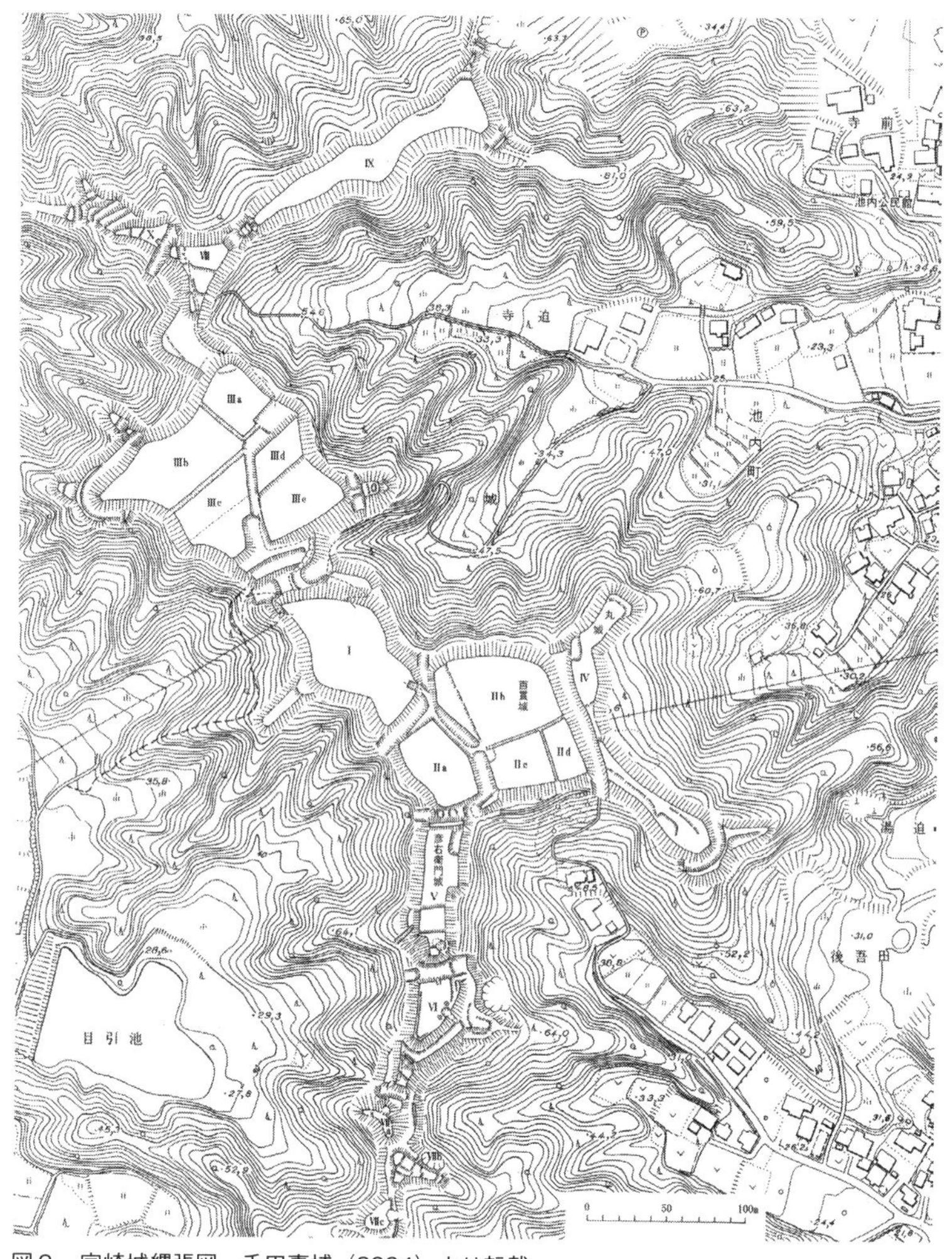

図２　宮崎城縄張図　千田嘉博（2004）より転載

福昌寺（代賢守仲）御礼とて御光儀候、御宿満願寺へ申付候也、聽而内城へ申請候、先御礼茶也、其後御めし参候、（中略）御時（斎）過候て、奥座にて内々（覚兼室）懸御目候、押肴にて御酒也、其後茶湯之座にて点心参候て、御酒数篇参候、御茶勿輪（論）候、

内城には、高僧をもてなせるような座敷があり、さらにプライベート空間としての

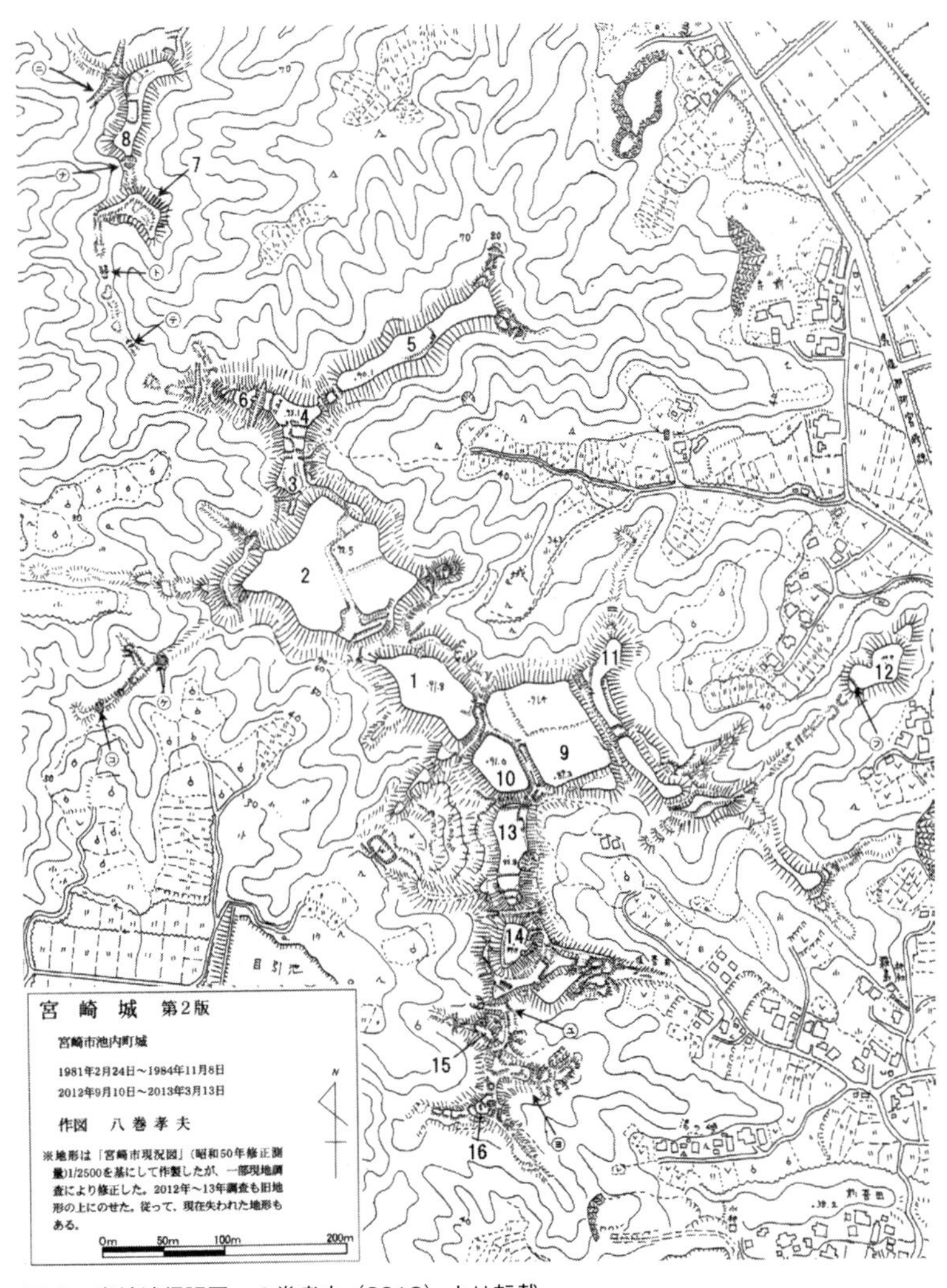

図３　宮崎城縄張図　八巻孝夫（2013）より転載

「奥座」があって、茶の湯が楽しめたようである。

千田嘉博氏は、この記述から「「御礼茶」と「御めし」が主殿空間での正式な対面と饗宴で、「奥座」での「押肴にて御酒」が、（中略）会所空間での人格的な饗宴と位置づけられ」、「主殿と会所とを使い分けた室町期の武家儀礼に則った対面と饗宴」が行われたと指摘しており、それなりの居館が「内城」にあったことは確かである。[23]

しかし、これが上井覚兼入城後に造成されたのか、伊東時代からのものを改築して使用していたのかは不明である。また、この「内城」以外の曲輪にも、武士たちの居館が存在した。『日記』天正十三年正月一日条は、覚兼と宮崎衆・悴者（上井家の被官）らとの正月儀礼を記している。

　鎧着始候、肴等如旧例、衆中各礼被成候、城内之衆廿人計ニ三献参会候、各酒肴等預候、銘々賞翫仕候、

覚兼とともに宮崎に配置された宮崎衆中と、元旦に参会し、三献など正式な饗宴が行われていたことがわかる。[24]その場合、まず覚兼と参会したのは、「城内之衆」二十人程である。翌日にも、「鎌田源左衛門尉殿（覚兼実弟、兼政）、其外城内衆中へ礼申候、何れへも御酒持せ候」とあり、城内に二十名以上のかなりの衆中が居住していたことがうかがえる。

千田嘉博氏は、図3の曲輪Ⅲが「溝と段差で五つに区分され、それぞれ本来は屋敷地として使用したもの」と推測している。あるいはこうした区画が城内衆の屋敷地だったのであろうか。なお、それ以外の宮崎衆中は、宮崎城の「麓」に屋敷があったようであり、正月儀礼でも城内衆とは差が付けられていたと指摘されている。[25]

（2）城内の施設整備

前項で指摘したように、宮崎城内には覚兼の居館を初めとして、複数の居住のための建物が存在していた。『日記』からは、こうした建物にさらなる追加や改築を行っていたことがうかがえる。

①風　呂

覚兼は無類の風呂好きであり、宮崎城の西方に位置する瓜生野（うりゅうの）の金剛寺（宮崎市大瀬町）などの招きにより、しば

しば入っていた。このため自らの風呂が欲しくなったようであり、『日記』天正十一年正月三十日条に、「此日、風呂造作打立候也」とあり、恐らく「内城」内に造り始めた。この頃の風呂とは、釜などで湯を沸かし、その上に小屋をかけて蒸気を浴びる蒸し風呂が一般的であり、木造の小屋を建てたとみられる。ただ、意外と時間がかかっており、同年閏正月一八日条に、「此日ハ風呂建させ候とて、終日普請させ候也」とあり、いまだ完成していない。同年二月三日条に「私之風呂ニ入候也」とあることから、この日までにプライベート風呂が完成したようである。

②毘沙門(びしゃもん)堂・茶室

覚兼は、仏教への信仰心が厚く、毎朝の看経・読経を欠かさなかった。若年の頃は、玄葩和尚に参禅し、天正十一年には、前出福昌寺住持代賢守仲から道号を授けられている[26]。また、覚兼は、この時期の戦国武将には普遍的なことであろうが、茶の湯（侘茶）にはまっており、茶室が欲しくなったようである。

『日記』天正十一年四月十九日条には、「吉日にて候間、毘沙門仮堂作ニ打立候、并茶湯之座可構普請等させ候也」とあり、この日、毘沙門天像を入れるための仮堂、そして「茶湯之座」の普請が始まっている。同月二十二日・二十三日には、それぞれ「茶湯之座」、「毘沙門堂地」の普請を見物しており、これらの建築にご執心であったことがうかがえる。

同年五月三日条には、「毘沙門堂造畢候間、奉案置候、木花寺申請候」とあり、毘沙門堂が完成し、毘沙門天像を安置し、木花（宝満）寺に供養を依頼している。同時期に「茶湯之座」も完成したとみられるが、その出来に満足できなかったのであろうか、同年五月十三日条・同十八日条には、次のような記述が見える。

此日（十三日）より、茶湯座造作企候、諸細工共させ候て見申候、

此日（十八日）、馬島宗寿軒、久無沙汰候、其上養性時分之由申被聞付候、殊此節上国之企候、暇乞とて被来候、酉刻計参会申候、爰元座敷造作最中取乱候間、於毘沙門御堂茶湯会尺申候、

十三日から新たに「茶湯座」の造作が始まっており、同月十八日、宮崎城を訪れた医師・馬島宗寿軒への饗応が、「座敷造作」のため難しく、毘沙門堂において茶の湯でもてなしている。あるいは、先に普請した「茶湯之座」は、毘沙門堂附属のものであったのかもしれない。

なお、この時の茶室を含む「座敷造作」は本格的なものだったようである。同月二十四日条には、次のような記述がある。

此日、当時造作時分と被聞せ候とて、従都於郡番匠一人被遣候也、曽井よりも一人預候、是者、当時続前にて造作等さし可留候間、追而御合力頼存候由申候て帰候也、

おそらく、この「内城」内の座敷造作が大規模なものだとの情報は周辺に知れわたっていたのであろう。このため、造作支援のため都於郡(とのこおり)（地頭は鎌田政近）そして曽井(そい)（地頭は比志島義基）から番匠(ばんしょう)（大工）が一人ずつ派遣されている。このとき覚兼は、「続(つづき)」＝出陣が近いため、造作は中断しているとして番匠を帰している。おそらく、この造作は公的なものではなく、覚兼居所のプライベートなものであり、ほかの地頭からの支援は憚られたのであろう。ただ、都於郡から来た番匠は、結局この造作を手伝ったようであり、六月二日条に、「従都於郡来候番匠杮置飛弾拯、暇乞候て帰候」と記している。

③弓　場

弓は、武芸のひとつとして、あるいは「茶湯的」という賭け事の一種として、覚兼周辺で流行っている。このため、

「弓場」を造成したようである。

天正十一年五月八日条が初見で、「弓場普請各衆中へさせ申候也」とある。衆中を動員して普請を命じていることから、この弓場が衆中の弓術鍛錬という大義のもと、公的事業として行われたとみられる。なお、同月十日条には、「朝普請ニ、坪弓場誘させ候也」とある。「坪弓場」がどういった弓場を指すのか分からないが、時期からみて、八日に衆中に命じた弓場と同じものであろう。

この「坪弓場」とは別に新たに弓場普請を命じたようであり、同月十二日条に、「弓場普請之為体見候するとて、乗物にて麓へくたり候」とある。その場所は、「内城」がある山上からは「乗物」で下らないといけない山麓にあったことがうかがえる。『宮崎城跡測量調査報告書』は、現在宮崎城西麓にある小字名「伊手本」・「伊屋坊」が、「射手」・「射矢」に通じるとして、この付近に弓場があった可能性を指摘している。[27]

なお、弓場は暫くすると再整備（メンテナンス）が必要なようである。天正十二年七月十三日、「坪之弓場普請させ候て見申候」と、覚兼は再び「坪之弓場」の普請を命じている。この普請はすぐ完成したようであり、その日の晩、「坪弓場にて的射候て慰候也」と、早速弓を楽しんでいる。さらに、曳目（目曳カ）口の弓場普請も、宮崎衆中に命じていたようであり、同月十七日、「此日曳目之口弓場普請、衆中被指揃いたされ候、普請あかり候」と記している。

（３）城内のメンテナンス

施設のメンテナンスは、弓場だけに留まらない。自然地形を加工して防御施設とする山城の宿命として、崖崩れや夏場の雑草は避けられない。

『日記』天正十三年七月十八日条には、「城之草払させ候て見申候、岸切せ候処も候、然者已上普請也」とあり、翌十九日条にも、「此日も草払、昨日一日にハ不事成候間、普請させ候て申候」とある。旧暦七月といえば初秋ではあるが、まだまだ残暑が厳しく雑草が生い茂っていたのであろう。城内の草払いは一日では終わらず、二日間かかっている。また、十八日条にあるように、草刈りついでに岸を切らせている。これは、二―(3)で紹介した、城の防御施設「切岸」である。梅雨以来の風雨で崩れた部分を、切り直したとも考えられよう。

メンテナンスは、防御施設だけでなく、登城路の修繕にも及んだようである。

『日記』天正十一年七月二十八日条には、「此日、衆中名々(銘)之人勢揃候て普請也、和田口之道留候之普請也」とある。「道留」という表現をどう解釈するか難しいが、「和田口の登城路を通行止めにしての普請」ととれば、登城路の全面的修復と理解できよう。この普請も七月である。梅雨明け後に、城内のメンテナンスを行うことが多かったようである。

なお、「和田」とは、宮崎城南東側の地名であり、現在宮崎市池内町内の字名に「前吾田(まえわだ)」・「後吾田(うしろわだ)」が残る(図4)。南北朝期の貞和四年(一三四八)八月九日付の某袖判下文で、「日向国宮崎庄北方内和田村半分」が、土持八郎時栄に宛行われており[28]、古くからの村があった場所である。この和田村から図2の曲輪Ⅱ、図3の曲輪9・10への登城路が「和田口」とみられる。和田村が宮崎城至近の古くからの村だとすれば、この和田口こそが当城の大手口だった可能性が高く、その整備は重要であったろう。

そして、ここまで見てきたメンテナンス(普請)は、誰が主体的に行ったのか明記されていなかったが、ここでは「衆中名々(銘)之人勢揃候」と記されている。城内・登城路の普請は、宮崎衆中が自ら作業員を揃えて実施していたようである。登城路の整備は、既存のもののメンテナンスだけでなく、新たなものの整備も確認できる。項を改めて紹介したい。

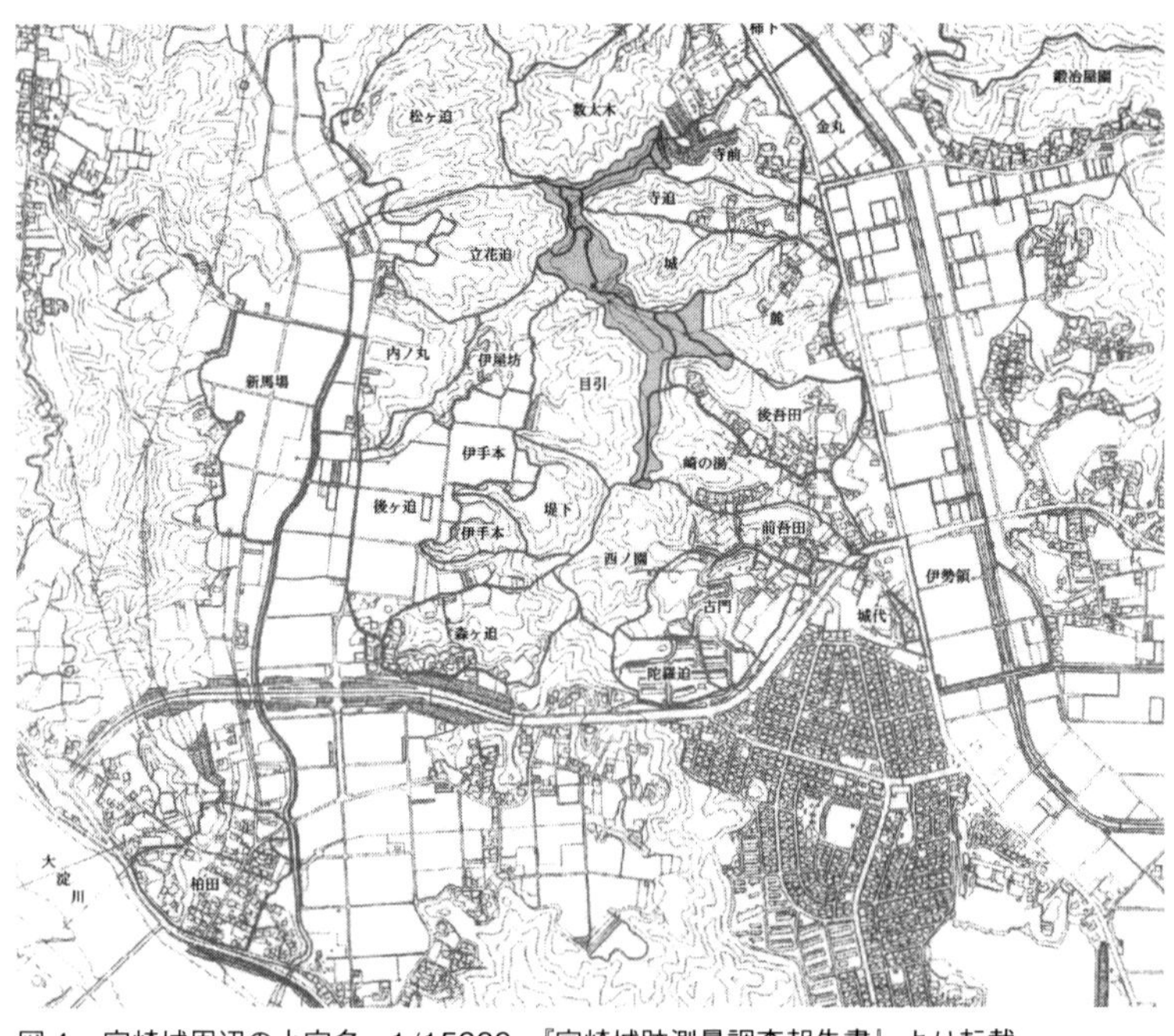

図４　宮崎城周辺の小字名　1/15000　『宮崎城跡測量調査報告書』より転載

（４）宮崎城の登城路と周辺の町

宮崎城の登城路（口）は、『日記』では、目曳（めひき）口・野久美（のくび）（首）口・金丸口・和田口・柏田（かしわだ）口の五ヵ所が確認できる。[29]

このうち古くからの登城口は、前項で述べたように、和田口とみられる。また、金丸口と野久美（首）口は、どちらも城東側に位置する現在の池内町字金丸につながる登城路とみられる。その途中には、城に最も近い寺院・満願寺があり、その住持と覚兼はしばしば行き来している。この二つの登城路も、覚兼入城以前からの登城路であろう。なお、金丸口は、現在の宮崎城へのメインの登城ルートであり、地元では「満願寺口」と呼ばれている。

また、目曳口は、三―（２）で紹介した「弓場」が整備された、当城西側地域からの登城路である。現在の宮崎市上北方町字目引をさらに西に進んだ丘陵上には、覚兼がしばしば訪れた、竹篠山本坊（現在の王楽寺、同市大字瓜生野）や金剛寺（同市大瀬町）があった。おそらく、これらの寺院への行き来は、この目曳口が利用されたとみられ、この登城路も覚兼入城以前からのものであろう。

そして、覚兼入城後に新たに整備されたのが、「柏田口」である。柏田は、宮崎市上北方町の字名として残っており、大淀川に面している。現在この登城路は消滅しているが、図2の曲輪Ⅶ、図3の曲輪16から南西方面の尾根沿いにあったルートと推定されている。(30)

『日記』天正十一年閏正月二十一日条には、「柏田と城との間の道作せ候、新路にて候間、罷下見候て作せ候」とあり、この日から覚兼の命により登城路普請が始まったようである。同月二十七日条にも、「柏田と城之間之道作之普請させ候也」とあり、依然普請が続いていた。この登城路整備は、二月上旬までに完成したようであり、二月十一日条には、次のような記述が見える。

伊勢之田中主水佐本庄まて迎ニ来候而、柏田河原ニ芝居搆られ候て、殊之外会尺也、それ過候て城ニ帰着候、

この日、覚兼は法華嶽参籠から宮崎に戻ってきた。海江田の伊勢社（現在の加江田神社）宮司田中主水佐が、柏田の河原で坂迎えをして、その後、覚兼は宮崎城に帰ったという。(31)酔った覚兼が、その日のうちに帰城できたのは、「柏田口」が完成していたためであろう。

その後、覚兼は頻繁にこの登城路を利用しており、『日記』天正十三年六月二十七日条には、「早朝、船より柏田まてのほり候て聽て帰宿仕候」とある。柏田口最大の利点は、大淀川の河川水運が利用しやすいことであり、覚兼は柏田の船着き場から大淀川河口方面、あるいは上流の内山（宮崎市高岡町内山）、本庄方面（東諸県郡国富町本庄）への移動に利用したのである。

河川水運と陸上交通の結節点であった柏田は、町場としても繁栄していたことが、若山浩章氏によって指摘されている。同氏は『日記』の記述から、「(柏田が)町としての賑わいを見せ、町には指導者層と考えられる別当が存在し、それを中心に町衆が形成され、毎年七月十五日には宮崎城に上がり、踊を披露する習慣があった」ことを指摘している。[32]
柏田町の整備・繁栄が覚兼入城後のことか、あるいはそれ以前からだったのかは不明だが、覚兼が交通路そして商業地としての同地の重要性に注目し、それを利用するために新たな登城路を建設したことは間違いない。

(5) 和知川原新町の整備と谷口和泉拯

和知川原とは、現在の宮崎市和知川原周辺、前出の柏田から大淀川を四～五キロ下った左岸に位置する。覚兼によるこの和知川原の整備については、若山浩章氏による研究があり、[33]それに基づき紹介しておきたい。

現在の和知川原付近の大淀川は、大正期以降の河川改修と堤防工事により、まっすぐ北から南へと流れているが、戦国期には東側に大きく蛇行していたとみられる。昭和二十二年(一九四七)に米軍によって撮影された空中写真をみると、旧河道に沿って水田が整備されており、旧河道が推定しやすい。おそらく、この蛇行した大淀川の最も東側付近を和知川原と呼んでいたのであろう。

『日記』天正十二年八月二十四日条には、次のような記述がある。


休世斎(上井薫兼)帰被成候、柏田船本まで送ニ罷出候、従夫直ニわち川原ニ船繋(繫)候する入江候由申候、然者其辺ニ村を仕立て候すると存候条、左様之躰見償候する為罷下候、

和知川原には、船が多く繋留されている入江があったといい、そこに新たに村を建設しようとしたのであり、この

日は覚兼みずからこの地を見分したようである。

その後、和知川原の新村（町）建設は、実行に移されたようである。『日記』同年十二月二十日条には、次のように記されている。

> 此晩、和地（知）川原へ新町立させ候、彼処未見候間、為見償下候、敷越・柏将・野大（野村豊綱）同心申候、谷口和泉拯宿へ留候、種々会釈仕候、紹巴千句之注本など見候て閑談候、

この日までに、和知川原の新町は一応の完成をみたようであり、その確認のため覚兼が宮崎衆を引き連れて訪れたようである。

ここで注目されるのは、覚兼一行をもてなした〝谷口和泉拯〟の存在である。その宿所に一泊したということは、彼は和知川原新町の別当（町役人）のような立場にあったとみられる。実は彼は、この日初めて覚兼に会ったわけではない。

谷口和泉拯の初見は、『日記』天正十一年六月三日条である。

> 此晩、天気能候て、江田ニ網舟可出之由申候間、余々養性時分然と計居候条、そと慰ニ下候て可然之由三官申候間、新別苻迄くたり候、谷口和泉拯処ニ留候、鎌源（鎌田兼政）・上井右（兼成）・同名神九郎同心申候、三官も同心候、亭主種々会尺仕候、深行迄雑談共也、和泉次男ニ名所望候間、与一と付候、

日向灘に面する現在の一ツ葉海岸で地引き網を楽しもうと、病気療養中にもかかわらず城から下ってきた覚兼一行が、一泊したのが新別府（しんびゅう）（宮崎市新別府町付近）に居住する谷口和泉拯の居宅であった。

この新別府では、近年大規模ショッピングモールが建設された。それに伴う発掘調査で見つかった「池開（いけびらき）・江口（えぐち）遺跡」

は、「一五〜一六世紀における中産階級の集落遺構」とされ、土錘（どすい）など漁労に関わる遺物が多く出土している。[34] 谷口和泉拯は、こうした漁労に従事する住民達の指導者的立場（網元？）だった有力者ではないかと推測される。覚兼は、こうした地元有力者との交流を重視し、しばしば訪れており、谷口和泉拯も覚兼への接近を望んで、この時覚兼に二男の名付け親になってもらっている。

この新別府の有力者である谷口和泉拯が、翌年末に和知川原新町に居を構えているということは、この新町の建設に彼が大きく関わっていた可能性が高い。あるいは、覚兼が和知川原新町の建設にあたり、新別府の有力者という〝民間資本〟を利用していたとも想定できよう。

なお、和知川原新町建設の翌年、『日記』天正十三年四月二十日条には、次のような記述がある。

此日、谷口和泉拯三男、日州居留同前ニ城戸之番等させ可申之由訴訟申候間任其儀候、衆中各へも談合申如此候、祝言とて御酒并二百疋持来候也、

谷口和泉拯の三男が「城戸之番」を務めたいと覚兼に訴え、覚兼は宮崎衆中にこれを諮り、許可されたのである。その御礼のため、本人が酒と銭を持って宮崎城に来たという記述である。ポイントは、「日州居留同前ニ」という部分である。おそらく「城戸之番」とは、日州に居留する島津氏直臣たる宮崎衆中にのみ課せられる軍役であり、逆にいうと、「城戸之番」を務めることは、宮崎衆中と同等の身分になることを意味するのであろう。

つまり、この時点で、谷口和泉拯の三男は宮崎衆中に迎え入れられた可能性が高いのである。これは、和知川原新町建設に貢献した谷口和泉拯への配慮があったと考えるべきであろう。新町の建設という大規模事業が、島津家直臣ではない地元有力者の協力により実現し、その有力者も、その功績により直臣並に取り立てられるという、〝ウイン

ウインの関係〟が成立していたことを指摘しておきたい。

（6）折生迫湊の普請

（4）・（5）では、宮崎城と大淀川河川水運を結ぶ土木事業を紹介したが、覚兼のもうひとつの拠点たる紫波洲崎城は、そのすぐ北側に、折生迫という港町を有していた。

宮崎平野には平坦な砂浜が多く、大型の外洋船が寄港できる港湾は限られる。古くから利用されていたのは大淀川河口の赤江湊であるが、ここは覚兼の管轄下にはなく、曽井地頭比志島（ひしじま）義基の支配下にあった。『日記』天正十四年四月十八日条によると、比志島義基は、大淀川をさかのぼって和知川原に入ろうとする船に対し、赤江で百疋の関銭を賦課しようとし、覚兼とトラブルとなっている[35]。覚兼が日向国北部から四国・畿内方面へと続く海上交通との接点として重視したのは、やはり折生迫湊だったろう。

実際、『日記』天正十四年四月十四日条によると、「京船」が着岸し、「堺樽」（堺から運ばれた酒樽）を入手している。また、天正十二年（一五八四）二月二十四日条によると、来たるべき有馬渡海（有馬氏救援のための出陣）に備え、折生迫湊にて「舟造作之儀共見舞」を行っている。この時造られた船は、同年三月二十一日条によると、「十二段帆（反）」[36]の大船であったようである。

このように、折生迫は覚兼にとって、商業・軍事両面において極めて重要な湊だったのであり、そのメンテナンスも求められた。天正十二年五月二十二日には、「折宇迫湊之口之普請申付候也」、天正十三年閏八月一日条には、「折宇迫濱之口、石築地普請させ候て終日見申候」など、時には石築地を築くなど湊の護岸工事を命じている。

なお、折生迫を含む「海江田」は覚兼の私領であり、折生迫湊のメンテナンスは、老中としての立場というより、覚兼個人の判断で行われたものであろう。

むすびにかえて――寺社造営の負担

本稿では、『上井覚兼日記』にみえる普請・造作・誘（こしらえ）などから、覚兼が関わった土木事業の事例を検出・紹介した。

一節で整理したように、上井覚兼は、島津氏奏者・老中、宮崎地頭、海江田の私領主という三つの顔を持ち、彼が携わった土木事業もさまざまな側面があった。『日記』には、居城宮崎城や紫波洲崎城を中心とする城郭普請に関するもの、その城下からの登城路、そして城下の町場整備に関するものが多かった。覚兼の居所についての造営は、毘沙門堂や風呂など私的目的であり、弓場や登城路は、地頭の立場で衆中を動員する公的な性格をもつ。

一方、太守島津義久からの動員・賦課による土木事業の事例も、若干ながら登場するが、残念ながら実際の造営・工事の詳細は記されていない。最後にそうした事例を紹介しておきたい。

まず、寺社の修繕のための材木の供出がしばしば命じられている。天正十一年（一五八三）四月十二日には、佐土原の島津家久から「福昌寺雲堂造営之葺板御当」について問い合わせを受けている。これ以前に、覚兼から日向国内所々に「葺板」調達が命じられていたのであろう。翌天正十二年六月二日条には、「次栗野八幡宮造営番匠・材木等之儀調達之由也、即諸所へ申渡候」とあり、この場合、材木だけでなく、番匠の調達まで命じられている。ただ、覚兼以外、この命令に従う地頭はいなかったようで、同年七月十三日条によると、未だ造営できていないことを「曲事」

だと、寄合中（老中）から糾弾されている。

単なる材木・番匠の負担に止まらないのが次のケースである。

『日記』天正十三年二月十二日条によると、「南林寺御客殿作之事、日州より可仕候、然者悉皆拙者挍量申候へ、伊集院下野守殿・上原長門守殿・山田新介殿（有信）、此衆別て作事奉行之由也」と、太守義久から命じられている。南林寺は、廃仏毀釈まで現在の鹿児島市南林寺町付近にあった義久の父貴久の菩提寺である。その客殿造営が日向国の担当とされ、その総監督を覚兼が命じられたようである。覚兼は遠方のため負担できないと、何度も断っているが許されていない。ただ、着工に至る前に豊後大友氏や豊臣政権との戦いが始まっているので、実際に造営には至らなかったのではないだろうか。

これらのケースは、「日州両院」担当の「曖（あつかい）」である上井覚兼が、役負担を命じられ、それを各領主・地頭に伝達したものであるが、島津家老中として判断を迫られた事業もある。『日記』天正十二年十二月七日条によると、太守義久から覚兼ら老中に対し、「新田宮御造営」について諮問があり、「先々来春杣入肝要候」と、まず材木の切り出しをするよう指示を受けている。新田宮は薩摩国一宮であり、島津家としての造営を意図したようであるが、覚兼らは合戦が近いことを理由に、造営は難しいと回答している。

こうした領国全体と取り組むべき大規模事業は、老中としても地頭としても、できるだけ回避したい役負担であったのだろう。

以上のように、『上井覚兼日記』には、戦国島津氏やその家臣等による土木事業に関する豊富な事例が存在した。ただ、これらの事業の具体的な作業内容・過程、事業の経費負担者、人夫などの賦課の実態など、残念ながら詳細不明の部分も多く、今後は考古学的成果など多角的アプローチによる検討が必要となろう。

註

（1）『国史大事典』「上井覚兼日記」（吉川弘文館、一九八〇年）。斎木一馬氏執筆。
（2）『宮崎県史 通史編 中世』第五章―第三節（長田弘通氏執筆）。
（3）福島金治「戦国大名島津氏の領国支配機構」（同著『戦国大名島津氏の領国形成』吉川弘文館、一九八八年）、山口研一「戦国期島津氏の家臣団編成―『上井覚兼日記』に見る「取次」過程―」（拙編『シリーズ・中世西国武士の研究１　薩摩島津氏』戎光祥出版、二〇一四年、初出は一九八七年）。
（4）前掲註（3）山口論文。
（5）戦国期の島津本宗家当主は、「薩隅日三州太守」と自称することが多く、家臣らも、「太守」を敬称として用いていたようである。
（6）桑波田興「戦国大名島津氏の軍事組織について」（福島金治編『戦国大名論集一六　島津氏の研究』吉川弘文館、一九八三年、初出は一九五八年）、同「薩摩藩の外城制に関する一考察―居地頭制下の地頭と衆中―」（宮本又次編『藩社会の研究』ミネルヴァ書房、一九六〇年）。
（7）拙著『室町期島津氏領国の政治構造』（戎光祥出版、二〇一五年）、拙著『島津貴久―戦国大名島津氏の誕生―』（戎光祥出版、二〇一七年）。
（8）『大日本古記録　上井覚兼日記』。以下、『日記』と略す。
（9）東京大学史料編纂所蔵「諏訪家文書」。
（10）斎木一馬「国語資料としての古記録の研究―近世初期記録語の例解―」（福島金治編『戦国大名論集十六　島津氏の研究』吉川弘文館、一九八三年、初出一九六八年）。
（11）『宮崎県史 通史編 中世』第五章第三節「島津氏の日向国支配」（長田弘通氏執筆）。
（12）拙稿「戦国末期宮崎城主上井覚兼と宮崎衆の軍事行動」（『宮崎市歴史資料館研究紀要』四、二〇一三年）。
（13）拙著『日向国山東河南の攻防―室町時代の伊東氏と島津氏―』（鉱脈社、二〇一四年）。

(14) 拙著『島津四兄弟の九州統一戦』(星海社、二〇一七年)。以下、肥後の政治情勢は同書による。
(15) 吉本明弘「城館用語から見る南九州の地域性」(齋藤慎一編『城館と中世史料 機能論の探求』高志書院、二〇一五年)。なお、『大日本古記録』は、「栫」と「拵」を区別してかき分けているが、覚兼のくずし方はほぼ同じであり、意味から見て「栫」と読んだ方がいいケースも多い。
(16) 「あしとの栫取」が、どのような漢字を当て、どのような意味なのかは不明である。
(17) 『熊本県文化財調査報告第三〇集 熊本県の中世城跡』(熊本県教育委員会、一九七八年)。
(18) 西股総生『土の城指南―歩いてわかる「戦国の城」―』(学研パブリッシング、二〇一四年)。
(19) 八巻孝夫「日向国・宮崎城の基礎的研究」(『中世城郭研究』二七、二〇一三年)。
(20) 千田嘉博「戦国期の城下町構造と基層信仰―上井覚兼の宮崎城下町を事例に―」(『国立歴史民俗博物館研究報告』一一二、二〇〇四年)、のちに、『宮崎市文化財調査報告書 第七一集 宮崎城跡測量調査報告書』(宮崎市教育委員会、二〇〇九年)第Ⅳ章に、「宮崎城の構造」として再録。
(21) 前掲註(20)千田論文。
(22) 前掲註(19)八巻論文。
(23) 前掲註(20)千田論文。
(24) 三献とは、「中世以後の酒宴の礼法で、吸物や肴を添えて、大・中・小の杯で一杯ずつ三度繰り返して九杯の酒をすすめること。祝儀の正式の作法」という(『日本国語大辞典』)。
(25) 前掲註(20)千田論文。
(26) 斎木一馬「上井覚兼日記について」(福島金治編『戦国大名論集十六 島津氏の研究』吉川弘文館、一九八三年、初出は一九五五年)、玉山成元「上井覚兼の信仰―とくに晩年を中心として」(同上、初出は一九六九年)。
(27) 『宮崎市文化財調査報告書 第七一集 宮崎城跡測量調査報告書』(宮崎市教育委員会、二〇〇九年)第Ⅲ章「宮崎城周辺の地名」。
(28) 『宮崎県史 史料編 中世2』所収「土持文書」一〇号。
(29) 各口のルート比定は、前掲註(27)「宮崎城周辺の地名」。なお、近世成立の記録、近代の地誌類にも宮崎城の登城路が見えるともに、現在地元住民が通称している名称もあるが、これらは必ずしも『日記』に登場する登城路名とは一致しない。
(30) 前掲註(27)「宮崎城周辺の地名」。
(31) 遠い旅から帰る者を村境に出迎えて酒宴をすること(『広辞苑 第四版』)。
(32) 若山浩章「戦国末期の宮崎城下の町―上井覚兼在城時を例にして―」(『宮崎県地方史研究紀要』二五、一九九八年)。
(33) 前掲註(32)若山論文。
(34) 『宮崎市文化財調査報告書第五九集 池開・江口遺跡』(宮崎市教育委員会、二〇〇四年)。
(35) 前掲註(32)若山論文。
(36) 一反帆とは、横幅三尺(九十センチ)前後の木綿帆のことである。それを十二枚つなぎ合わせた帆であり、幅三十六反(十メートル八十センチ)の帆を持つ大船ということになる。

Ⅳ　小早川期伊予の城郭政策
――統一政権下の城割と領国統制

山内治朋

はじめに

織豊政権において、征服地の織豊領国化のための重要政策の一つに「城割（しろわり）」があったことはすでに指摘されている[1]。城割の目的について、小林清治氏は停戦・講和や攻滅など抗争後の敵対者への戦後処理に伴うものから、領国の体制整備を図るものへと移行するとし、豊臣秀吉関白就任後の天正十四年（一五八六）の毛利領国への城割指示を画期的意義と評価した。また、一方の毛利側としても権力集中強化に適合的政策として利害が一致するものであったとする。合わせて、同時期の小早川隆景支配期の伊予の政策も平和裏の破城として従来とは本質が異なり画期的と評価し、秀吉の意を体すると同時に小早川の相対的自由・内発性がうかがわれ重要としている[2]。

また、光成準治氏は移行期の破城政策を地域統治の視座から検討する必要性を解き、毛利領国の考察結果として秀吉政権の強制によらず独自展開したことを明らかにした[3]。では、秀吉政権の下で小早川支配にも毛利氏同様に領国支配における利害一致が想起される中で、果たして秀吉政権による関与と小早川支配の独自性との兼ね合いはどうであったのか、光成氏の指摘を踏まえ地域統治の視座から具体的に検討していく必要性が浮上する。

伊予の城割について、地域政策として支配権力構造の視座から総合的に考察した専論はほとんど管見に触れない。かつて、田中歳雄氏が伊予の一国一城令にいたるまでの城割の歴史的過程を確認したが[4]、概説的で、かつ現在の研究成果とは整合しない部分もすでに生じている。小早川の伊予支配については、藤田達生氏が先鞭をつけ、旧主河野家臣団の吸収による支配を指摘するとともに、領内の城郭配置は九州出兵の態勢作りの一環との見解を示した[5]。その後西尾和美氏は、小早川の伊予支配が戦国末期以来の河野・小早川の支配の一体化が小早川伊予拝領後も継続されたものと評価した[6]。

筆者もかつて小早川伊予支配について、城割の視点から領国支配の地域性と段階差を指摘した[7]。四国出兵の主戦場となった東部では統一政権主導での戦後処理、中部の旧河野支配圏では旧来の一体的な関係、秀吉に取り立てられた豊臣新領主来島村上領では従来の敵対関係を背景に残しつつも、統一政権の下での小早川支配の優越性、西部の喜多郡では以前から求心権力不在の中で敵対勢力が存在し、解消するため統一政権を背景に強硬的に平定、南部の宇和郡では旧主西園寺氏や御荘(みしょう)氏の影響力が依然残存、という理解である。これに基づき、小早川は多様な地域性と地域的段階差の中での政策遂行を迫られたが、最終的には伊予全域での実施を目指していたことを指摘した。

近年、光成準治氏は、小早川伊予支配は湊山城築城と段階的城割により権力専制化と集権的地域統治の実現を目指したと評価している[8]。毛利同様に権力集中化に有効的利害として働いたとの捉え方で、重要な指摘である。では、伊予統治における具体的な有効性とはどのようなもので、秀吉政権の関与・影響はどの程度のものだったのか、ここで新たな考察の課題が見いだされる。最近筆者は、四国の城郭統制を総括的に述べる中で、小早川期の伊予についても言及したが、総論的性格であったため具体的な考察にはいたらなかった[9]。

本稿では、四国平定後の小早川支配下での伊予城郭政策について、特に城割の推移や城郭の歴史的性格・背景を確認することで、実態や方針などの特徴を明らかにするとともに、領国支配における意義を考える。

一、城郭整理の推移

（1）戦後処理から伊予拝領へ

四国平定戦後、長宗我部に許された土佐を除く阿波・讃岐・伊予の敗戦地では、終戦当初に平定軍の駐留を伴った戦後処理として城請取及び新入封大名引渡が行われた。伊予でも、秀吉直臣の黒田孝高（よしたか）・蜂須賀正勝の派遣が天正十三年（一五八五）八月に約束され、まもなく城請取から小早川へ引き渡し、秀吉との連絡、人質確保を担う。

［史料一］羽柴秀吉朱印状写「毛利家旧蔵文書」

（一・二条目略）

一、阿波国城々不残蜂須賀小六（家政）ニ可相渡候、然者小六居城事、絵図相越候面ハいゝの山（渭山）尤ニ覚候、乍去我々不見届事候条、猶以其方見計よき所居城可相定、秀吉国を見廻ニ四国へ何比にても可越候条、其時小六居城よき所と思召様なる所を、其方又ハ各在陣の者とも令談合、よく候ハん所相定、さ様ニ候ハヽ、大西・脇城・かいふ・牛木かゝせてよく候ハん哉、小六身ニ替者可入置候、但善所ハ立置、悪所ハわり、新儀にも其近所ニこしらへ尤候事、

（四条目略）

一、淡路事ハ心安者を可置候間、野口孫五郎儀ハ小六与力ニいたし、只今淡路にて取候高頭上ニ弐三千石も令加増、小六与力ニ可仕候、其子細ハ、千石権兵衛尉（仙石秀久）ニつけて讃岐へ可遣候へ共、さぬきハ安富、又十川孫六郎両人者、為与力権兵衛ニ可引廻由申出候、其国ニハ与力類一人も在之間敷候間、扨々孫五郎事、目をかけ可馳走事、

一、森志摩守（村春）事、忠節と云、主才覚之由候条、別而目をかけ、まえより取候知行ニ加増いたし可遣之由、小六ニ可被申固事、

一、讃岐城々不残千石権兵衛ニ可相渡候、然者権兵衛居城も、只今何之城ニ成とも在之よき所を見計、権兵衛居城儀、権兵衛見立候て、自然ニ普請可仕候由、可申付事、

一、権兵衛可申聞儀ハ、安富忠切儀候間、郡切ニいたし、いつれの方へ成ともかたつけ、安富ニ遣可申由、前廉に可被申聞候、但於大坂、国儀をも聞届、権兵衛・安富召寄、知行所々可相定事、

（九～十三条目略）

一、伊予国へ蜂須賀彦右衛門尉（正勝）・くろた官兵衛（孝高）両人差遣、城々請取、小早川ニ可相渡候、自然何かと申延、城を不渡輩在之ハ、後代のこらしめに候間、為毛利家取巻悉成敗可被申付旨、小早川懇ニ可申渡旨、両人ニ可被申付事、

一、いよの国城とも、さかい目かなめの城と申て、自然わたし候ては如何と、はちすか彦右衛門・黒田官兵衛、秀吉かたへ可尋事も可在之候、早与州儀ハ小早川へ出置候上ハ、何たるしおき城成とも与州の内ならハ、此方へ不得御意、請取次第毛利かたへ可相渡候事、

（十六・十七条目略）

（天正十三年）
八月四日　　　　　　　　　　　秀吉
（羽柴秀長）
美濃守殿

八月四日の［史料一］で秀吉は、敗戦地となった阿波では、居城選定や諸城存廃及びその破却・普請をも弟秀長と在陣衆らの相談で進めるよう命じ、同じく讃岐でも居城を秀長や拝領大名仙石秀久が見定めて普請するよう命じている。二年後の九州平定直後においても、拝領大名と秀長ら在陣衆との相談による存廃選定や、在陣衆による破却・普請が命じられており、存廃が最終的には拝領大名に委ねられながらも秀吉権力の強い規制を受け、敗戦地での城割が秀吉権力主導で進められたことが指摘されている[10]。東伊予も同様に、強権的に迅速に接収が進められたとみてよいだろう。

ただし、［史料一］で伊予へは細かな指示はなく、接収した城を速やかに小早川へ引き渡すことが命じられているのみで、阿波・讃岐及び九州等に比べ小早川に許された裁量には独自性を認められた部分が多かったようだ。その後、早くも翌閏八月中旬、黒田・蜂須賀は人質を連れて早々に帰還することが命じられる。これに対応するかのように、同じ閏八月中旬頃から、小早川自身による「国中」の城請取が命じられ、喜多郡では強制接収も確認できるようになる。よって、直臣の戦後処理は、広範囲で多様な伊予一国全域的なものではなく、あくまで旧長宗我部勢力圏で軍事制圧され、敗戦地となった東伊予を対象と考えるのが自然である[11]。具体的には、新居（にい）郡・宇摩郡、及び長宗我部進出の形跡がある隣接の周敷（すふ）郡・桑村郡付近である[12]。そして、九月に小早川が正式に伊予を拝領する[13]。

閏八月中旬には、隆景が国中の城請取を担っていくこととなるが、完全に独自支配が始まったのではなく、その後も依然として上衆からの関与が見受けられる。閏八月十八日秀吉は隆景へ国中の諸城請取が滞った場合は蜂須賀に相談して上申するよう命じ、隆景は翌九月に伊予を拝領する頃になっても城請取の検使派遣に際し上衆と相談したり、上衆の決定事項を遵守する形で城割に臨むなどしている[14]。黒田・蜂須賀は九月十四日以前に喜多郡曽祢氏への知行宛行に関与しており[15]、その頃までは在予したようだ。

小早川の伊予領有においては、旧族大名として一定の独自裁量が認められる一方で、新入封大名として秀吉権力の介入する余地もあるという、独特の様相を呈したといえる。上衆の直接的な関与は九月の正式拝領の頃まで見られるが、当初は戦後処理として上衆が主導的だったものの、次第に小早川が一国規模の城請取を担い、正式拝領を認められる。注力の比重が戦後処理から領国整備へと移行していくに伴い、支配の主体が小早川へ集約され、小早川の領国支配に一元化されることとなる。

（２）軍事制圧地の在番と実務継承

隆景は、九月下旬に家臣湯浅将宗へ「御在番之御心持肝要」としつつ「破却之要害見分候て」申付けるとし、九月末にはその湯浅に対し周敷郡北条城に在番する冷泉・杉・渡辺と相談して逗留することを命じ、北条城や桑村郡壬生川城など東伊予の敗戦地境界地域の城割について指示している[16]。また、戦国末期に長宗我部与同勢力が存在し、毛利・河野と戦闘状態にあった南伊予の喜多郡でも、閏八月上旬には軍事制圧に取り掛かり、閏八月中旬には桂・兼重が郡内制圧や曽祢城・大津城の取詰を命じられ、堅固な在番も期待されている[17]。

つまり、東伊予の敗戦地域での城割と、もう一つの長宗我部与同地域喜多郡での請取や城割の強制執行が、検使帰還命令発令の頃から毛利家臣により進められている。秀吉が直臣検使投入により開始した破城政策が、まずは降伏させた長宗我部の旧勢力圏から毛利に引き継がれていったのである。

敗戦地では城へ在番を置く様子が確認できるが、正式拝領後の十月中旬にいたっても光成準治氏が指摘するように家臣 椙杜元縁（すぎのもりもとより）は新居郡の中核である高峠城に在番、[18] 番組も編成される程に恒常化していた。喜多郡でも、当初段階で中核拠点大津城・曽祢城の強制接収や在番が求められた。十月二十六日に隆景は毛利輝元から「当国諸城番配」についで指示を受け早急に検討に入っている。[19] 戦後処理の在番から領国統制での在番へと性格が移行しつつあり、地域中核城郭を存置して在番により統制する支城支配が小早川の伊予でも整備されつつあった様子が見て取れる。

ただ、当初段階では、管見の限り敗戦地東伊予と、もう一つの軍事制圧地である旧長宗我部与同地域の喜多郡で事例が確認できるにとどまる。従来友好関係にあった河野・西園寺の旧主勢力圏や、秀吉に直接臣従した来島村上領域では確認できない。敵対征服地、友好旧勢力領域、秀吉直属領主領が混在する伊予で、まずは敵対地への強制力を伴う戦後処理を優先させ、制圧地の支配拠点を家臣在番により確保しようとしたとみられる。

四国平定により秀吉権力（上衆）主導で城郭接収が行われ、これは実質的には敗戦地周辺を対象とし、黒田・蜂須賀両検使は八月から城を請け取り小早川へ引き渡した。閏八月の帰還命令以降は小早川が一国規模で請取から城割までを担うことになるが、まずは引き渡された敗戦地の城割を手掛けるとともに、敵対地域であった喜多郡への強制執行から取り組んだ。直臣撤収命令から正式拝領までの一ヵ月間に、秀吉権力の関与が続けられながら領国支配の実務継承が進められ、城割の意味も敗戦地の戦後処理から一国規模の領国統制へと徐々に移行、九月の正式拝領を契機に小早川の領国統制としての城郭整理にほぼ一元化するという経緯で捉えることができる。

（３）隆景の上坂と帰国

小早川隆景は十一月末から翌十四年一月初頭にかけて大坂へ上るが、十月末にはすでに上洛のため伊予から安芸への渡海を急いでいた[20]。上坂中について、光成準治氏は新城湊山城普請が未着手であったことを指摘したが[21]、帰国後の三月の［史料二］（次頁）では、たびたび指示した西園寺領の城割や領地再編が進んでいないことに早速不快感を表している。

帰国後は、三月四日に新城湊山城普請や宇和郡西園寺領という懸案への対策指示を出し、五日には［史料二］で伊予の中部から喜多郡にかけて広範囲にわたる城割の方針案を提示して家臣と相談すると同時に、湊山城普請を明後日七日に始めるとした。十六日の書状中には、湊山城が普請中である様子が見える[22]。翌四月には養子秀包（ひでかね）が喜多郡大津城へ入城、六月頃には喜多郡在地領主へ知行の詳細な書立の提出を命じて知行地把握・再編に取り組み、またこの頃湊山城に政庁・応接機能が部分的に成立していた形跡もある[23]。帰国早々に集中的に主体的な領国経営を推し進め、統治基盤整備を順次進めたのである。しかし、わずか四ヵ月後の七月には、九州出兵の準備のため安芸へ戻った。

隆景の上坂は、秀吉政権の政策方針に直接触れる好機でもあった。帰国して基盤整備に邁進し始めたのとほぼ同意時期の四月十日には、奇しくも毛利本国へも「簡要城堅固申付、其外下城事」など城割命令を含む十四箇条の指示が出されている[24]。相互の関連性や、上坂中の隆景と秀吉政権との接触の具体様相などについては判然としないが、秀吉政権下での城割について毛利一族間で推進契機が時期的に近似していることは、小早川の伊予支配のうえで上坂が一つの画期となった可能性を示唆する。

二、領国統制としての拠点城郭整理

ここからは、隆景の城郭の整理方針案が具体的に提示された［史料二］に着目する。一条目に破却候補三城、二条目に絞込中の候補三城、三条目に存置候補十城という合計十六城について、具体名を挙げ方針案を示している。これらの個別具体的な検証から存置候補の意義を探ることは、小早川の領国支配における城郭政策の実像を知る手がかりとなろう。

（1）（天正十四年）三月五日隆景書状

［史料二］　小早川隆景書状「浦家文書」

今朝者風雨一入之故不申談候、

一、曽祢（喜多郡）・恵良（風早郡）・しらされ（不明）三ケ所之儀者破却ニ相澄、道具以下當城へ可取越候、御思案之旨候者可承候、

一、祖母谷（喜多郡）・瀧之城（喜多郡）・下須戒（喜多郡）、是も一所相縮度候、何を拘何を可相捨候哉、思召所承引合可致儀定候、

一、當城・大津（喜多郡）・せり（浮穴郡）・本尊（浮穴郡）・興居嶋（和気郡）・賀嶋（風早郡）・来嶋（野間郡）・小湊（越智郡）・櫛邊（桑村郡）・壬生川（桑村郡）、是も十ケ所之事ニ候、肝要之持所たに相拘候へハ、あい〳〵の儀ハ、さのミ不入事候、第一領地茂有間敷之条、持くさし候て、役ニ立間敷候、十ケ所も二万貫餘之儀ならてハ成間敷候、

一、普請配ハ道後之奉行衆と昨今以来申談、よきほと相調候、明後日ゐ井日取にて候間、可相始候、

一、度々申候、西薗寺殿御拘之城、領地之やりかへ曽而不相聞咲止之儀候、多分久又左（久枝興綱）可相心得之条、被遂内談

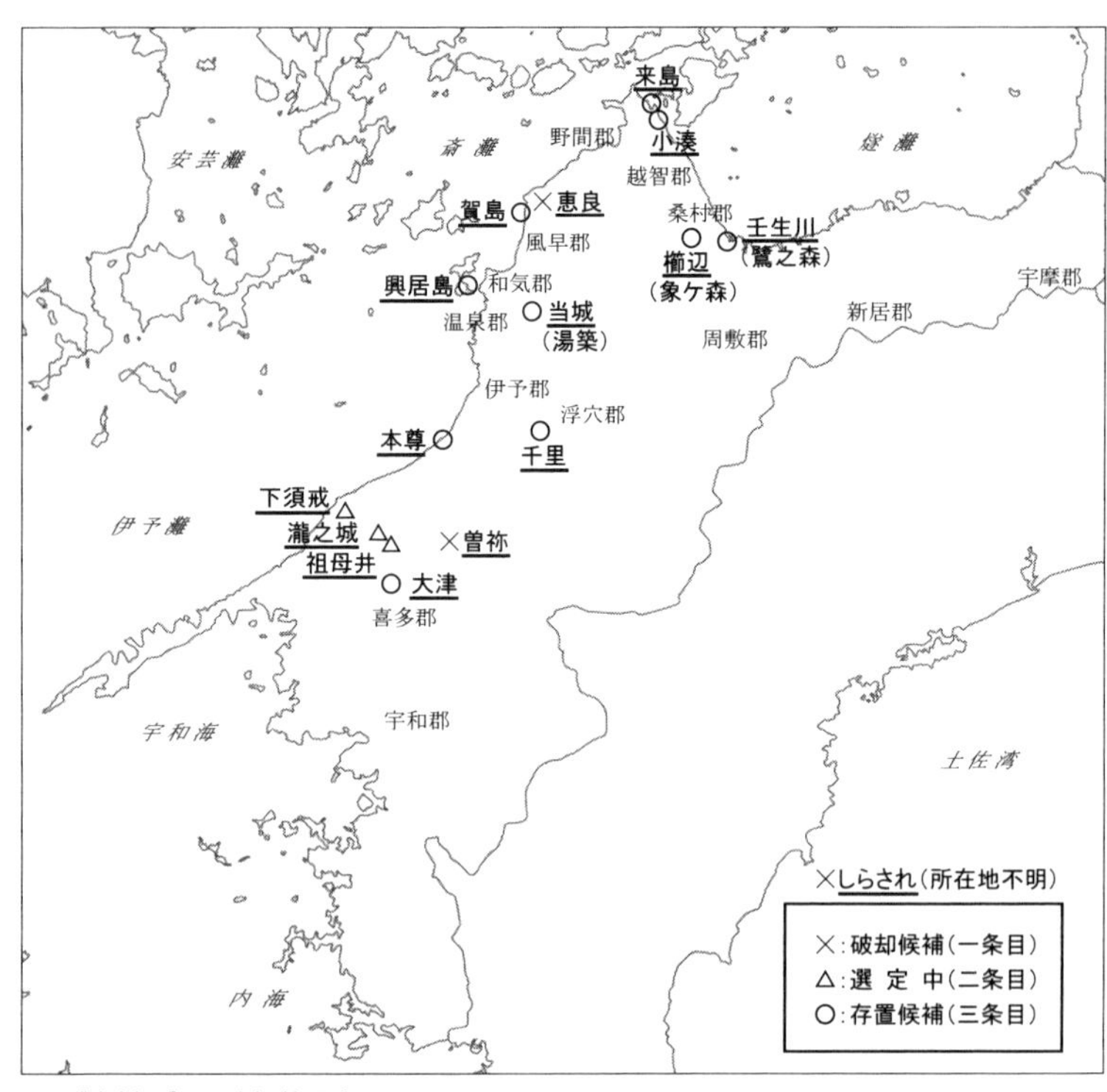

図　[史料二] の城郭整理案

候て、公廣於御着者、則相すめ(とめカ)、時分之
儀候之間、此節普請等被申付度事候、
一、得居事、彼地無合点候者、可為無理遣
候哉、今之分者菊間も無落着不可然躰候、
彼是可申談候条、雨あかり路次も如形候
ハ、、今夕明朝之間、可有御登城候、恐々
謹言、
(天正十四年)三月五日　　隆景（花押）
(捻封ウハ書)「(墨引)　(乃美宗勝)乃兵　まいる　　隆景」

まず、本書状が総括的最終決定方針の指示書ではなく、地域性に由来する段階差に応じて当該時点での部分的方針案と現状課題を提示した時点案であることはすでに指摘した[25]。さらに言えば、二条目で三城の絞り込みの結論が未決着のまま複数案として残されている以上、城割が未完結なのはいうまでもない。そもそも、この場合の城割とは無数の城郭から有用な城郭を存置して機能集約し、その他は破却・放棄する作業、すなわちそれ自体が城郭の統廃合である。三月初頭までに中部から喜多郡にかけての十六城を最終検討候補として選出、これをさらに存置十と破却三に振り分けるも、残る三城にはさらなる絞り込みをかけようとする状況を本書状は示しているのである。

つまり、破却候補・絞込候補でさえ、無数の城郭の中から最終段階まで存置が検討されてきた重要な拠点城郭ともいえるのである。存置候補も十城とはあくまで時点候補であり、絞込候補三城の存在が、最終的にはここからもう一城さらに存置することを意味している。これまで「十城の存置」として注目されてきたが、十一城目の存置方針も示されているのであり、小早川の支城政策を「十城の存置」と限定的に捉えることが適切でないことは明らかである。隆景は、今後の変更の可能性も示しており、支城政策についてはもっと多角的に把握していく必要がある。

（2）小早川支配の中核城郭

存置候補を挙げた三条目の冒頭に、まず当時、隆景が在城した領国支配の中核であろう「当城」が見える。毛利と姻戚同盟関係の伊予守護家河野の居城湯築城か、もしくは小早川が新支配の拠点として和気（わけ）郡の良港三津に築いた新城湊山城[26]が想起される。

「当城」は、一条目に破却城郭の道具以下を「當城へ可取越候」、末尾にも乃美宗勝に相談のため「今夕明朝之間可有御登城候」などと、政庁機能や保管機能を備えている。四条目には、普請配を「道後之奉行衆と昨今以来申談」じる利便性もうかがえる。

湊山城築城は、光成準治氏によって天正十四年三月から開始されたことが指摘されている。[27]若干の私見を補足して推移を追うと、まず三月四日に協議中だった普請配が、五日の［史料二］で「よきほと相調」ったため日取りを見て明後日七日に開始するとし、実際十六日には「ト」を申付けた上で湊山城を普請中であると述べている[28]。六・七月頃には、来予した宣教師が新城（湊山城）の隆景を訪ね、大勢での接待を受けるとともに、重要な協議のため城近くを宿所としており[29]、少なくとも政務や饗応が可能な程度の施設は整っていたようである。九月には知行配分に関する申渡しが湊山で行われており[30]、政庁機能が成立していた。

したがって、三月は新城築城に向けた環境が調い普請を開始した当初であり、［史料二］に見える政庁等諸機能を湊山城が果たすには疑問がある。三月五日時点で隆景が政務を執る本拠は、旧来中核機能を果たし旧縁もある既存の湯築城が相応しい。旧稿では湊山城に比定したが、ここで改めねばならない。

（３）喜多郡の城

一・二・三条目ともに喜多郡の城が挙がる。永禄年間の喜多郡争乱以降、河野・毛利と対立する勢力が存在し、これが後に長宗我部に与同、これに対する毛利側の対応を中心的に担ったのが隆景で、伊予支配の中で因縁深い課題地域である。まず、三条目（存置候補）の当城湯築城に続いて大津城がある。大津盆地にあって主要河川肱（ひじ）川に面し、戦国期まで喜多郡を独自支配した宇都宮氏の本城であった。天正年間に宇都宮が衰退した後も、反河野勢力の拠点として係争地となった。

隆景は喜多郡を養子秀包に任すが、大津への入城が天正十四年（一五八六）四月頃であったことが、近年光成準治氏により示された[31]。三月初頭の存置案から、四月までの間に秀包の居城に決まったのである。そして、翌十五年の伊予国替の際に戸田勝隆が早々に九月に「入城」を果たした城[32]が、戸田が居城とした大津城と判断されることから、大津城は領主交替時に即時使用可能な支配中核機能を備えていたことがわかる。

続いて、一条目（破却候補）の冒頭には、曽祢城が挙がる。大津盆地東隣の内子盆地に位置し、戦国期には曽祢氏の本拠であった。曽祢は独立性が高く、戦国末期には反河野として長宗我部とも結ぶこともあった有力国衆である。四国平定を迎える最終段階になって毛利方へ属したようであり、平定直後の九月には秀吉政権の意向で知行給付が進められる程の存在だったようだ[33]。

つまり、大津城と曽祢城は大津盆地と内子盆地の有力国衆の本城として地域支配の中核拠点だった。平定早々に毛利は両城を取り詰めの対象としており、確保すべき戦略拠点と位置付けていたとみられる。すでに毛利方に属した曽祢の本城を取り詰めるという一見矛盾する行為については、光成準治氏により、史料解釈そのものを曽祢が中心になって大津城を攻めたと読むか、あるいは奪われていた曽祢城を大津城とともに攻めたと理解するか、という二通りの解釈の可能性が示されており[34]、整合的に理解できる余地は十分ある。

二条目には、下須戒（しもすがい）城・瀧之（たきの）城・祖母井（うばがい）城を一ヵ所に統廃合する意向が示されている。下須戒城（大陰城）は、大津盆地進入路の要衝肱川河口に位置し、永禄九年（一五六六）の鳥坂合戦の前哨的攻防、元亀二年（一五七一）の宇都宮残党制圧など、河野・毛利の喜多郡戦略の中で争奪の場となった。瀧之城は、肱川下流域の盟主的存在で宇都宮有力被官の津々喜谷（つづきや）氏の居城で、永禄十・十一年の鳥坂合戦、天正十二・三年の喜多郡出兵といった、河野・毛利の喜多郡戦略の中で戦略・防衛拠点となる。祖母井城は、大津盆地と肱川下流域との結節点に位置する。三城とも、近世大洲（おおず）藩時代には、近隣に藩外港・藩浜番所・川港が設置され、中・近世の河川水運の要衝としてほぼ重なり合う。河川入口、軍事・経済の中核、盆地・水路の結節点と、性格に違いはあるものの、喜多郡進入路の肱川下流域の統制拠点という共通の役割を有していた[35]。

［史料二］では、課題地域の喜多郡について、中核大津城をそのまま存置しようとしたのであり、実際にその後も歴代大名の居城となり、近世大洲藩庁として中核機能が受け継がれる。一方、内子盆地の中核曽祢城は廃止候補とされた。期待する機能が類似する大津城・曽祢城のうち大津城を残せば十分と判断し、中核機能を大津の一城に集約しようとしたのであろう。また、要衝肱川下流域の統制というやはり機能が類似する城についても、主要な三ヵ所まで選出した上で、さらに絞り込んで一城に集約しようとしているのである。

こうしてみると、肱川下流三城の一城集約が統廃合の単独条項として目立ちはするが、実は中核の選定についても類似機能二城からの一城集約という同様の手順を踏んでいるのである。統廃合の積み重ねによる機能の集約という、城割の基本過程がよく表されており、［史料二］が途中段階のものであることが再認識できる。

（４）来島村上領の城

一・三条目には、来島村上領の風早郡恵良城・賀島城、野間郡来島城が見える。来島村上は、元亀元年頃より河野政権と確執を生み、天正十年に毛利・河野を離反し織田方に属する。そのため、同十・十一年にかけて毛利・河野による攻撃にさらされ、十一年三月に本城来島城は陥落、八月には風早郡側の支配拠点で来島村上通総兄の得居通幸が居城とした賀島城も和睦降伏する。敗れた来島村上は秀吉を頼り、羽柴・毛利の講和交渉の末に伊予帰国容認、四国平定後に来島村上通総一万四千石・得居通幸三千石を拝領したと伝わる。知行目録等は現存しないが、活動の痕跡等から通総・通幸兄弟が従来本領とした野間郡・風早郡周辺を継続して領有したものと考えられている[36]。

まず、ここで小早川は秀吉直属となった来島村上の城割に関与している。城割以外にも、天正十四年の野間郡検地で、来島村上家臣に交じって小早川家臣の検使大隅氏の関与も知られている[37]。これら事実への解釈について示唆的なのは、中平景介氏が［史料一］・［史料二］を根拠に得居通幸の知行地について小早川に裁量権があったと見通したことや、光成準治氏が喜多郡曽祢氏への知行宛行に秀吉政権が直接的に関与した特別な処遇について「与力的な存在」と位置付けたことである[38]。四国平定直後の［史料一］によれば、阿波蜂須賀家政へ淡路野口長宗を、讃岐仙石秀久へ讃岐十河・安富を与力として付けることを秀吉が指示している。野口には秀吉の意向による加増が伴っており、安富へも忠節の際には知行を与えるよう仙石へ命じられ、また阿波水軍森村春へも「主才覚」があるとして秀吉の意向による加増が蜂須賀へ命じられている。来島村上への言及はないものの、四国平定後の四国の新大名領国において、有力国衆を国持大名の与力としたり、秀吉の意向により有力国衆へ国持大名から知行給付したりする姿からは、来島村上も秀吉に直属する国衆であると同時に国持の小早川の与力的存在として、小早川による知行権等の裁量が及んだと理解するのが妥当と考える。

毛利との対立の歴史や、秀吉に直属した経緯を鑑みれば、小早川の伊予支配の中で因縁のある課題地域である。その賀島城・来島城を存置候補とした。恵良城は、天正十一年の賀島合戦で賀島城とともに主戦場となり、恵良城の明渡が賀島城の降伏条件ともなった[39]。来島城・賀島城に次ぐ程の主要拠点であったとみられるが、破却候補とされた。

来島村上領の今後の支配拠点として、従来の中核拠点である来島城・賀島城・恵良城がまず選出され、さらに同じ風早郡内で機能重複が見込まれる賀島・恵良の二城のうち賀島城を残し、風早郡支配拠点の賀島城への一城集約を図っている。野間郡で来島村上本城の来島城一城、風早郡で得居本拠の賀島城一城に機能集約する計画であり、結果的に来島・得居の従来の本城を引き続き各支配拠点として存置する形の方針案になっている。

（５）境目の城

残る六城は、伊予中央部の旧河野勢力圏に位置するが、広域的地域支配の中核機能は管見の限り認めがたい。これらの役割を考える上で、小湊城（越智郡）は示唆的である。今治平野の北端で来島海峡に面する小湊城は、越智郡と野間郡の境目に位置し、糸山半島を越えると来島城が浮かぶ波止浜湾で、来島村上領との境界領域である。一年前の天正十三年三月二十六日、能島村上武吉・元吉父子は家臣に宛てた条書において、「来嶋落着之趣」を問うとともに、「国元城々持方之事、付小湊之事」と諸城守備の指示に小湊城の追加指示を加えている。[40]当時は、来島村上が伊予帰国を容認されるとともに、再燃した来島賊船狼藉の鎮静化に小早川家中が奔走した時期で、山内譲氏は四月一日付けの村上吉継書状などから三月には落着したとみている。[41]条書の「来嶋落着」とも符合し、一連のものとみなせる。来島村上を警戒する能島村上が、小湊城についてあえて特記するところには、来島城至近の小湊城に対来島村上戦略上の重要性を意識していたとみなすべきだろう。

また、来島海峡の小湊城が瀬戸内海交通の要衝であることは言うまでもないが、かつて享禄四年（一五三一）には河野弾正少弼通直が上洛の船出をし、下って江戸正保年間作成の「正保今治城絵図」には小湊山南麓の浅川河口に「古船入」と記された入江が描かれるなど、[42]小湊浦という港湾機能を備えていた。海上交通の要衝であると同時に、警戒対象の来島村上領及び来島城の監視・警戒の役割に最適な城だったのである。

興居島（和気郡）も同様で、三津湊山城の目前に防波堤のように横たわり、湊山城の対面に明沢城を備える同島は、かつて寛正六年（一四六五）には河野氏内訌に介入した大内教弘が着陣し、戦国末期には喜多郡へ援兵を送る毛利が中継地や道後湯築との協議地とし、関ヶ原合戦時にも毛利の伊予派遣軍勢が本土上陸をうかがう前線拠点とする。[43]本土三津と一体的な港湾機能がうかがえる。それと同時に、来島村上領の風早郡及び賀島城を一望することもできる。つまり、三津湊山城の港湾機能を向上させる斎灘・伊予灘航行の要衝であると同時に、やはり来島村上領の監視・警戒の役割に適した城だったといえる。

こうした捉え方は、本尊城（浮穴郡）・せり（千里）城にも援用できそうだ。本尊城は、伊予灘沿岸にあって喜多郡の手前に位置している。藤堂支配期の慶長六（一六〇一）年には至近に灘城が築かれ、伊予郡松前城の監視機能を担ったことも[44]鑑みると、道後平野と喜多郡の境目管理の重要拠点であったに違いない。[45]千里城は、道後平野南の中央構造線山脈の分水嶺上尾峠の道後側にあり、越えると喜多郡の主要河川肱川の水系に入る。千里城は喜多郡への内陸路上の分水嶺手前、本尊城は海路上の喜多郡境手前という、警戒対象の喜多郡との境界領域に位置し、監視・警戒の役割に適した城だったのである。

櫛辺城（象ヶ森城）・壬生川城（鷺之森城）（桑村郡）も同様で、道前平野の南部に位置し、四国平定で降した長宗我部勢力圏に接する最前線であり、抵抗した高尾城や高峠城を目前に控える。戦国期に新居・宇摩両郡の領主層と河野勢力が桑村・周敷郡で紛争を繰り返し、戦国末期には、長宗我部権力を背景に金子氏が壬生川氏の旧権益を狙ったとの川岡勉氏の指摘や、金子氏が一族から周敷家を創出しようと画策したとの藤田達生氏の指摘など[46]からも明らかなように、旧長宗我部勢力圏との境界領域の城なのである。壬生川城は、平定後の九月末段階で外構まで去渡して退去するよう命じられているが[47]、機能まで喪失していたかどうかははっきりしない。日和佐宣正氏が、両城が四国平定の敗戦地新居郡・宇摩郡方面へとつながる幹線路に位置し、壬生川城を危険地域に対する防衛の前線と指摘したことは重要で[48]、四国平定の敗戦地につながる沿岸部の押さえ壬生川城、内陸部の押さえ櫛辺城という意味が見いだせる。やはり、警戒対象の敗戦地の監視・警戒の役割に適した城だったといえるのである。

残る破却候補「しらされ」は、現在のところ所在地不明である。風早郡内の来島村上関係の城の可能性もあるが[49]、今後の詳細な検討が待たれる。以上の城は、地域支配の中核としてではなく、来島村上・喜多郡・敗戦地という小早川にとって警戒地域の境界領域かつ交通の要衝に位置し、その管理の役割を期待できる城なのである。

最後に、〔史料二〕は、十六候補のうち当該時点で存置不要と判断した城を一条目に示した上で、二条目にはそこに至らない検討中の城、そして当該時点で存置に有用性を見出した候補を三条目に示している。地域的には、一条目に課題地域の喜多郡と来島村上領の城、二条目でも課題地域喜多郡の城、三条目にはまず領国支配の中核「当城」を挙げた上で、喜多郡周辺→来島村上領周辺→東伊予敗戦地境界と、西から東の順に課題地域に関わる九城を挙げている。その中で、当城・大津・賀島・来島という旧来権力（河野・宇都宮・来島村上）の地域支配の中核を従来どおり維持するとともに、各警戒対象地域との境界には交通管理にも至便な警戒拠点を残す計画を提案していると読み取れる。領国統制における課題地域に関わる城郭存廃こそが重要な検討課題であったことをよく物語っており、当時の国情・課題を考慮した選考と見てよいだろう。続けて後半部では個別懸案に移り、四条目に新城湊山城、五条目に残存課題西園寺領、六条目に来島村上領の課題について、隆景の認識や意見が綴られている。領国統制と課題地域境界管理を念頭に、機能集約を目指した内容と評価できる。三条目の「肝要之持所たに相拘候へハ、あい〳〵の儀ハさのミ不入事候」との方針を反映すると同時に、翌四月十日の毛利への「簡要城堅固申付、其外下城事」という秀吉指示とも基本路線は一致するもので、秀吉政権の基本方針に沿いながら地域の実情に即した城郭整理だったといえる。

おわりに

小早川隆景の伊予の城郭政策は、敵対征服地・友好旧勢力域・秀吉服属領主領の混在する独特の環境の中で、敗戦地の秀吉政権主導の戦後処理を引き継ぎながら、正式拝領や上坂という画期を経て、平和裏の領国統制・整備の一環として城割を継続した。当初は秀吉政権の直接的関与があったが、正式拝領を目途に最終的に独自裁量に移行する。深い旧縁・因縁のある小早川（毛利）独特の背景に由来する部分も多い、伊予の多様な地域性と段階差に対応するため、隆景は地域性や実情に合わせて城郭の絞り込みを行った。領国支配の面での地域中核拠点、境界管理の面での旧敵対地域境界かつ交通管理の拠点に機能集約し、領国統治基盤整備として存置城郭の選定を進めて領国統制を図ったとみられる。ここに、小早川支配における城割の具体的な有効的利害を見いだすことができる。

城郭存置の判断基準は必ずしも単一とは限らず、むしろ複合的要素を想定すべきだが、少なくとも地域統治の視座からすれば、小早川の城割は領国統制・整備に向け、眼前の多様な地域的課題に向き合い解消するための極めて現実的な構想だったとの位置づけも見えてくるのである。秀吉政権の方針を基調としつつ、独自の論理に基づき前代の課題の克服と自国の権力集中強化をも志向した政策方針であったと評価できる。

註

（１）松尾良隆「織豊期の「城わり」について」（横田健一先生古稀記念会編『文化史論叢』（下）、創元社、一九八七年）。
（２）小林清治「信長・秀吉権力の城郭政策」（同『秀吉権力の形成』、東京大学出版会、一九九四年、初出一九九三年）。
（３）光成準治「中・近世移行期における破城と統治」（『歴史評論』六八二、二〇〇七年）。
（４）田中歳雄「一国一城令の成立過程―伊予国の場合―」（『愛媛大学紀要　第一部人文科学』六―二、一九六一年）。
（５）藤田達生「伊予における近世の開幕」（同『日本中・近世移行期の地域構造』、校倉書房、二〇〇〇年、初出一九九三年）。
（６）西尾和美ａ「戦国末期における道後湯築城と芸州使者の往来」、同ｂ「小早川隆景の伊予支配と河野氏」（同『戦国期の権力と婚姻』、清文堂、二〇〇五年、ａ初出一九九九年、ｂ初出二〇〇三年）。
（７）拙稿「四国平定直後の伊予の城郭整理」（『伊予の城めぐり』、愛媛県歴史文化博物館、二〇一〇年）。
（８）光成準治「小早川氏の伊予入部と在地領主」（『伊予史談』三八二、二〇一六年）。
（９）拙稿「四国の近世城郭誕生」（四国地域史研究連絡協議会編『四国の近世城郭』、岩田書院、二〇一七年）。
（10）前掲註（１）松尾氏論考。
（11）前掲註（７）（９）拙稿。
（12）川岡勉「戦国・織豊期における国郡知行権と地域権力」（『四国中世史研究』八、二〇〇五年）や、藤田達生「「芸土入魂」考」（『織豊期研究』一九、二〇一七年）には、桑村・周敷郡の勢力境界としての地域性や、長宗我部権力を背景とする金子氏の当該地域への進出画策が指摘されている。
（13）（天正十三年）九月二十四日羽柴秀長書状（『小早川家文書』二一三、以下『小早川』）。本書状で秀長は伊予拝領の知らせを隆景本人から得ていることから、隆景伊予拝領時に秀長は秀吉の側を離れていたと判断され、そしてここに「大和拝領在身」とも記すので、正式拝領は九月三日の秀長郡山入城（『多聞院日記』天正十三年九月二日・三日条）以降と判明する。
（14）（天正十三年）閏八月十八日羽柴秀吉朱印状（『小早川』四〇一）、（同年）九月二十三日・二十九日小早川隆景書状（『戦国遺文　瀬戸内水軍編』九九二・九九三、以下『戦瀬』）。
（15）（天正十三年）九月十四日安国寺恵瓊・井上春忠連署書状写（『萩藩閥閲録』曽祢三郎右衛門、以下『閥』）。

（16）『戦瀬』九九二・九九三（前掲）
（17）（天正十三年）閏八月八日毛利輝元書状写（『山口県史』史料編中世二、「臼井家文書」三三、以下『山口』）、（同年）閏八月十六日毛利輝元書状写（『閥』桂勘右衛門）。
（18）（天正十三年）十月十六日毛利輝元書状写「譜録」椙杜六郎広連（前掲註（8）光成氏論考）。
（19）（天正十三年）十月二十六日小早川隆景書状（『戦瀬』九九五）。
（20）渡邊世祐・川上多助『小早川隆景』（三教書院、一九三九年）、『戦瀬』九九五（前掲）。
（21）前掲註（8）光成氏論考。
（22）（天正十四年）三月四日小早川隆景書状（『戦瀬』一〇〇三）、（同年）三月十六日小早川隆景書状（『山内首藤家文書』三〇三）。
（23）前掲註（8）光成氏論考、（天正十四年）卯月十二日小早川秀包書状写「譜録」河上伝兵衛光教、（同年）六月二十二日小早川氏奉行人連署状写（拙稿「「大野芳夫氏所蔵文書」について」『愛媛県歴史文化博物館研究紀要』二一、二〇一六年）、ルイス・フロイス『日本史』第二部七八章（松田毅一・川崎桃太訳『日本史』、中央公論社、一九七九年）。
（24）（天正十四年）四月十日豊臣秀吉朱印状（『毛利家文書』九四九）。
（25）前掲註（7）拙稿。
（26）前掲註（5）藤田氏論考、前掲註（6）西尾氏論考b、山内譲「伊予国三津と湊山城」（『四国中世史研究』七、二〇〇三年）。
（27）前掲註（8）光成氏論考。
（28）『戦瀬』一〇〇三（前掲）、『山内首藤家文書』三〇三（前掲）。
（29）『日本史』第二部七八章（前掲）。
（30）（天正十四年）九月一日小早川隆景書状写（『戦瀬』七六三）。
（31）前掲註（8）光成氏論考。
（32）（天正十五年）九月二十八日某書状（『山口』「寄組村上家文書」一六八）。
（33）（天正十三年）七月二十日小早川隆景書状写・（同年）九月十四日安国寺恵瓊・井上春忠連署書状写（『閥』曽祢三郎右衛門）。

(34) 前掲註（8）光成氏論考。
(35) 拙稿「戦国期の肱川下流域について」（『愛媛県歴史文化博物館研究紀要』一四、二〇〇九年）。
(36) 山内譲「来島・鹿島での戦い」（同『海賊衆　来島村上氏とその時代』、私家版、二〇一四年）。
(37) （天正十四年）十二月十三日得居通幸書状（『愛媛県史』資料編近世上、二六）ほか。
(38) 中平景介「伊予河野氏と四国国分について」（拙編著『伊予河野氏』、岩田書院、二〇一五年、初出二〇〇八年）、前掲註（8）光成氏論考。
(39) （天正十一年）八月十九日乃美宗勝書状（『戦瀬』八五五）。
(40) （天正十三年）三月二十六日村上元吉・武吉連署条書案（『戦瀬』九六一）。
(41) 山内譲「天正期以降の村上吉継・吉郷とその子孫たち」（『伊予史談』三六六、二〇一二年）、（天正十三年）卯月一日村上吉継書状（『戦瀬』一二二二）。
(42) （享禄四年）大祝貞元覚書（『大山祇神社文書目録』二、愛媛県教育委員会、一九八七年）、「正保今治城絵図」（『高虎と嘉明』愛媛県歴史文化博物館、二〇一七年、八二）。
(43) 前掲註（35）拙稿。
(44) 藤田達生「藤堂氏にみる御家騒動」（同『日本中・近世移行期の地域構造』、校倉書房、二〇〇〇年、初出一九九九年）。
(45) 拙稿「中世の伊予灘沿岸と地域支配」（『伊予市の歴史文化』六九、二〇一五年）。
(46) 前掲註（12）川岡氏論考、藤田氏論考。
(47) 『戦瀬』九九三（前掲）。
(48) 日和佐宣正「道前平野北部の中世城郭について」（『戦乱の空間』創刊号、二〇〇二年）。
(49) 前掲註（7）拙稿。

第2部　中世の都市設計

Ⅰ

大内氏の町づくり
――中世都市山口の〝原点〟の発見

北島大輔

はじめに

山口市の旧市街地の原点は、守護大名大内氏の町づくりにあると言われる。南北朝時代の頃、周防(すおう)・長門(ながと)を平定した大内弘世が大殿大路に館(やかた)を構え、京の都に倣った町づくりをはじめたと伝える。その後、大内氏は九州や山陰・近畿などへも勢力を拡大するが、山口が領国内における拠点となり、日本有数の中世都市が形成された。

一方、弘世による山口開府については、これを疑問視する意見も多い。大内氏が大殿大路に館を構えたのはいつか。山口での町づくりはどのようなものであったか。考古学的な立場からこの問題を考えてみたい。

一、大内氏館の設置はいつか

大内氏館の設置年代をめぐっては以下の諸説がある。[1]

A説：大内弘世（一三五二～一三八〇）による設置

B説：大内義弘（一三八〇～一三九九）による設置

C説：大内教弘（一四四一～一四六五）による設置　※（　）は家督相続期間

明治期から戦後しばらくの間、有力視されてきたのはA説である。大内氏時代の町並を描いた『山口古図』（図1）に記された「延文五年」を山口開府年代とみるA1説と、その信憑性を疑ったうえで他の文献記事に拠るA2説とがある。

『山口古図』は、サビエルが布教した大道寺の所在地を探索したビリヨン神父が発見したとされる。[2]発見の経緯や、原本の所在・成立年代に不明な点が多く、取扱いに注意を要する。同時代史料というよりは、後世の考証による想定復元図と捉えるべきであろう。

議論が転換期を迎えるのは一九九〇年代以降である。大内氏館跡での発掘調査が進み、遺物編年による年代推定が試みられた。最古型式とされる大内Ⅰ期を十五世紀中頃とする見解が示された。

この見解は、大内氏館を構えたのは教弘であろうとの仮説に基づく。[3]以後、十五世紀中頃の遺物が最も古いので、館の設置は教弘の代であろうとするC説が定着する。論理学でいう循環論法である。暦年代推定根拠が乏しいなかでの苦肉の策であり、考古学的な方法に基づく説とは言いがたい。

二〇一〇年代になると、状況がさらに変化する。

第一の変化は、大内氏遺跡での遺物編年の改訂である（表1）。発掘調査の成果公表を受け、瓦質土器・備前陶器・中世瓦・紀年銘資料など実資料に基づく再検討が進んだ。その結果、かつて十五世紀中頃と推定された大内Ⅰ期は、新編年の大内Ⅰ式では一四世紀後半～末と推定されるようになった。推定される暦年代が半世紀以上も遡ることと

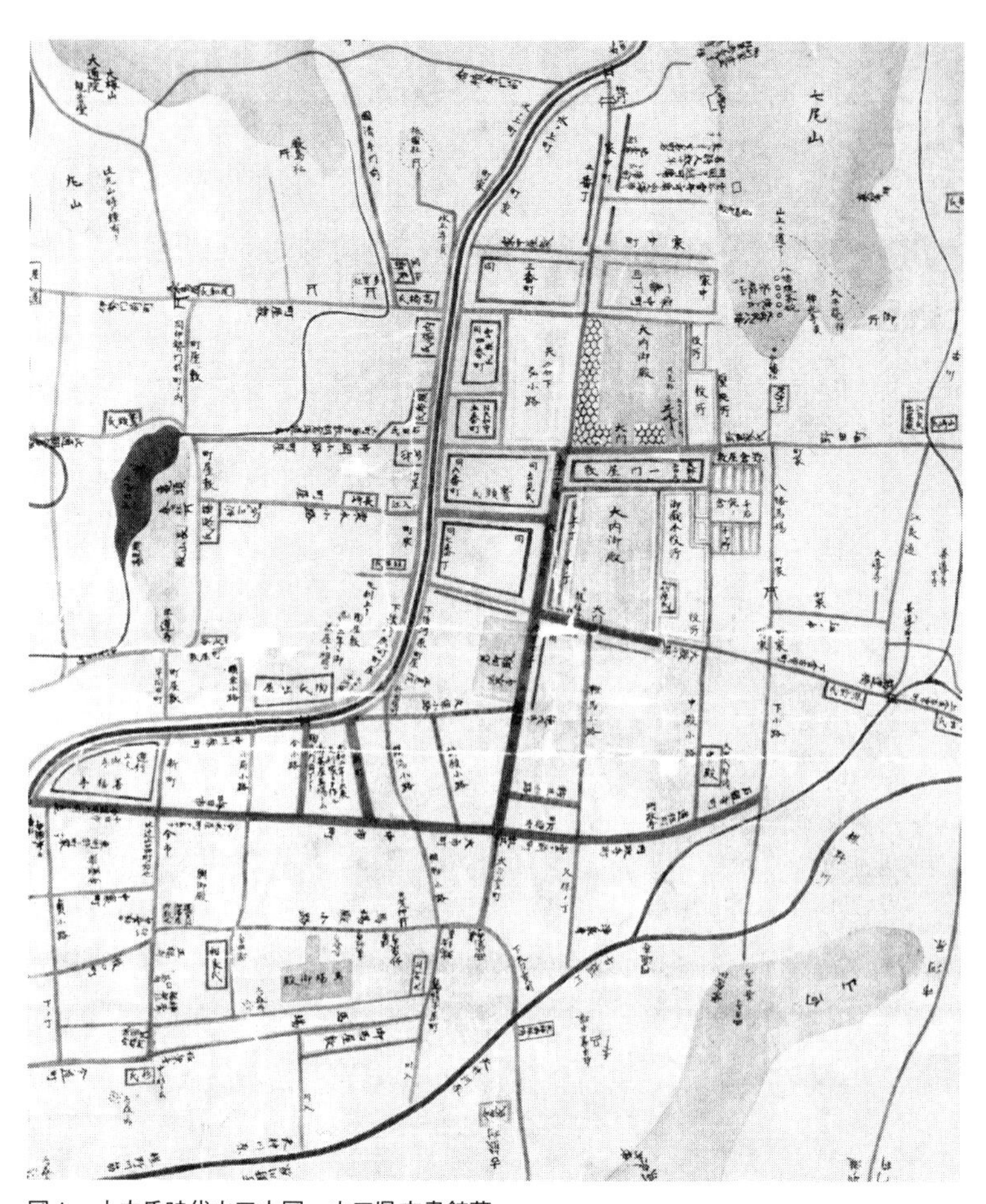

図1　大内氏時代山口古図　山口県文書館蔵

なったのである。大内義弘の頃までには現在地に館が設置されていたとするB説の出現である。

第二の変化は、大内Ⅰ式よりもさらに古い大内0式の堀や溝・一括廃棄土坑など各種の遺構群が館跡の周辺で相次ぎ確認されたことである。大内0式は十四世紀前半〜後半と推定される。南北朝期の大内弘世の頃には、大内氏館の周辺で人々の活動がすでに活発化していたと考えざるをえない。しかも、堀や溝の主軸は、現在の大殿大路と直交するものが多く、大内Ⅰ式以降

<table>
<tr><th colspan="2">遺物編年</th><th>暦年代</th><th colspan="2">館の変遷</th></tr>
<tr><td colspan="2">（+）</td><td>13世紀</td><td></td><td></td></tr>
<tr><td rowspan="2">大内０式</td><td>A</td><td>14世紀前半</td><td rowspan="2">（+）</td><td rowspan="2">館周辺で堀や溝・土坑などが掘られる</td></tr>
<tr><td>B</td><td>14世紀中頃～後半</td></tr>
<tr><td colspan="2">大内Ⅰ式</td><td>14世紀後半～末</td><td rowspan="2">第Ⅰ段階</td><td rowspan="2">屋敷地を溝と築地塀で囲う</td></tr>
<tr><td rowspan="2">大内Ⅱ式</td><td>A</td><td rowspan="2">14世紀末～
15世紀前半</td></tr>
<tr><td>B</td><td rowspan="4">第Ⅱ段階</td><td rowspan="4">屋敷地を東に広げ、堀で囲う
（塀の構造は不明）
このころ１号庭園が築かれる
１号庭園が埋め戻される</td></tr>
<tr><td rowspan="4">大内Ⅲ式</td><td>A１</td><td>15世紀前半～中頃</td></tr>
<tr><td>A２</td><td>15世紀中頃～後半</td></tr>
<tr><td>A３</td><td>15世紀後半～末</td></tr>
<tr><td>B</td><td>15世紀末</td><td rowspan="5">第Ⅲ段階</td><td rowspan="5">屋敷地をさらに東に広げる
築地塀ないし土塀で囲う
２号庭園を築く
このころ３・４号庭園を築く
２号庭園を改修
東３号堀が明確化（拡幅？）
２～３号庭園が機能を停止
館内の各所で火災がおこる
大内氏が滅亡し、館が廃絶</td></tr>
<tr><td rowspan="4">大内Ⅳ式</td><td>A１</td><td>16世紀初頭</td></tr>
<tr><td>A２</td><td>16世紀前半</td></tr>
<tr><td>B１</td><td>16世紀前半～中頃</td></tr>
<tr><td>B２</td><td>16世紀中頃</td></tr>
<tr><td colspan="2">大内Ⅴ式</td><td>16世紀後半～末</td><td rowspan="2">第Ⅳ段階</td><td rowspan="2">龍福寺が館跡に移転
敷地が縮小</td></tr>
<tr><td colspan="2">大内Ⅵ式</td><td>16世紀末～
17世紀前半</td></tr>
</table>

表１　「大内式」遺物編年と大内氏館の変遷

の大内氏館の主軸にも引き継がれていく。以上から、大内氏館や大殿大路の原型が十四世紀中頃にはすでに存在した可能性がある。考古学的手法によるＡ３説の登場である。ただし、堀や溝の検出が一部に留まっているため、これらの遺構が大内氏館に伴う施設かどうかまでは確定していない。

以上をまとめると、大内氏館や大殿大路は、大内義弘の頃までには存在し、その父・弘世の頃にまで遡る可能性がある。しかし、弘世による館の設置、すなわちＡ３説が確定したとまでは言い切れない[4]。さらなる調査研究の進展が期待される。

二、大内氏館の空間分節原理

近年、館跡の調査所見を総括するなかで、当時の地割技術に関する新知見を得た。中世都市山口における町割とも関係すると考え、その概略を紹介する[5]。

（1）座標系の使い分け

当時の大内氏館跡の地割には、大殿大路を基準とした座標Ⅰ系と、内郭南辺の塀中心線を基準とした座標Ⅱ系とがあり、これらを効果的に使い分けることで当時の地割がおこなわれた。その結果、遺構主軸にも二つの類が生じることとなった[6]。

また、両座標系ともに三十・三メートル（十丈）の大区画をもとに、さらにその内部を二分の一、四分の一、八分の一へと分節化していく原理が認められる。[7] こうした空間分節原理は、館の前半期にはすでに確立しており、後半期へと引き継がれ、大内氏滅亡後の館跡に移転した龍福寺の遺構主軸にも影響を与えることとなる。

【座標Ⅰ系】　主に外構の割付に用いられた座標系である（図2）。ここで注目したいのは、座標Ⅰ系の原点である。現在の大殿大路と竪小路とが交わる四辻の北東隅角（東西分節点ⓐ）がその最有力候補とみる。ここに原点を設定し、座標軸を大殿大路にあわせると、館の外構に関する地割技術を読み解くことができる。ゆえに大殿座標とも呼ぶ。

つまり、館の第Ⅰ段階（大内Ⅰ式～ⅡA式）は、大殿大路と竪小路の四辻から東へ二単位の地点（東西分節点ⓒ）を南西隅角とし、東西四単位×南北八単位で設定される。その規模と平面形は、京都の室町邸（花の御所）と同規格である。第Ⅱ段階（大内ⅡB式～ⅢA式）の館は、東外郭のうち北半部を四分の一、南半部を二分の一単位東へ拡張する。さらに第Ⅲ段階（大内ⅢB式～Ⅳ式）は東外郭がさらに二分の一単位東へ拡張する。この段階の内郭域は東西五単位、南北五単位の正方形となる。さらに館廃絶の龍福寺期（大内Ⅴ式～現代）になると、かつての内郭域が龍福寺境内として継承されることとなる。

第Ⅲ段階の西門（ＳＧ１９０１・ＳＧ２１０１）や南門（ＳＧ２００１）の門柱位置、西塀や東塀の中心線、東堀開口部の位置なども座標Ⅰ系にもとづくと考えられる。館外郭の南門や柱穴列（内仕切塀？）も同様である。

以上でみたように、館の前半期から後半期にかけて、座標Ⅰ系の原点位置と主軸方向が変わることはなかった。大殿大路や竪小路が街路として機能し続け、その交点が変わらない限り、座標系を復旧できたからであろう。このことは、館の設置に先立って主要街路が整備されていたことをも示唆する。本稿の根幹に関わる問題であり、のちに再論したい。

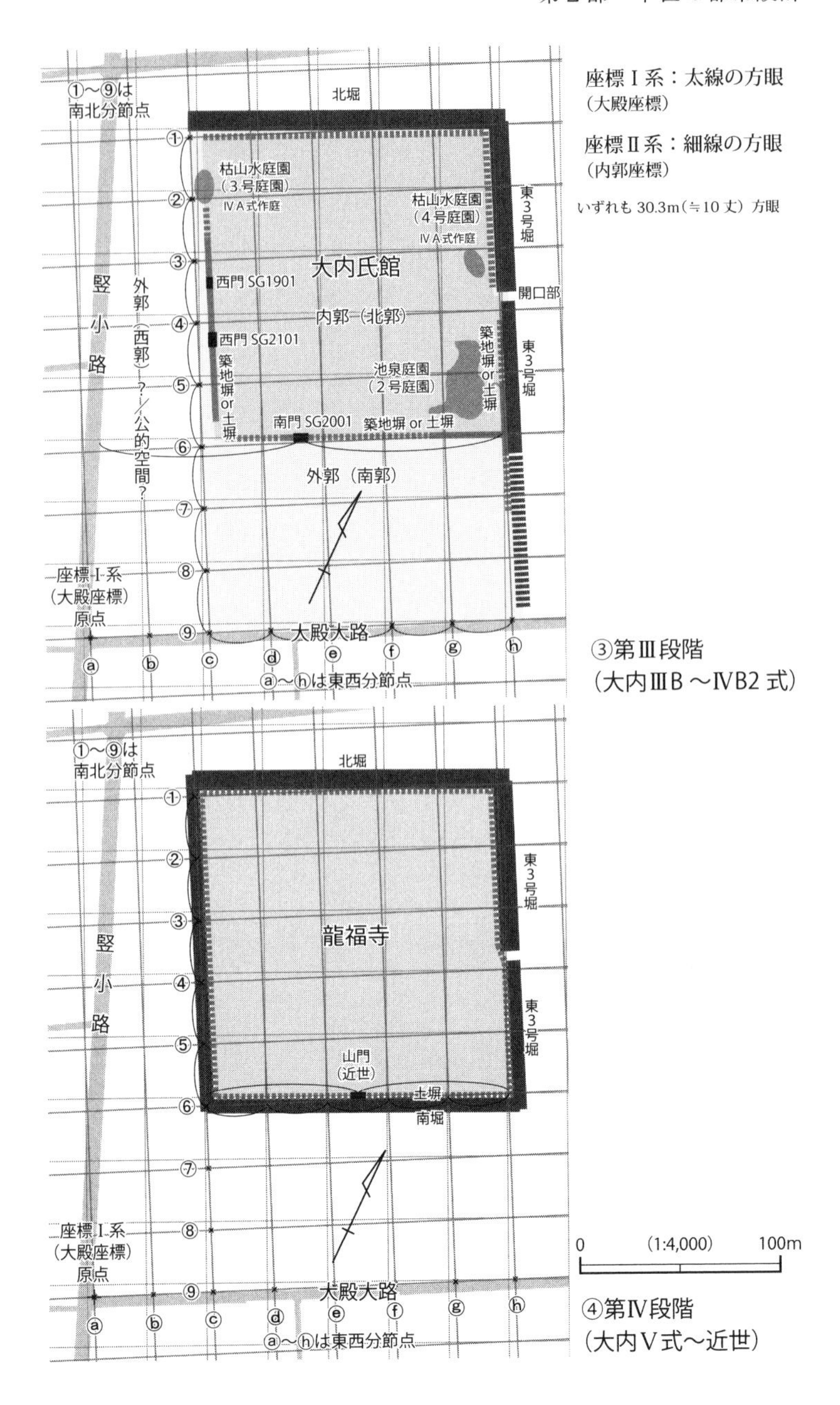

③第Ⅲ段階
（大内ⅢB～ⅣB2式）

④第Ⅳ段階
（大内Ⅴ式～近世）

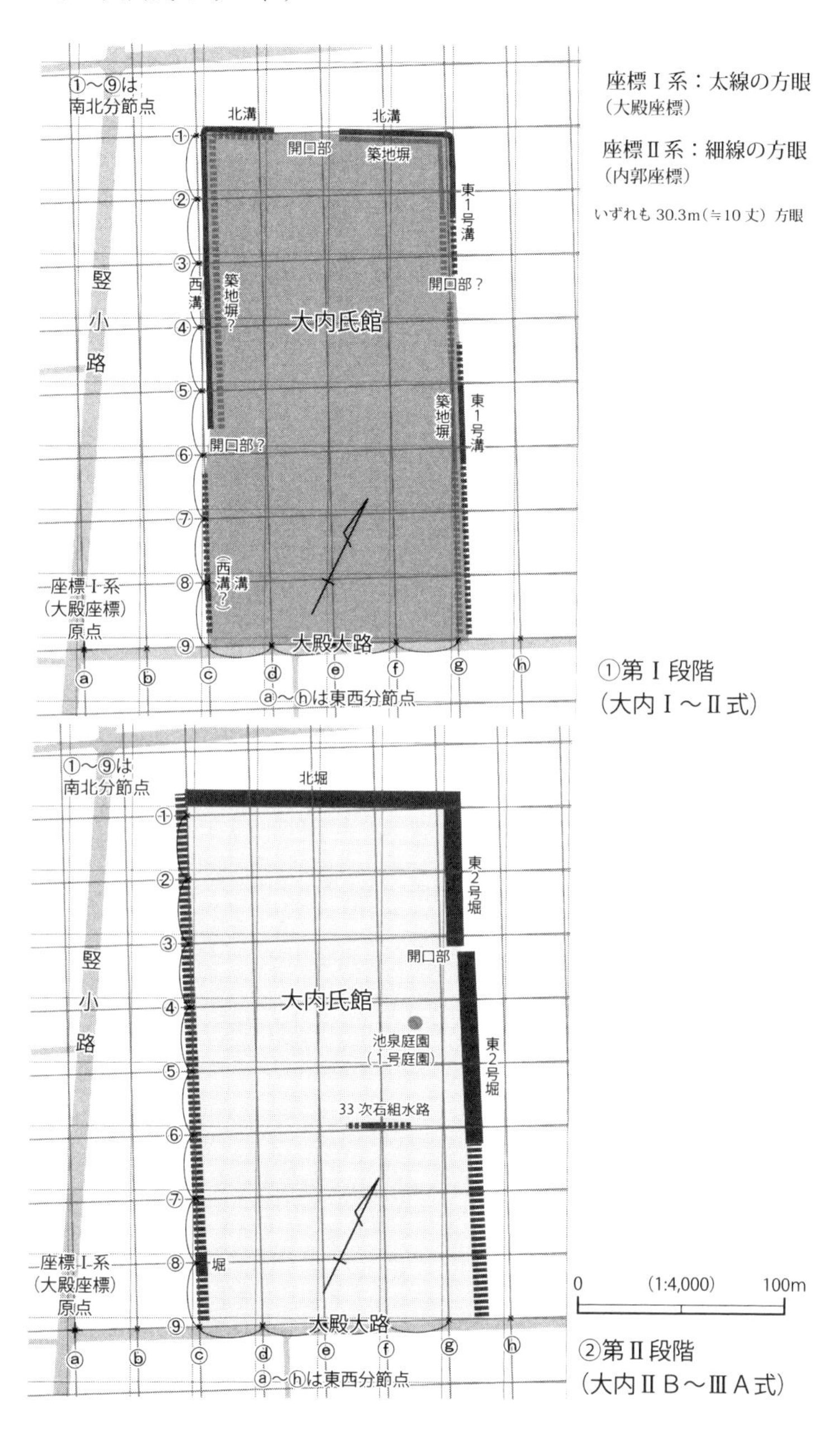
座標Ⅰ系：太線の方眼
（大殿座標）
座標Ⅱ系：細線の方眼
（内郭座標）
いずれも 30.3m（≒10 丈）方眼
①～⑨は
南北分節点
北溝
北溝
開口部
築地塀
東1号溝
開口部？
西溝
築地塀？
竪小路
大内氏館
築地塀
東1号溝
開口部？
（西溝？）
溝
座標Ⅰ系
（大殿座標）
原点
大殿大路
ⓐ～ⓗは東西分節点
①第Ⅰ段階
（大内Ⅰ～Ⅱ式）
①～⑨は
南北分節点
北堀
東2号堀
開口部
竪小路
大内氏館
池泉庭園
（1号庭園）
東2号堀
33 次石組水路
座標Ⅰ系
（大殿座標）
原点
堀
大殿大路
0
(1:4,000)
100m
ⓐ～ⓗは東西分節点
②第Ⅱ段階
（大内ⅡＢ～ⅢＡ式）

図２　大内氏館跡の変遷

【座標Ⅱ系】　主に内郭施設の割付に用いられた座標系である。ゆえに内郭座標ともいう。内郭南限を走る築地塀ないし土塀の芯柱ライン（正中線）をもとに設定され、原点は内郭の南東隅角にある。

内郭南東部にある池泉庭園周辺の地割は、座標Ⅱ系に基づくと考えられる（図３）。

まず、内郭南辺と池泉庭園北限との間は大区画一・五単位にあたる。これをさらに十二等分割、すなわち大区画八分の一を基本とした小単位で方眼を組む。その結果、池泉庭園の南北長は十小単位（①〜⑩）、池泉庭園南限と内郭南辺との距離は二小単位（⑪〜⑫）となる。池泉北岸石積の東西幅は二小単位である。北岸石積の東端を一〇小単位南下すれば、池泉庭園の南岸最奥部に達する。また、北岸石積の中間点を四小単位南下すると、中島の中軸線北端に至る。中島の南北長は四小単位、東西幅は二小単位である。中島短軸線の東延長上には導水施設の石組水路がある。この石組水路の屈曲部や東塀との交差位置にも規則性がみいだせる。

このほか説明を省くが、石列建物ＳＢ２７０１や推定台所跡ＳＢ２８０１、塼列建物ＳＢ２８０２の位置も座標Ⅱ系による割付とみてよい。館の改修にあたった職人たちは、大内氏からまさに指図（設計図）を受けたのだろう。

（２）地割技術の復元

中世山口での測量精度の正確さには驚くほかない。中世建築にみるように、当時の規矩術はすでに完成の域にあった。しかし、その原理や技術はきわめて単純である。間縄と水準器（水盛箱など）・指矩・水糸などさえあれば、数人でも地割作業ができたことだろう。

まず、間縄には尺や丈に対する目盛を等間隔に振り分けておく。また、間縄を等間隔で折り返していけば、大区画を二分の一、四分の一、八分の一などに細分割できる。傾斜地における測距も、水準器で水平距離を割り出したり、曲尺で斜距離を水平距離に換算したりしたのであろう。直交する角度は、間縄で五：四：三比の直角三角形をつくった

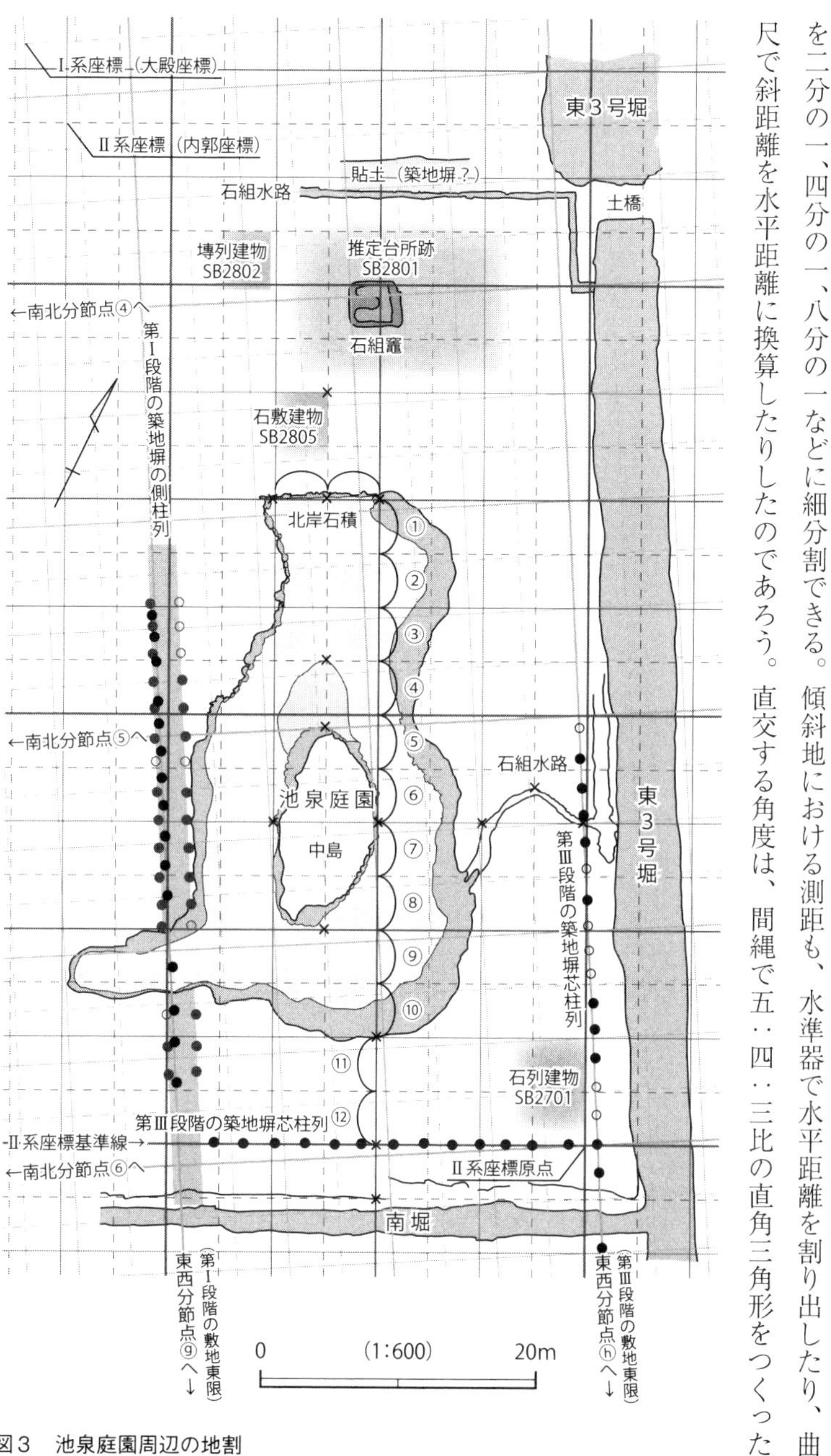

図３　池泉庭園周辺の地割

か、指矩をあてがって割り出したのであろう。座標設定後の位置出しや水平管理には、丁張（ちょうはり）を組んだのかもしれない。なお、発掘調査の結果、大内氏館の周囲をめぐる外構は築地塀ないし土塀であったと考えられる。(8) その構築に際しても、水平管理を前提とした構造設計がなされた可能性を指摘できる［北島二〇一四ａ］。

（３）街路との関係

座標Ⅰ系は大殿大路、座標Ⅱ系は内郭南築地塀の正中線（芯柱ライン）というように、座標系の適応範囲の南辺に基準線を求めるという共通点がある。同様に、館跡の北方に位置する築山跡やその東隣接地では、その敷地南縁と接する築山小路と調和的な主軸の遺構検出例が多い。なにゆえ敷地南辺に基準を求めたのか。現時点では、明快な解答を用意できていない。ただし、北高南低の緩斜面上に館跡や町並遺跡が立地することが大きな要因とみる。つまり、遺跡の立地する一の坂川扇状地では、扇央付近の地形が東西に平行な縞状の等高線となって現れる。南北方向の勾配よりも東西方向のほうが緩く、平坦に近い。こうしたことから、敷地南辺から座標を振り込んでいったほうが、最も水平管理がしやすかったのではないか。今後は、屋敷地の正面観なども視野に入れつつ、町並遺跡の都市軸研究と一体的に検討する必要がある。

三、中世山口の街路と都市軸

（１）大内氏関連町並遺跡

大内氏館を取り巻くように形成された中世都市山口は、町並遺跡となって現在も地下に埋もれている。山口市教育委員会によって、現在までに112次におよぶ発掘調査が実施されている。しかし、数十～数百㎡程度の小規模発掘がほとんどのため、一回あたりの調査では都市遺跡のごく一断片を掘り当てたにすぎない。遺構・遺物の残存状況も決して良いとはいえない。

今後は、こうした調査条件の限界をわきまえつつ、蓄積された発掘データの成果や課題を整理することで調査精度を向上させ、他の学問領域とも連携して全体像を描く必要がある。

（2）研究の現状と課題

中世山口に関する都市研究は、古くは［近藤清石（きよし）一八九三］による地名・街路の考証に始まり、最近では歴史地理学の［山村亜希一九九九・二〇〇九ほか］による業績がある。考古学からも積極的な検討が試みられているが［増野二〇〇五・二〇一三ほか、古賀二〇〇六ほか、佐藤二〇〇七］、町並遺跡では道路遺構が検出されることは稀である[9]。

後世の削平で滅失したり、調査時に見落としたりした可能性もあるが、街路が近世以降も使われ続け、現代の道路の下になっていることもその一因であろう。屋敷地の区画施設とみられる溝状遺構は、数例（11・23・24・45次）が知られているにすぎない。一乗谷朝倉氏遺跡や草戸千軒遺跡・豊後府内でおこなわれているような、発掘遺構による街路・街区の直接的検討が山口では難しい。

こうした現状をふまえると、当時の都市構造の解明に向けた前提作業として、現存する街路・街区の成立過程や遺構主軸の検討を行い、当時の都市軸を復元していく必要がある（図４）。

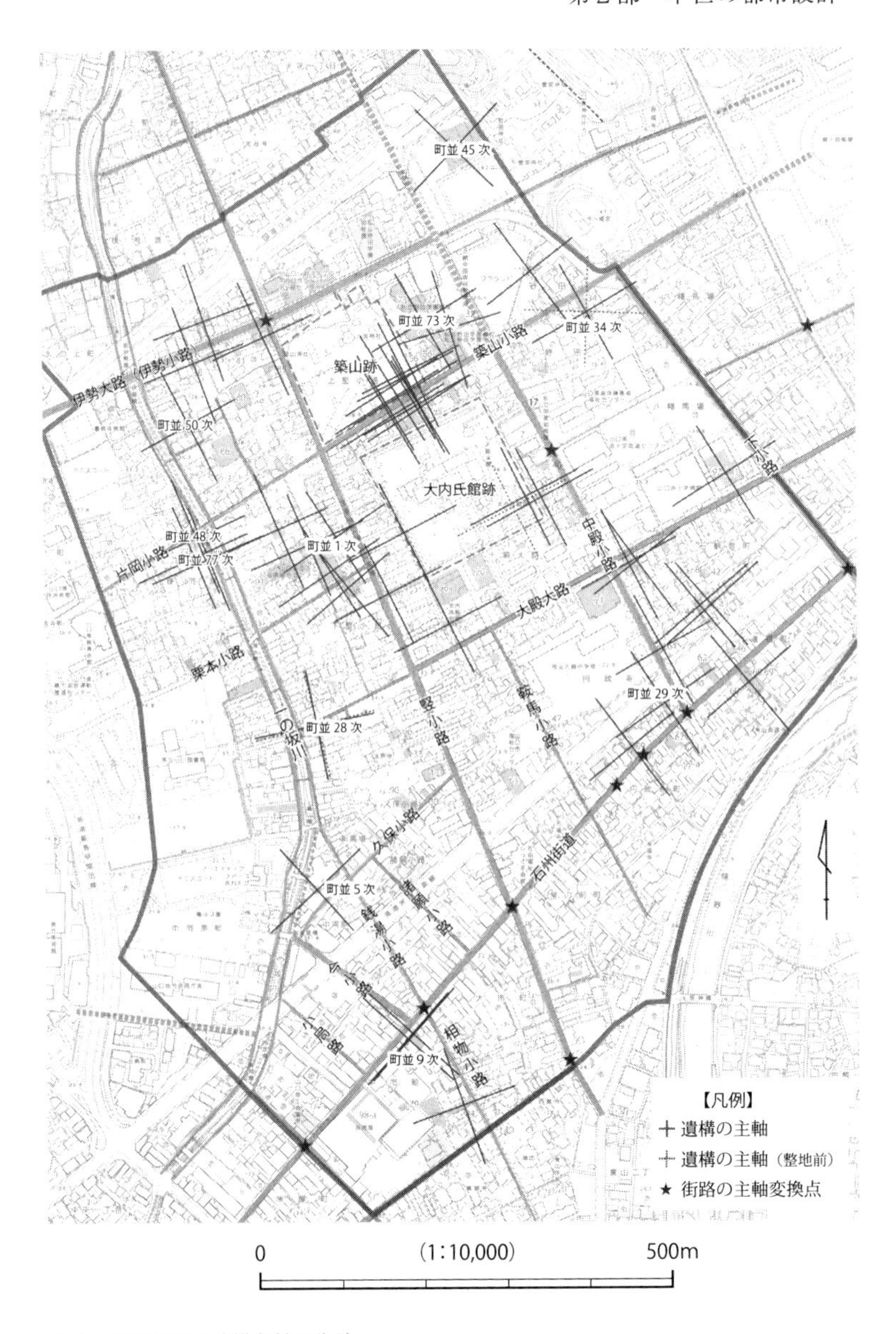

図４　町並遺跡の遺構主軸と街路

（3）街路主軸の規定要素

山口の旧市街地には、大殿大路・竪小路をはじめとした街路が縦横に走り、碁盤目状の街区が形成される。これら街路の少なくとも一部は、大内氏時代の文献記録に現れるなど、中世に成立した可能性が高い。また、北高南低の一の坂川扇状地に町並が立地するため、南北街路群の間隔は、南方の扇端に向かうにつれて開く。その結果、東西街路とは直角に交わらず、台形状の街区が形成される。

図5　大殿大路からみた東方便山（西から）　山口市

座標I系の基本主軸とみられる大殿大路は、館の南方を東西に走る主要街路である。西端は竪小路と接し、東は石州街道と合流して山陰の石見地方へと向かう。この大殿大路はきわめて直線的な街路である。大殿大路のさらに南方を走る石州街道では、一の坂川扇状地扇端の地形に沿って弓なりに湾曲するのとは対照的である[10]。

大殿大路の主軸の割出しにあたっては、一の坂川扇状地の西方に位置する金山（山口市吉敷：二百四十・三メートル）と、東方にそびえる東方便山（宮野：三百五十九・八メートル）とを結んだとする説がある[11]（図5）。大殿小学校付近よりも東側に向かうと、比高差の関係で金山を目視できなくなるものの、その手前の障子ヶ岳（下宇野令：百二十三・八メートル）と亀山（亀山町：六十八・二メートル）とに挟まれたV字地形が代わりの目標となった可能性がある。

図６　方形石組（館26次）

築山小路・伊勢大路・下小路・中殿小路・糸米小路・馬場殿小路などでも同様に、街路の両端に特徴的な山や谷・寺社などを望むことができる。中世における街路は、山口を取り巻く自然起伏などの目標物を視準して設定した可能性がある。風水的な都市思想をそこに読み取ることができるかもしれない。

（４）遺構主軸の検討

町並遺跡では、地区によって遺構の主軸がわずかな違いやまとまり（都市軸）をもつことが知られる。扇状地上の地形や、街路の影響を受けたとみられる。また、整地土を挟んで遺構主軸が変化する事例も報告される。こうした遺構主軸の検討から、現存する近隣街路の成立年代を推定する方法は、今後さらに推し進める必要がある。

ここで方形石組に注目したい（図６）。［佐藤力二〇一三］の集計によれば、山口市内では六遺跡二十九地点で六十七基の実例が報告される。このうち、町並遺跡の範囲内（館跡・築山跡を含む）では実に六十三基を占める。一般集落での検出例が限られるため、都市遺跡を特徴づける一要素ともされる。

方形石組は、生活水の処理施設・貯水施設・便槽・地下蔵など、さまざまな用途で使われたようである。[12] 山口でも、方形石組の埋土最下層の土壌分析の事例が増え、糞便由来の堆積物の可能性が指摘される［古環境研究所二〇一三ほか］。便所以外の用途も含め、都市遺跡に特徴的とされる所以は、人口密集環境における衛生上の必要からではないか。

いずれにせよ、方形石組は地下遺構として残りやすいほか、遺構主軸を確定しやすく、裏込土や埋土からの出土遺物をもとに構築年代や廃絶年代を窺い知れるとのメリットがある。方形石組の主軸は、その街区の都市軸から規定を受けた可能性が高い。いわば、当時の都市軸を記憶した地磁気のようなものである。また、屋敷地のなかでも奥まった場所に構築されることが多く、空間利用を推定する足掛かりともなる。

こうした方形石組など、各種遺構の主軸を検討してみると、中世山口の都市軸は、隣接する街路と符合する例が多い[13]。しかも、近世以降も連綿と遺構主軸が継承される傾向がみてとれる。当時の建物こそ残っていないものの、街路の位置や間口の向きなどは、現代もなお受け継がれている可能性がある。

こうした現象の背景として考えられるのは、大内氏滅亡後に周防・長門を支配した毛利氏が萩に居城を定めたため、山口は中世都市の旧状を色濃く残すことになったのであろう。幕末に藩庁が山口に移鎮してもなお、既存都市の大規模改変を受けることはなかった。今ある山口旧市街地のデザインは、やはり大内氏時代の町づくりにルーツが求められる。その意味において、山口を〝生きた中世都市〟と表現することもできるのではないか。

おわりに

本稿では、大内氏館の設置が十四世紀にまで遡るとし、主要街路の整備もまた、館の設置と一体的になされた可能性を論じた。言い換えるならば、山口での町づくりは、大殿大路と竪小路との交点を定めたその瞬間から始まったとみることができる。そして、その町づくりは、分国支配を視野に入れた大内氏の拠点づくりでもあった。

なお、中世都市山口の〝都市化〟は、これに遅れること十五世紀後半〜末（大内ⅢＡ３式）とされる。町並遺跡の各所で方形石組・石組井戸・整地層などの遺構や、遺物の広がりが顕著となるのはこの頃からで、ひとつの画期となる。分国法『大内氏掟書』にみるように、大内教弘・政弘らが家臣団集住政策を進めた時期と重なる。

通説では、それ以前の館周辺では都市化していなかったとされる。しかし、十四世紀以来、段階を追って徐々に都市化したというのが実相に近い。大内０～Ⅱ式の遺構・遺物の発見は着実に増加しつつある。これら事実関係の洗い出しや歴史的評価が今後の課題となろう。

さて、本書のタイトルともなったインフラ（infrastructure）は、社会生活や経済産業の基盤となる社会資本と捉えられる。原義は「下支え（infra）する構造（structure）」と解される。十五世紀における山口の都市化の達成は、それ以前に整備が始まった街路などの都市基盤に下支えされた帰結ではないだろうか[14]。

註

（１）大内氏館の設置年代をめぐる学史・方法論の詳細は別稿［北島二〇一〇ａ・ｂ、増野ほか二〇一〇］を参照のこと。

（２）大内氏研究の先駆者である近藤清石も古図発見に関わったとされるが、自身の著作において古図の存在には一切言及していない。古図の存在が明らかとなるのは、近藤の没後である。館の設置に関して、近藤はＡ２説を採る。

（３）教弘が築いたのは別邸築山とする通説に対し、大内氏館であったとしたのである［古賀二〇〇四］。しかし、このことを裏付ける文献記事があるわけではない。のちに編年改訂やＡ３説・Ｂ説が出現すると、築山は教弘が造営したとの通説に戻り、Ｃ説はすでに撤回されている［古賀二〇一四］。

（４）Ａ３説とＢ説を同時提唱したのは筆者［註１前出］である。弘世の居館「日新軒」が大内盆地にあったとする［平瀬直樹二〇一五］は、自説に有利なＢ説のみを引用し、自説に不利なＡ３説や大内０式の考古学的情報にはまったく言及していない。館跡周辺でみつかる大内０式が大内氏館とは関係ないことを立証しない限り、Ｂ説の確定は難しい。実資料に基づく議論が求められる。

（５）詳細は別稿［北島二〇一四ａ・ｂ］を参照のこと。

（6）大内氏館跡で検出された建物跡や溝跡・堀跡など遺構群の主軸は、N27±1°Wの主軸Ⅰ類（座標Ⅰ系）と、N25±1°Wの主軸Ⅱ類（座標Ⅱ系）とに大別できる。一般に、こうした主軸の違いは遺構の年代差として解釈されることが多い。しかし、出土遺物などをみる限り、大内氏館では主軸Ⅰ類とⅡ類とが同時併存したと判断せざるをえない。

（7）大内義興菩提寺の凌雲寺跡を検討しても、同様の地割技術がみてとれる。尺・丈を基準寸法とした規格論は、朝倉一乗谷遺跡でも指摘される［吉岡二〇〇二ほか］。

（8）かつては、板塀や土塁が館の周囲を巡っていたと想定されたことがある。

（9）館24次調査や、町並遺跡（日赤病院地点・築山小路筋など）では、道路側溝の可能性をもつ溝状遺構や集石遺構などが確認されてはいる。

（10）現時点では、二つの可能性が想定できる。ひとつは、石州街道が大内氏の公権力が及ぶ以前の自然発生的街路としての性格が強いとする見解［山村一九九九］である。一方、現在の石州街道沿の発掘調査では、大内氏館設置以前の考古学的痕跡が希薄なため、当初の石州街道は別な場所を走っていたとする見解［山村二〇〇九］もある。

（11）金谷匡人の説。本人による文章化はなされていないが、［古賀信幸二〇〇六］によって紹介されている。

（12）一乗谷朝倉氏遺跡や洛中洛外図などを参照すると、屋外・屋内いずれにも方形石組が設置されることがあった。

（13）ただし、例外もある。町並45次調査地点など今八幡宮付近では、七尾山丘陵西麓を基準とした独自の都市軸をもつ可能性がある。

（14）応永十六年（一四〇九）大内盛見在判の「善福寺敷地同寺領等注文」によれば、同寺の四至を「東限小門前　西限後河原　南限物門前　北限横道」とする。竪小路から派生する横道（小路）が十五世紀初頭にはすでに敷設されていた可能性がある。

参考文献

北島大輔　二〇一〇a「大内式の設定―中世山口における遺物編年の細分と再編―」（『大内氏館跡XI』山口市教育委員会、一七五～二五八頁）
北島大輔　二〇一〇b「大内氏館の変遷再考―池泉庭園周辺の調査成果を中心に―」（『大内氏館跡XI』山口市教育委員会、二五九～二九二頁）

北島大輔 二〇一四ａ「大内氏館跡の塀構造」（『大内氏館跡15』山口市教育委員会、二五五～二七〇頁）
北島大輔 二〇一四ｂ「大内氏館跡の空間分節原理 ―設計・測量・地割技術の解明に向けて―」（『大内氏館跡15』山口市教育委員会、二七一～二八二頁）
古賀信幸 二〇〇四「大内氏館跡」（『山口県史』資料編 考古2、五〇七～五二四頁）
古賀信幸 二〇〇六「周防国・山口の戦国期守護所」（『守護所と戦国城下町』高志書院、三七一～三八六頁）
古賀信幸 二〇一四「大内氏遺跡築山小考」（『山口考古』第三七号、山口考古学会、一〇五～一一〇頁）
古環境研究所 二〇一三「大内氏関連町並遺跡第83次調査の自然科学分析」（『大内氏関連町並遺跡６』山口市教育委員会・学校法人野田学園、四七～五〇頁）
近藤清石 一八九三『山口名勝旧跡図誌』博古堂（マツノ書店により復刻）
佐藤　力 二〇〇七「大内氏関連町並遺跡について」（藤田裕嗣編『中・近世における都市空間の景観復元に関する学際的アプローチ―方法論的再検討を目指した畿内と防長両国の比較研究―』科研報告書、五五～六六頁）
佐藤　力 二〇一三「方形石組について」（『大内氏関連町並遺跡６』山口市教育委員会・学校法人野田学園、三七～三九頁）
平瀬直樹 二〇一五「南北朝期大内氏の本拠地 ―弘世期を中心に―」（『日本歴史』八一〇号、一三～二七頁）
増野晋次 二〇〇五「山口における戦国期のみちとまち」（藤原良章編『中世のみちと橋』高志書院）
増野晋次 二〇一三「中世の山口」（『大内と大友　中世西日本の二大大名』勉誠出版、二四五～二八四頁）
増野晋次・北島大輔 二〇一〇「大内氏館と山口」（『西国の権力と戦乱』清文堂、一八一～二二二頁）
山村亜希 一九九九「守護城下山口の形態と構造」（『史林』第八二巻第三号、一～四三頁）
山村亜希 二〇〇九『中世都市の空間構造』吉川弘文館
吉岡英泰 二〇〇二「一条谷の都市構造」（水野和雄・佐藤圭編『戦国大名朝倉氏と一乗谷』環日本海歴史民俗学叢書11、高志書院、五九～八二頁）

＊報告書は割愛した。

Ⅱ

戦国大名相良氏の「八代」整備

青木勝士

はじめに

戦国大名相良氏が球磨・芦北・八代郡の肥後国南部を統治するにあたり、当主が在城する拠点に据えた「八代」は、現在の熊本県八代市古麓町・妙見町・宮地町に所在する。球磨川の八代平野への出口で、球磨川が河口に向けて形成する三角州の起点でもある。近世以降に干拓が進んだため、現在の河口から約八キロ上流の右岸に位置する。

このような地理的環境の下で「八代」は、八代郡と球磨郡を結ぶ球磨川河川交通と東シナ海を経てアジア世界につながる不知火海内海交通の結節点で、十四世紀中頃以降の福建省から琉球列島を経て九州に至る「南島路」の主要港湾である徳淵津（八代市徳渕町）[1]を外港に、「中島館」（八代市中島町）を置いて管理し、これを陸路で繋ぐ。さらに、球磨川河川交通の発着船場を備え、「八代」に引き込まれた西海道（中世薩摩街道）の球磨川渡河点でもある。陸路では、八代と人吉とを結ぶ文明十七年（一四八五）に開設された「庵室道（中世人吉往還）」の発着点で、西海道と人吉を経由して日向国児湯郡米良（宮崎県児湯郡西米良村・西都市）から佐土原（宮崎市佐土原町）につながる人吉往還（米良街道）との分岐点でもある。

このように、地理的に由来する交通の要衝の「八代」は、中世八代城（古麓城）と城主居館を核にする麓町（古麓町）と、水無川を隔てて北隣する妙見下宮を核にする門前町（宮地町・妙見町）の二つの町を堀（溝）で囲むことで一つに包括する都市である。このうち、門前町には妙見下宮から西の大田郷に延びる「西参道」沿いの門前町（宮地町）と、西海道を兼ねて南の麓町に延びる「南参道」沿いの門前町（妙見町）の二つがある。

この「八代」は、一九四〇年に蓑田田鶴男氏が現況の地割と史跡を踏まえて『宮地郷土史読本』で推定復元を公表し、一九七二年に『八代市史』第三巻で精度を高めて再公表したが、資料の制約があって、実証に至ることができなかった。しかし、『大日本古文書 家わけ第五 相良家文書』に加え、一九八〇年代以降、熊本中世史研究会による相良文書のうち『八代日記』（青潮社、一九八〇年）、池田公一氏による『中世九州相良氏関係文書集』（文献出版、一九八七年）、高野茂による『中世の八代』（一九九三年）等の史料集の刊行により、戦国期相良氏および「八代」に関わる史料が整備され、一般の利用に供されるようになった。とりわけ、二〇〇八年に戦国期相良氏の統治下にあった「八代」の具体像が知れる『八代日記』の元本が慶應義塾大学所蔵の相良文書から再発見され、丸島和洋氏が考察したことで、『八代日記』の史料的信用性が疑いないことが確定したことは、その後の研究に大きく寄与した。

このように、戦国期相良氏が統治した「八代」を分析するのに必要な歴史史料がほぼ揃い、研究環境が整ってきた。二〇〇四年には鶴嶋俊彦氏が『八代日記』等の古文書史料と地籍図に基づき、中世八代城の縄張り図と共に城下を含めた「八代」の具体像を図上復元した（図1）。青木は鶴嶋氏の成果を踏まえ、南北朝期の港湾都市の玉名郡「高瀬」（玉名市高瀬）、室町期の守護町の菊池郡「隈府」（菊池市隈府）、戦国期の国人領主の拠点の合志郡「竹迫」（合志市竹迫）と益城郡「隈庄」（熊本市南区城南町隈庄）を加えて考察し、近世期の熊本城下町の「熊本」で完成する肥後国におけ

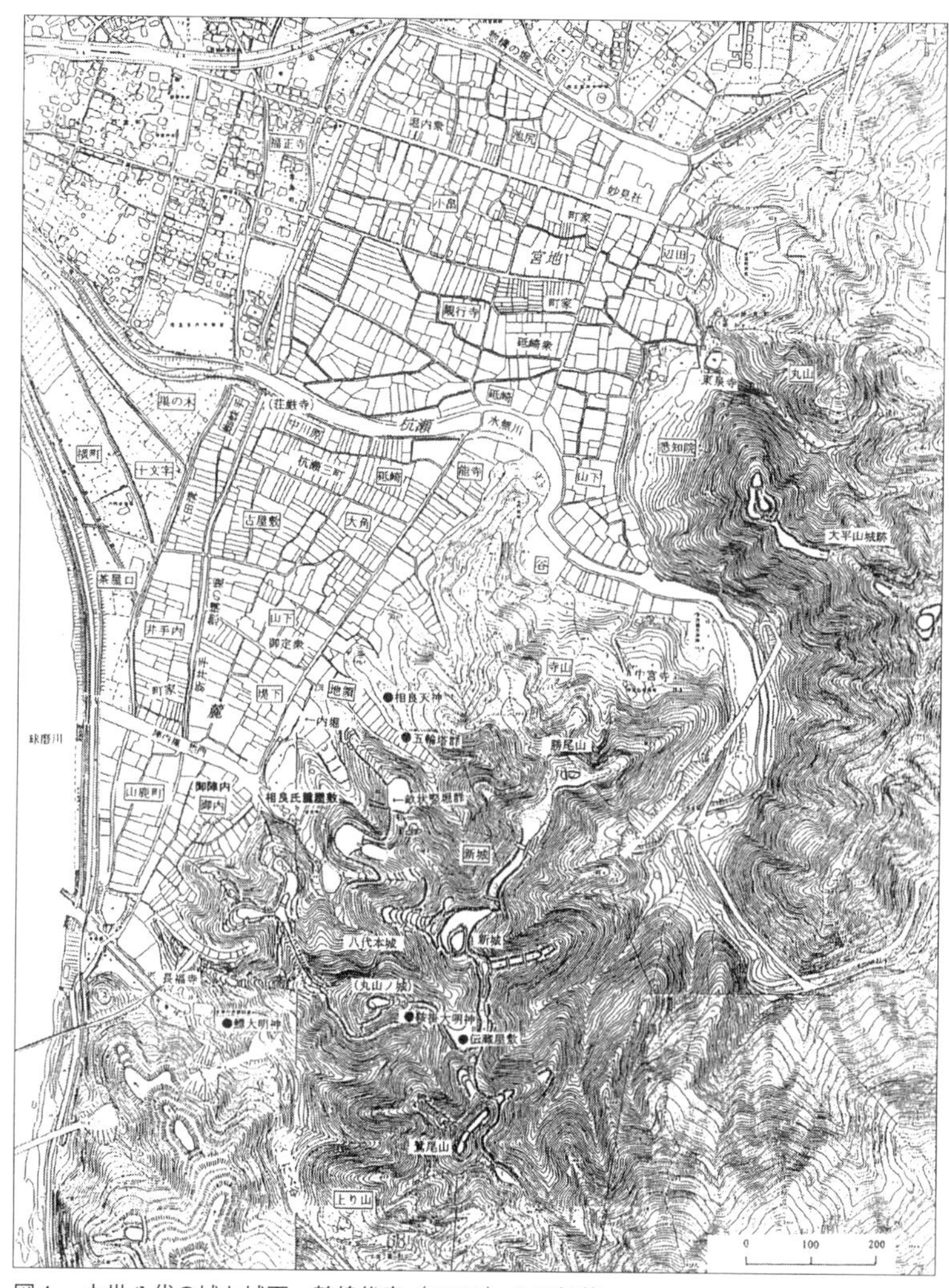

図1　中世八代の城と城下　鶴嶋俊彦（2004）より転載

る物構の発展過程を提示した。

　また、青木は菊池義武が相良長唯（義滋）を頼って亡命したことで「八代」が一時的に守護所になったことに着目し、肥後国守護所の一つとして論じた。遠藤ゆり子氏は、「八代」を含めた相良氏が統治する八代郡の寺社に着目し、寺社ごとに史料を整理して、戦国大名の統治下での各寺社の役割を明らかにしようとした[2]。

一方で、九州新幹線鹿児島ルートが「八代」を南北に縦断する路線に決まり、二〇〇〇年から二〇〇二年にかけて橋脚等の施設の建設にともなう発掘調査が行われ、報告書が二〇〇三年から二〇〇九年にかけて刊行された[3]。路線のうちでも、橋脚等で遺構を破壊するところに限る発掘調査だったが、「八代」全体を南北に等間隔に調査したため、「八代」内の遺構の粗密を知ることができた（図２）。

本稿は、これらの先学の成果を踏まえ、特に鶴嶋氏が地籍図に基づいて図上復元した「八代」を考古資料で検証し、修正を加えることで、研究の精度を高めることを目的に置く。その上で、これまで史料には具体名があるものの、場所が不明で、「八代」での役割が不分明であった地名や寺社を具体的に比定することで、「八代」の具体像をより明らかにする。その結果として、「八代」を戦国大名の統治拠点都市の一例として提示したい。

一、「本城」「御内」・館の整備

南北朝期の名和氏の八代庄の地頭職補任に始まる「八代」を拠点にした八代郡の統治は、室町期の名和氏の内訌、戦国期の名和氏と相良氏との争いを経て相良氏の統治に落ち着くが、相良氏の内訌もあって、相良氏による統治が本格化するのは上村頼興の後援を受けて内訌を抑え、家督に就いた長唯（義滋）以降となる。

長唯は、『八代日記』の天文二年（一五三三）四月一日と四日（以下、年月日は『八代日記』の日付に基づく）に「本城」「関」の「かまへ尺杖打テ御覧候」とあるように、支城の関城（八代市興善寺町）と共に八代本城の増改築を開始

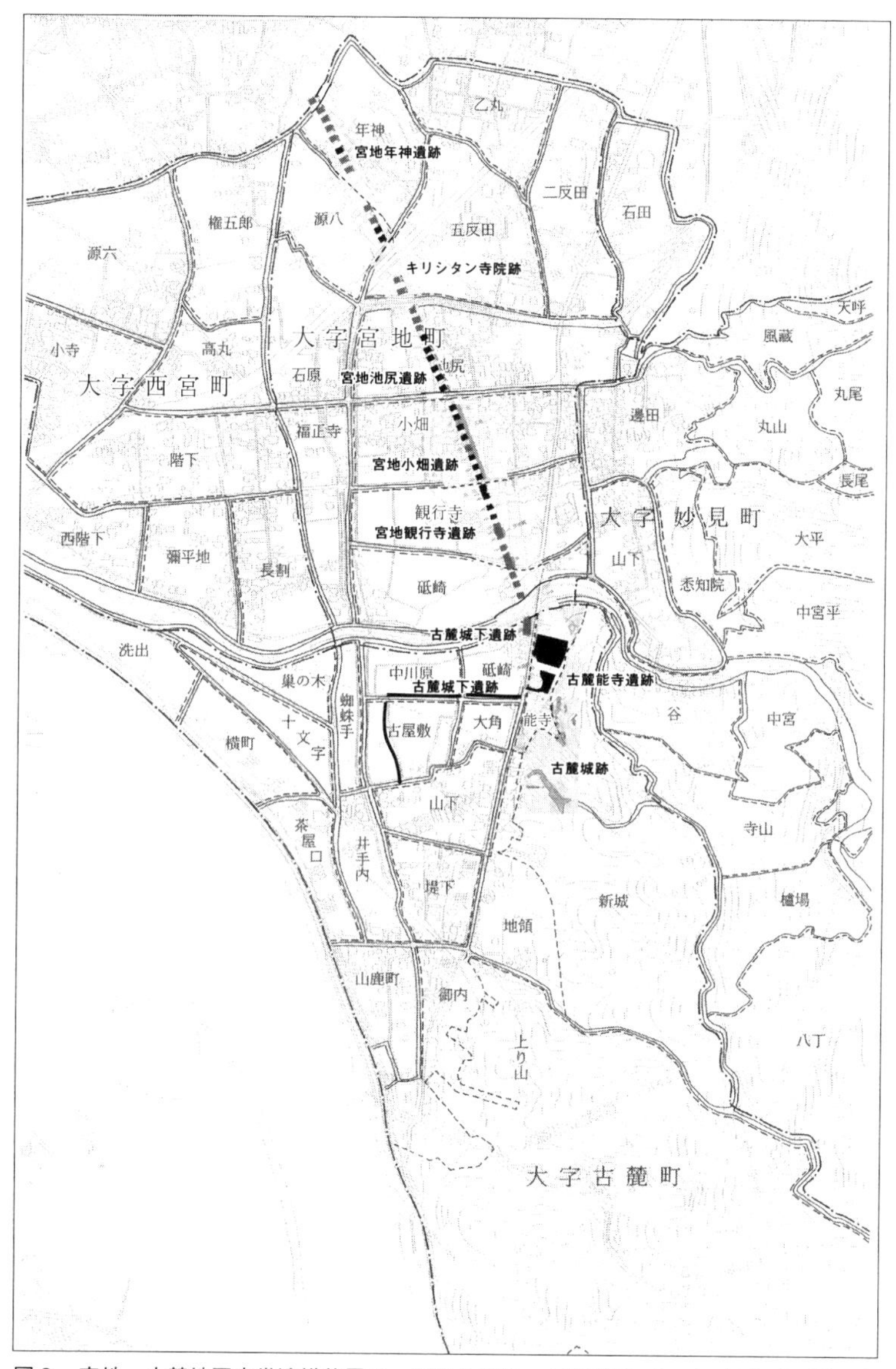

図２　宮地・古麓地区中世遺構位置図　原図：宮地・古麓字図　S：１／1000　■…中世遺構あり

した。「八代」では、天文元年十一月二日に「廿六代之御遊行」（空達）と会釈した上村長種の「御侍」等の施設を改築し、相良氏当主の直営で整備し、相良氏当主の八代での本拠となす根幹的な大規模改修であった。この改修以降の天文四年正月二十三日に「御内の御門明候」とある。この「御内の御門」は天文十一年正月二十九日に「長唯様、式之御門出」とあるので、故実に則った「式之御門」と考えられる。このことから、「御内の御門」が開くことが天文二年四月一日から続く「本城」を含めた「八代」全体の改修の竣工を意味する可能性がある。

さらに、弘治二年（一五五六）十月六日に「陣内の内城戸柱替候」とあって、天文二十一年十月二十四日には「兵衛太夫上洛、下向之後始八代下陣内ニテ能仕候」とあるので、「御内」ともいわれる「陣内」[4]は「内城戸」で上下に分けていたと考えられる。天文十一年正月「廿七日陣内ニテ御能仕候、同廿八日礼能、屋形様御父子御光義候、屋形様ヨリ出候注文坂折殿出され候、ふたいにて御とらせ候、又長唯様ヨリの注文ヲハ高田五郎太郎方被出候、陣内外侍の南ヨリ三間めの桯にて御とらせ候」、天文十八年十月十三日に「上人御輿にて候、陣内之御侍の桯まてこしニめされ候」とあるので、「陣内」には「外侍」「御侍」と呼ぶ「桯（縁）」を有する会所建物があったと考えられる。

また、別に規模が「九間御侍」（天文二十二年八月二十九日条）と呼ぶ三間四方の広間を持つ会所建物があり、「御侍御前家」（永禄四年〈一五六一〉九月二十日条）が近接し、「御内御むまや（厩）」（弘治二年十月五日条）もあったと考えられる。

この御内（陣内）には、天文四年十二月十三日に肥前国高来（たかく）郡から徳淵に着岸した肥後国守護家の菊池義宗（義武）が天文五年二月二十六日に「陣内にて御会釈」を始め、「御光儀」、連歌や能などの会場となり、守護家の公儀の場として使用されている。その場所は古麓町字御内の一町四方の削平地で、中世八代城大手の麓の館前かつ館から球磨川の発着船場に延びる直線道路「大手道」に面し、町を囲む堀に接し、堀を渡る「陣内大手橋」（「陣内の橋」〈天文十四年十一月二十九日条〉）と陣内正面に建ち、町の正門にあたる「門上に番屋」が乗る櫓門形式の「八代大門」（永禄五年八月二十三日条）の脇に比定される。[5]

義武は「八代」入り以来、地福寺・荘厳寺・瑞龍院といった麓町のちに門前町にあった寺院を「小宿」に長唯から充てられ、「御内」には公儀のために通勤している。義武は天文九年七月十三日に小畠（宮地町字小畠）に転居させられており、公館に準じた寺院から居所を外されている。おそらく、大友義鑑(よしあき)・菊池義武の「御兄弟和睦之儀」に関連した、天文八年十二月二十四日から二十七日にかけての名和武顕（宇土領）・相良長唯（八代領）・阿蘇惟前（益城郡堅志田領）の三者講和で生じた、義武の政治的価値の低下を反映した措置であろう。しかし、天文九年五月十八日には、陣内で名和氏老中の河北方（三河守親直）と皆吉方（伊豆守）が義武に河尻（熊本市南区川尻）を所望したり、天文十一年正月三日には「陣内ニ御光義」しているので、引き続き義武は宮地から通勤して公務を果たしている。この御内（陣内）における守護家当主義武の公儀の場としての機能は、公館＝守護所である。長唯は菊池氏の守護町の隈府における私邸と公館の二邸体制[6]を「八代」に導入し、守護職を守護家当主の義武の属人的にみなして「八代」を守護所にすることを意図した可能性が考えられる。

このように、守護所機能を含めた天文二年四月一日から同四年正月二十三日の改修は、義武が天文二年七月から大内義隆方に立って筑後国を巡り大友義鑑と対立したことや、天文三年正月八日からみえる義武・長唯の大友義鑑に対抗する軍事同盟、および同年五月一日の義武の国中（隈本守護所）没落に終わった「開陣」と時間的に並行している。このことから、隈本に代わる義武の守護所の八代移転を、長唯が「八代」の全体整備計画に含めて構想したと考えられる。その結果、故実に則った公館「御内」が守護所として建設されたと考える。

公館の機能は、天文十三年二月九日の長唯の「陣内ニ御移」以後も変化はなかったとみられる。後奈良天皇の勅使として下向した小槻伊治は、天文十四年十一月二十九日に「陣内ニ御光儀」して長唯からの御三献を受けている。さらに、十二月九日に伊治と長唯が「陣内ニテ御会尺」をしていることや、天文十五年五月二十一日から二十八日にかけて、「八代人数」八百人を招いての官位受領の祝いが陣内で行われていること、天文十八年十月十一日に「廿八代之遊行上人」（遍円）が「陣内ニ御光臨」し、十三日には晴広が招請して座敷の重ね畳の座に上人を迎え、晴広は「衆居五番め」に控えることから、公館の機能が継続していることは明らかである。また、天文十四年二月五日には「盗人」を「陣内におゐて御成敗あるべき事」と法式に定めていることも、公館の機能を表している。

その後も、天文二十二年八月二十九日条に「九間御侍柱立」、永禄四年九月二十日条に「御内御家作、御侍御前家柱立」とあるように、「御内」の維持と充実のために造作が行われている。八代本城（中世八代城）でも、永禄四年五月十九日条に「間切塀ぬり申候」、七月七日条に「人吉ノ御両人、八代本城間切御覧候」とあって、人吉老者が工事の検査確認を行う修築が行われている。また、永禄五年八月二十三日条で「八代大門柱替、門上ニ番屋二階作」とあって、永禄四～五年の工事は天文二～四年以来の約三十年が経過した維持工事とみられる。

一方、「八代」での守護所「御内」に対して、長唯の居館として中世八代城大手の麓の館がある。この館は中世八代城の「新城」の直下の谷にあって三方を山に囲まれ、西に開く谷口には堀を巡らす。現在の春光寺（熊本藩家老松井氏菩提寺）境内地に比定できる。

天正十年（一五八二）に島津忠平（義弘）が八代地頭に島津義久から任じられた後には、島津氏の肥後国計略の策源地となった。そして、天正十五年四月十九日、豊臣秀吉の九州征伐にともなう八代進駐での秀吉の御座所に利用されている。

このときの様子を、肥前国高来郡口之津（長崎県南島原市口之津町）から謁見に訪れたルイス・フロイスは『日本史』第三巻第二部九四章で、「彼（秀吉）は、城が非常に高い大地になり、坂道の上、折からの雨で歩きにくくなっていたので、下方にある以前の薩摩の国主の屋敷を修理させ、そこで伴天連その他の者を引見しようと答えた」と記録している。このことから、麓の館は秀吉の八代進駐時には「以前の薩摩の国主の屋敷」と認識されており、その館は「いずれも広間の周囲にある廊下におり、我等と話をしたがっていたが誰一人我等がいた広間の中に入ろうとしなかった」「我らがそこで待機している間に関白は司祭やポルトガル人を謁見する部屋を奥のほうに準備させた。そして自分がいる部屋に携えてきているすべての茶の湯の道具を置かせた」「我ら全員は日本の習慣に従い、中央座敷の正面に坐している彼に向かい、外座敷から各々深々と頭を下げた」とある。そのため、①対面所となる主館と別に控えの間を持つ建物がある、②控えの間を持つ建物は廻り廊下をともなう広間がある、③控えの間を持つ建物の奥の位置に主館がある、④主館は中央座敷（主室）と外座敷（次の間）、以上の部屋からなることがわかる。

これらのことから、麓の館も「御内」と同様に、対面所となる「御侍」と隣接して控えの間になる「御侍御前家」に相当する建物がある儀礼に耐えうる屋敷で、天文十三年二月九日に長唯が「陣内ニ御移」以後は世子の晴広が居住していることから、「陣内」（御内）に次ぐ格式をもつ館であることは明らかである。

二、「八代」内の寺院の位置

『八代日記』では、「八代」には多くの寺社があって、相良氏の使僧を務めたり、相良氏のための祈祷を行ったり、八代を訪れた大友氏や大内氏の使者の「小宿」に充てられている記事が散見される。その中には、天文十二年（一五四三）三月五日と天文十五年四月四日に千部経のうち百部を担当した悟真寺、「白木社」または「妙見」と呼ばれた妙見下宮（八代神社）のように現存している寺社や、「八代市古麓町字能寺」という地名となって存在を伝える能（農）寺がある。しかし、その多くは古跡を失っている。明和九年（一七七二）に熊本藩士の森本一瑞が踏査に基づき編纂した『肥後国誌』には、正法寺や能寺・東泉寺（洞泉寺）・荘厳寺など『八代日記』にみえる寺院名があるが、一瑞の踏査時の地元に残る伝承が記されており、事実とみなすには慎重な史料批判を要する。

相良長唯・晴広・義陽の使僧として豊後や小川、矢部、天草に派遣された長福寺（古麓町字上り山）が、大正十一年（一九二二）の鹿児島本線「海線」開鑿時に、大永二年（一五二二）八月二十九日大阿闍梨春海他三十四人結縁阿弥陀来迎板碑が発見された。川原地蔵堂（八代市東町）の地蔵菩薩半跏思惟像の移設元で、位置が明らかである。また、永禄五年（一五六二）五月三日に「戌刻ヨリ求麻河・水無河・日河・小河何所も河ことに洪水、前代未聞、八代南立城寺の薬師堂柱石口ヨリ上水、深サ三尺二寸」とあることで、立城寺（古麓町字御内）が「八代」のうちでも南で、かつ球磨川に近い位置に比定できる。

一方、発掘調査で明確な寺院建物跡は検出していないが、古麓城跡Ⅰ地区（古麓町字新城）では五輪塔群を、古麓城跡Ⅱｈ区（古麓町字能寺）では墓坑二基を確認している。古麓城跡Ⅰ地区の五輪塔群は、「元中九年（一三九二）壬申二月十五日昌寿」銘の地輪を含めて十四世紀に建立され、十五世紀前半までに整理された群とその上層に十六世紀まで建立された小型五輪塔群の二群で、中世八代城大手の麓の館と尾根を挟んで北隣する谷地奥の合計六十基以上の五輪塔群であったと考えられる。

この谷は相良頼貞（義陽弟）を祀る「相良天神」[7]があり、「天神谷」と呼ぶ。延宝六年（一六七八）八月二十二日に原本が作成された「春光寺山之絵図」（八代市立博物館未来の森ミュージアム蔵『寺社山画図下書』）では、春光寺の「塔頭」が建ち、『肥後国誌』では「養拙庵」跡と伝えている。谷の北側の尾根上に建つ祠は、十五～十六世紀頃と推定される阿弥陀如来立像の焼損仏があり、「天神谷」一帯を占める寺院跡の存在を思わせる。天神は「八代」内では「相良天神」のみで、近世の地誌にもみられない。永禄四年閏三月九日に「天満宮法楽、町衆正法寺ニテ能仕候」とある天満宮は、おそらく現「相良天神」で、天満宮法楽で町衆が正法寺にて能を興行したのは、天満宮が正法寺の境内地であったためではないかと考えている。

正法寺は、長唯を頼って亡命してきた肥後国守護家の菊池義宗（義武）を天文五年二月十八日に「花見の御遊」で長唯が接待した場や、弘治二年（一五五六）五月十日に頼房（義陽）の後見の上村頼興をもてなす連歌会の場など、他の「八代」内の寺院とは異なる、在「八代」における相良氏当主の迎賓館の役割を担っている。また、大友義鎮からの使者の「小宿」として用いられる場合でも、正使の宿館に充てられている。このように、「八代」内の寺院の中でも第一の格式を持ち、相良氏当主権力にきわめて近く、政治的な役割を担う特別な寺院であった。このような役割から、中世八代城大手の麓の館に尾根を挟んで北隣する「天神谷」に占地する古麓城跡Ⅰ地区の寺院跡が、正法寺である蓋然性は高いといえる。

この古麓城跡Ⅰ地区の寺院跡と、尾根を挟んで北隣する谷地奥の古麓城跡Ⅱh区では、十六世紀中頃の景徳鎮系染付碗と黒漆塗り天目台等および十六世紀の瀬戸美濃系鉄釉碗をそれぞれ副葬した円形桶棺の墓壙（ぼこう）二基を検出した。この地も、近接する墓壙二基と北斜面のⅡ・j区で五輪塔の空風・火輪が出土していることから、寺院跡の可能性が高い。このことから、古麓城跡Ⅱh区の寺院跡は、所在地の字能寺の地名と寺名との音が共通する「農寺（のう寺）」である可能性を挙げたい。[8]

農寺は、天文十一年九月十一日と天文十二年六月十日に豊後（大友義鑑）へ、天文十九年三月十日には矢部（阿蘇惟豊）へ、弘治三年二月十二日に有馬（有馬義貞）へ、永禄八年五月一日に天草（天草尚種または鎮種）へ、相良長唯・晴広・義陽の使僧を務めている。天文二十四年六月十八日には「晴広さま、頼興さま、惟前御同前ニテのう寺御薬師御参候」とあるように、薬師を祀る農寺に相良晴広らが参詣している。また、永禄八年十月十五日に国中（飽田・託磨郡）からの使僧の「小宿」にも利用されているので、相良氏当主居館の中世八代城大手の麓の館からそう離れていない位置と考えられる。

「字能寺」地内には、水無川左岸で砥崎河原に北接する「舎利寺」跡に、十七世紀に八代城主の松井直之の妹「桂光院」が息女円光院の菩提供養のために建立した舎利山円光院がある。位置が西海道の水無川渡河点かつ中世八代城への登城口の一つにもあたり、町割の骨格道路「犬の馬場」に面していることから、その寺地が『肥後国誌』で「古麓村」の「杭瀬道場馬場」にあったとされ、菊池義宗の「小宿」や小槻伊治と長唯との対面場となった荘厳寺の公算が高い。

杭瀬（くいせ）は、「犬童重国軍忠状案」で文明三年（一四七一）十二月二十一日に八代領主の名和顕忠を攻める相良又五郎長連が、徳淵を越えて攻め込もうとした「橛瀬顕興寺口」でみえ、顕興寺口は顕興寺跡（妙見町字悉知院）の丘陵下にある西海道を兼ねる妙見下宮の南参道の付近に想定される。そこで、杭瀬は水無川右岸の「妙見町字山下」地内に比定したい。この杭瀬と水無川を隔てた対岸が円光院なので、水無川渡河点付近を広く「杭瀬」と認識し、付近の「犬の馬場」を「杭瀬道場馬場」と呼んだのではないかと考えている。「字砥崎」が、水無川の右岸の宮地町と左岸の古麓町にそれぞれ字があって、川を挟んで向かいあっているので、「杭瀬」も同様に水無川を挟んだ地名として認識されていた可能性がある。

天文二十四年三月十六日の「箕田簗州」屋敷を火元に荘厳寺が延焼した火事では、「上村刑部左衛門尉方、上村大蔵方、高田源衛門尉方、万江対馬方、河はたくたり、三町、宝教寺、箕田勘解允方、上村孫八郎方、税所甚左衛門尉方、惣持院、長楽寺、祥津庵、荘厳寺焼亡」している。火は風に乗って川端を下り、近い距離にあった家臣屋敷群と寺院群を延焼させたと考えられる。その地域は、三町＝杭瀬に近い水無川沿岸地域である。したがって、荘厳寺が「字能寺」地内でも水無川左岸にあった公算は高い。荘厳寺は時宗で、享禄五年（一五三二）十一月二日に「廿六代遊行上人」（空達）が、天文十八年九月二十五日に「廿八代遊行上人」（遍円）が訪れた「八代道場」とも考えられる寺院で、永禄九年三月十七日に、「京都ヨリ」の「上使」橋本坊（石清水八幡宮坊院）の「小宿」に充てられている。

また、天文二十三年四月二十四日に豊後国から八代に参着した大友義鎮の使者のうち、正使とみられる真光寺に正法寺が、副使とみられる田吹上総介に荘厳寺が「小宿」に充てられている。五月二十八日に続いて参着した豊後からの使者も、塩手越中入道に正法寺が、妙厳寺に正（荘）厳寺が「小宿」に充てられている。

このように、荘厳寺は正法寺に次ぐ格式が与えられている。そして、荘厳寺に滞在中の田吹上総介に相良晴広の使者の桑原六良左衛門尉が派遣された際に、「田吹殿雨落ニハ不下合候、イソイテ六良左衛門尉方梃ニ上候、其後御礼インキン、夫ヨリやかて御酒遣候」とある。このように、「御内」（陣内）の「外侍」「御侍」のような椽（縁）を有する会所建物に類する建物を、大友義鎮からの使者の宿館に充てている。したがって、正法寺に次ぐ格式に見合う建物が荘厳寺内にあったと考えられる。

東泉寺は、『肥後国誌』では洞泉寺と表記され、宮地村にあったといい、「妙見町字辺田」地内のうち顕興寺跡（妙見町字悉知院）の北隣地に比定される。東泉寺は小槻伊治の「小宿」に充てられたほか、大友義鎮への使僧を務めた。天文十九年三月二十七日には阿蘇惟氏（惟前弟）を連れて相良晴広が会釈に出向き、天文二十三年四月二十七日には日毎に連日会釈する晴広重臣の宮原殿・竹下藤八郎・箕田筑後守・桑原常州に並んで、寺院の中では唯一、大友義鎮の使者に会釈している。永禄四年三月七日の「とうさこ名知行」を巡る的場内蔵助と村山内膳亮との争論でも、的場が頼る人脈のうちに義陽重臣の岡本殿・蓑田筑州と並んで現れる。このように、晴広が敬意を表するほどの高位かつ有力な格式が東泉寺に与えられていたと考えられる。

天文五年四月五日に荘厳寺に代わって菊地義宗（義武）の「小宿」に充てられ、天文十四年六月八日に徳渕に着船した幕府政所執事の伊勢貞孝の親類である伊勢与一入道牧雲斎の「小宿」に充てられた瑞龍院も、『肥後国誌』で「悉地院ノ僧瑞龍院仙舜法印」とあり、院名と地名の音が共通するので「妙見町字悉知院」地内にあった公算が高い。

他に、天文二十三年二月十八日に杭瀬三町や馬場と共に焼失した宝教寺は、杭瀬がある「妙見町字山下」近くにあったと考えられる。天文二十一年十一月二十三日に天草郡の上津浦氏、天文二十二年三月三日に薩摩郡の東郷氏の「小宿」となった祥津庵（正律庵・昌津庵）は、弘治二年三月二十七日に宝教寺と共に焼失しているので、宝教寺近隣すなわち杭瀬近くにあったと思われる。天文二十四年三月十六日の「箕田築州」屋敷を火元にした火事で宝教寺・昌津庵・荘厳寺と共に焼失した惣持院と長楽寺も、水無川沿岸域近隣にあったと考えられる。

三、「八代」でのグランドプラン

「八代」は、中世八代城と城主居館を核にする麓町と、妙見下宮を核にする門前町の二つの町を堀（溝）で囲むとで一つに包括する都市である。そのため、それぞれに都市設計の基準点があり、その基準点から東西軸と南北軸の基準軸となる道が延びる。

麓町では、中世八代城大手の麓の館から八代大門と陣内大手橋を経て球磨川に出る「大手道」（N六五W：真北から西に六五度傾く）と、館前の交差点で直交する道「犬の馬場」（N二五～三八E：真北から東に二五度～三八度傾く）が基準軸にあたる。「大手道」は、「古麓町字茶屋口」と「字山鹿町」の字境道でもある。茶屋口は、永禄七年（一五六四）五月一日の「亥刻水無河大水出候、彼水ニテ求麻河ニ茶屋口ヨリ入候て茶屋口少打クツシ候」とある球磨川沿いの現用の地名で、戦国期から位置は変わっていない。「字能寺」地内の「犬の馬場」沿いの古麓能寺遺跡では、十五～十六世紀の家臣屋敷跡と思われる桁行方向がN三一～三九Eの掘立柱建物四十一棟と掘立柱柵列（塀）三十八枚が検出されている。「犬の馬場」を基準に、棟方向を揃える意識が働いていると考えられる。

古麓能寺遺跡と「犬の馬場」を隔てた西対面の「字砥崎」の古麓城下遺跡一区では、調査区東端の「犬の馬場」直下から築地の地業らしい集石状遺構（N三八W）が、「字古屋敷」の古麓城下遺跡三区でも同様の集石状遺構（N三一W）が検出されている。方位が「犬の馬場」とほぼ一致しているので、麓町では館前を基準点に置き、「大手道」というべき館から球磨川に出る道を第一基準軸とし、直交する「犬の馬場」を第二基準軸として、これを骨格道路とし、町内を並行・直交する街路で基本的な地割としていたと考えられる。

しかし、第二基準軸の「犬の馬場」は地形に沿ってN二五～三八Eの範囲内で変動するため、水無川から南に一町半（約百五十メートル）の「字砥崎」で「犬の馬場」（N三〇W）に交差する街路はN七〇W、「大手道」から北に一町半の「字山下」で「犬の馬場」（N三五W）に交差する街路はN六〇Wで、矩形（くけい）を意図しながらも地形により貫徹できてはいない。弘治二年（一五五六）十二月十一日に、廿四番流鏑馬と住吉法楽十二番並びに天満宮法楽十二番が行われた「山下馬場」は、正法寺前の「犬の馬場」のうち、「字山下」区間ではないかと考えている。

一方、門前町では妙見下宮の正面鳥居前に基準点を置き、基準点で直交する西参道（N六八W）と南参道（N二二E）を基準軸として骨格道路とし、西参道の南に一町（約百メートル）間隔で同軸の並行街路を設けている。しかし、南参道との交差点ではN八二Wで湾曲している。このように、天文二～四年に整備された「八代」では、測量に基づく街路設計を含む都市計画が行われたとみるが、地形の高低差を測量が克服できておらず、完全な矩形には至らなかったとみる。だが、都市計画の痕跡はこれらの街路に残り、いずれも今なお字境道になって現存している。そして、西海道での水無川の渡河点で妙見下宮の秋季大祭の場となる砥崎河原は、南参道と「犬の馬場」の連結点で、それぞれの論理による都市計画が地形的な制約を受けて接続している場とみることができる。

「八代」内は、図2の通り遺構に粗密がある。堀際と水無川両岸の氾濫原には遺構がない一方、骨格道路等の街路沿いには遺構が集中する。宮地池尻遺跡・宮地小畠遺跡・宮地観行寺遺跡のうち、西参道と並行街路沿いに遺構は集中し、「宮地町字小畠」は天文九年（一五四〇）七月十三日に菊池義武が瑞龍院から移された「小畠」と考えられる。「小畠」を含む宮地町には、天文二十三年四月二十四日には大友義鎮からの使者を案内した小田原殿の「小宿」に充てられた「宮地薬屋」と、西参道と思われる「宮地馬場」と呼ばれる直線道路があり、町全体は「宮地ノ町」と表現する繁華街であった。

「杭瀬」には、天文二十三年十二月十八日に「杭瀬一日市・九日市、両町西方一方焼亡、七日町其余ハ不焼候」、弘治二年十二月五日に「八代一日市、東一方火事也」とあるので南参道に沿った東西に分かれる両側町、天文十二年正月十九日に「八代七日市・九日市焼候」とあるので、一日市・九日市・七日市の連なる三町があったと考えられる。

また、「宮地薬屋」や「斗屋」と名乗る商人らしき屋号以外に、「かたなかう畠」「かたなかう屋敷垣」を持つ刀工や延寿派木下一門を類推する「かたなかう木下」という刀工もいた。古麓池尻遺跡では常滑（とこなめ）焼大甕口縁が、古麓城下遺跡一区では炻器（せっき）質薬研が出土しており、多様な商工業者の存在をうかがわせる。

天文十二年十二月十五日に「長唯さま正月旧例為御礼、三小路ニ御光儀」とある「三小路」は、永禄三年六月十二日に「風流、両小路・御定衆以上三ツ」とあるので、御定衆・堀内衆・砥崎衆との集団呼称を持つ八代衆を構成する三つの家臣団の屋敷街と思われる。このうち砥崎衆は、水無川を隔てて対面する宮地町と古麓町の「字砥崎」に居住したと考えられる。堀内衆は、麓町の外縁の堀の内に居住する家臣団を指すと思われ、御定衆は鷹峯城番に輪番していないので、中世八代城詰の常備軍で大手の館近くに常駐していたと考えられる。また、永禄三年三月二十八日に「被下候居屋敷」とあるので、家臣屋敷は相良氏当主から家臣に宛てがわれる職員住宅であったと考えられる。

おわりに

これまでの分析を現地比定図にまとめてみた（図３）。遠藤ゆり子氏が近世の地誌等を援用しつつ、史料に基づき推定した寺院の位置や、鶴嶋俊彦氏が地籍図に史料を重ね合わせて推定した地名の位置や街路と一部異なる結果になったが、より具体性を増し、精度を高めたといえよう。明治六年（一八七三）～大正五年（一九一六）の作成と推定される「宮地西北耕地全図」（八代市立博物館未来の森ミュージアム蔵）に表示される水無川氾濫原の「荒地」は、図2の中世期の無遺物・無遺構の範囲と重複し、都市の中の空閑地が指摘できる。同様に、堀端も空閑地だったのかもしれない[9]。麓町では谷に相良氏に近い寺院を建立し、大内氏建立の山口市大内御堀の乗福寺および興隆寺と類似した占地要件を持つ。

一方、妙見下宮に関連する寺院は大平山麓の高地に占地する。これが、ルイス・フロイスが『日本史』第三巻第二部九四章で「森には多くの寺院が散見し……仏僧の数は夥しく、狩猟に適したところと同地の背景とか神経ともいうべき主要で優れたところを彼らは所有し、そこに居住」すると表現した景観であろう。

中世八代城の城下町として栄えた「八代」は、天正十六年閏五月十五日の豊臣大名小西行長の入封にともなう麦島での織豊期八代城（麦島城）の築城により都市機能が移動すると、慶長十年（一六〇五）頃作成された『肥後国絵図』（公益財団法人永青文庫蔵）では、宮地村・古麓村とある。

山城の麓を堀で囲み、外部と視覚的に区域を分け、内部では直線街路を組み合わせて矩形街区を作る戦国期「八代」の都市形式は、織豊期以降の八代では継承されなかった。しかし、相良氏が近世に治めた人吉藩領では、人吉城・麓町（人吉市麓町）、赤池城・麓集落（人吉市赤池町麓）、岡本城・麓集落（あさぎり町岡本）、上村城・麓集落（あさぎり町上村）等の麓集落に同形式がみられる。戦国期「八代」の都市設計の思想は、近世の人吉藩領の麓集落に踏襲されたと考えられる。

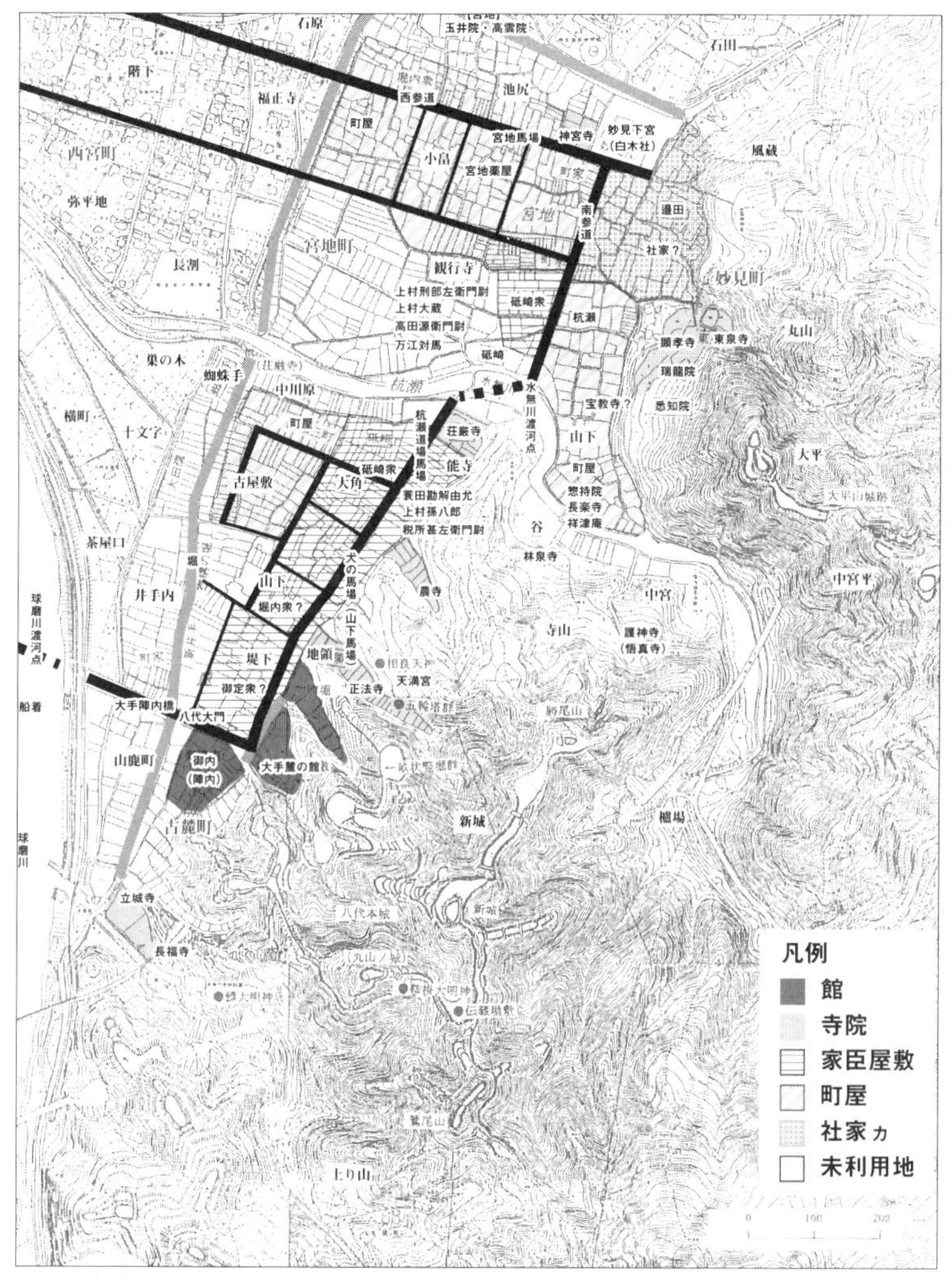

図３　中世八代城・城下比定図 （図１〈鶴嶋 2004〉に加筆補正）

註

（1）徳淵津は、明和九年（一七七二）森本一端が編纂した『肥後国誌』の八代郡高田手永太田郷徳淵村には、「八代城南即チ城下徳淵町ト云」とあるが、「元和八年（一六二二）壬戌二月吉日」の欄干橋擬宝珠銘を持つ八代城に対し、寛永十一年（一六三四）十一月八日付『肥後国郷帳』で徳淵村「高四百五拾三石三斗余」とあるので、築城時には城下域外であったとみられる。
　慶長九年（一六〇四）頃に検地帳・郷帳（御前帳）と共に作成されたとみられる『慶長国絵図（肥後国絵図）』（公益財団法人永青文庫蔵）では、織豊期八代城（麦島城）北側に不知火海から東に湾入する入江があり、入江奥に徳淵村とある。元和八年の加藤正方による近世八代城（松江城）の築城にともない、入江は東に掘り抜かれ萩原（八代市萩原町）で球磨川と接続し、球磨川の分流路になる。寛永十一年に細川忠興が「新川」を掘り替えて前川にしたことで、入江が消滅し、徳淵津をともなう徳淵村は徳淵町として城下に取り込まれたと考える。

（2）歴史学による「八代」の具体相に迫る研究は、蓑田田鶴男「大手橋址と犬の馬場址」（『宮地郷土誌読本』熊本県八代郡宮地国民学校、一九四〇年）が嚆矢で、史料と現地踏査を踏まえている。その成果は、『八代市史』（第三巻、八代市教育委員会、一九七二年）で附図をもって論述している。近年の研究で、鶴嶋俊彦「中世八代の城郭と城下」（『南九州城郭研究』第二号、二〇〇〇年）、「中世八代城下の構造」（『中世都市研究10　港湾都市と対外交易』新人物往来社、二〇〇四年）、「研究ノート『八代日記』の人びと」（『ひとよし歴史研究』第九号、人吉市教育委員会、二〇〇六年）、遠藤ゆり子「戦国時代における肥後国八代の寺社―戦国期寺社論のための基礎的研究」（『古麓能寺遺跡・古麓城下遺跡』熊本県教育委員会、二〇〇三年）、丸島和洋「慶應義塾大学所蔵相良家本『八代日記』の基礎的考察」（『古文書研究』六五号、二〇〇八年）、三村講介「史料紹介『犬童重国軍忠状案』の近世期写について」（『ひとよし歴史研究』第一九号、人吉市教育委員会、二〇一六年）、青木勝士「肥後国の物構えについて―物構え成立に係る考察」（『第８回北部九州中近世城郭研究会資料集』北部九州中近世城郭研究会、二〇〇七年）、「室町期肥後国守護所について」（『守護所シンポジウム２新・清州会議資料集』新・清州会議実行委員会、二〇一四年）がある。

（3）「八代」に係る文化財調査報告書には、八代市教育委員会が『八代市の石造物』（二〇〇〇年）、『宮地年神遺跡・キリシタン寺院跡・宮地池尻遺跡』（二〇〇三年）、『宮地池尻遺跡』（二〇〇六年）、『宮地年神遺跡』（二〇〇六、二〇〇九年）、『キリシタン寺院跡』（二〇〇六年）、『キリシタン寺院跡・宮地観行寺遺跡』（二〇〇八年）、『古麓城下遺跡』（二〇〇六年）、『古麓城跡・麦島

城跡・八代城跡』（二〇〇六年）、『八代城郭群』（二〇一三年）、熊本県教育委員会が『古麓能寺遺跡・古麓城下遺跡』（二〇〇三年）、『古麓城跡』（二〇〇五年）、『宮地小畑遺跡・宮地観行寺遺跡』（二〇〇六年）、『八代平野干拓遺跡群・宮地小畑遺跡・宮地観行寺遺跡』（二〇〇九年）がある。

（4）「御内」と「陣内」は、鶴嶋俊彦が「中世八代城下の構造」（二〇〇四年）で、「中世八代の城郭と城下」（二〇〇〇年）での両方の用語の用法を踏まえて「同一の施設を指している」と指摘している通りと考える。『八代日記』では、「御内」は天文四年正月二十三日から永禄九年五月一日まで、「陣内」は天文五年二月二十六日から永禄六年五月二十七日まで用法がみられ、併用されている。両方とも賓客や使者の応接、能・千句興行・会釈の場として用いられ、違いが認められない。また、「陣内」は文明十五年に「陣内大手橋」で用法があり、「八代」の中枢を指す用語として認知されていたと考えられる。『八代日記』は編纂物であることから、複数の執筆がいる元本でそれぞれに表記した結果が、一見使い分けのように見える両方の併用になったのではないだろうか。

（5）「陣内大手橋」と「大手犬馬場」は、『肥後国誌』太田郷古麓城で掲載の蜂須賀文書文明十七年十二月廿七日付名和重年感状で、「文明十五年癸卯十月十六日夜於所々合戦之番於陣内大手橋上粉骨事」「同十一月十五日大手犬馬場合戦之時被疵窮高名事」とみえる。蜂須賀文書の現存は確認できない。

（6）前掲註（2）青木「室町期肥後国守護所について」で、肥後国守護の菊池重朝が文明十三年（一四八一）八月一日に開町した守護町「隈府」で、それぞれ一町四方の守護館＝公邸（字「土井の外」）と菊池館＝私邸（字「屋敷」）が併存することを指摘した。同様の二邸体制は、天文十九年（一五五〇）に滅亡した大内義隆の守護町「山口」での大内館（龍福寺）と築山館、天正十四年に焼亡した大友義鎮・義統の守護町「府内」での大友館と大規模施設（屋敷）、阿波国守護の細川氏の守護町「勝瑞」での守護館想定地と勝瑞城館での区画、伊勢国司北畠氏の北畠氏館と六田館にもみられると考えている。尾張国守護斯波氏と守護代の織田氏の「清州」、越前国守護代の朝倉氏の「一乗谷」もその可能性があるだろう。有職故実に基づく儀礼の場を重んじる公邸と領主の常御所の私邸とを、シーンに応じて使い分けていたと考える。

（7）相良天神堂は、『肥後国誌』太田郷古麓村で「養拙庵ト云ル智苗尼カ庵跡ノ奥ニアリ。春光寺ノ北ノ谷ナリ。相良修理大夫義陽ノ弟弾正忠晴高、葦北郡津奈木ニ在城ス然レドモ叛逆ノ企アリ故其子辰王丸護高トトモニ此谷ニ籠居ス。天正九年十二月義陽ノ戦死ヲ聴テ其家迹ヲ可奪ト謀リ乱行猶々頻リナル故家士等不得已相議シテ生涯セシム。其霊太タ祟リアル故墓上ニ叢祠ヲ建テ相良天神ト祟ム」とある。補註に『事跡通考』の相良系図からの引用として、義陽弟で津奈木地頭の頼貞が島津氏と通じて謀反を企て「八代小谷（天神谷）」に幽閉され、天正九年（一五八一）十二月二日の義陽の戦死に乗じて逃亡・挙兵し、島津忠平の使者の説得に応じて兵を収めたところ、相良氏家臣らに殺害されたとする。義陽の弟には頼貞しかないので晴高＝頼貞と考えられ、義陽戦死後に家督を望み、同月二十二日に日向国真幸院飯野を出兵し、人吉城を攻撃した頼貞の霊を祀っているものと考えられる。

（8）「農寺」は、『肥後国誌』では道後郷今村（八代市田中町付近）で「農寺　本尊薬師佛。小堂ニ安ス。大永年中ノ石碑アリシヲ近年缸ニス」とある。同様に、『八代日記』で「八代」にあったと考えられる正法寺も、太田郷西宮地村（八代市西宮町字階下）で「正法寺迹　堺下村ニアリ。舊ハ南都西大寺ノ末寺。律宗ノ伽藍地也ト云。開基年代不分明。天正十年ノ頃菊池土佐守隆秀ニ男覚惠法師住持ス。寺領モ許多アリ。寺地モ四町四方ナリシト云。（中略）本尊釈迦ノ像モ御首ナク軀ノミ有シヲ後人営作リ継テ全体ヲナシ。今僅ノ艸堂ニ安ス。里俗釈迦堂ト云」とあって、「八代」外にある。一方、「成願寺迹」は太田郷北片野川村（八代市東片町）にあって、『八代日記』の「成願寺」の記事と矛盾しない。このことから、相良氏の「八代」退転後に「八代」内で相良氏と密接な関係を有した有力寺院は維持不能となり、廃絶または他地へ移転したと考えられる。明和九年では、『肥後国誌』記載の伝承が現地に伝えられ採録されたのであろう。

（9）妙見町澧田は、『八代日記』に記載がないので明らかにしえなかった。しかし、『八代日記』原本は相良氏家臣の的場内蔵助が記載しているので、記載がないのは的場の関心が低いためと考えられる。これを踏まえ、妙見下宮近くでもあるので、社家等のエリアの可能性を考えている。

Ⅲ

中世博多の都市空間と寺院「関内」

水野哲雄

はじめに

中世都市博多の空間構造は埋蔵文化財調査の進展により、その街路や街区の実態や時期的な変遷が明らかになりつつある[1]。特にその一部の街区について、聖福寺・承天寺を始めとする寺社の存在に大きく規制されている点は、博多の都市的発展と寺社との関係性を考える上で重要である。また、中世都市史の分野から博多研究をリードした宮本雅明氏は、中世後期博多の都市空間について複数の寺院と門前が相互に独立した領域と町割りを形成して連なる様相を想定し、それらが近世の到来にあたり「太閤町割」を経て解体されていくという道筋を示した[2]。

小稿では先行研究に学びながら、中世都市博多の内部に存在する寺院とその「関内」に着目し、「関内」の構造や機能、地域権力との関係性等の問題について論じることとしたい。

一、中世都市博多の街区と寺院「関内」

（1）街区と都市の出入り口

中世博多の都市空間を論じるにあたり、本節では中世都市博多の街区の全体像、また都市の出入り口の実像についていくつかの史料を掲げて確認する。まず、これまでによく知られた史料であるが、応永二十七年（一四二〇）に朝鮮王朝の使節として日本を訪れた宋希璟の記した紀行文集『老松堂日本行録』[3]の中に、博多の街区が以下の通り記録されている。

朴加大は城なく岐路は皆虚なり。夜々賊起こり人を殺せども追捕の者なし。今予の来たるや、探提我が為に此の寇を懼れ、代官伊東殿をして里巷の岐路に皆門を作らしめ、夜となれば則ちこれを閉ざす。

村井章介氏の校注に従えば、「城」は都市を取り巻く城壁を意味し、室町期応永年間の博多には、都市の内外を空間的に区画する構造物が特に設けられていなかったことが知られるだろう。また、都市内部にも個々の街路を区分して人々の出入りを制限するような関門は設けられていなかった。そのため、当時博多に拠点を置いていた九州探題渋川氏は、朝鮮使節滞在中の治安維持を図るために代官伊東氏に命じて新たに関門を構築させたことが述べられている。中世京都の町の出入り口に設置された「釘貫」に類する施設が想像される。

十六世紀後期に入ると、当時キリスト教の宣教を目的として博多を訪れたイエズス会関係者の残した記録の中に、当該期博多の街区や門について触れた記述を見いだすことができる。永禄二年（一五五九）に博多は、豊後大友氏に対抗する肥前国衆筑紫惟門の攻撃と略奪を受けるが、以下に引用するのはそれに関するイエズス会士の報告である[4]。

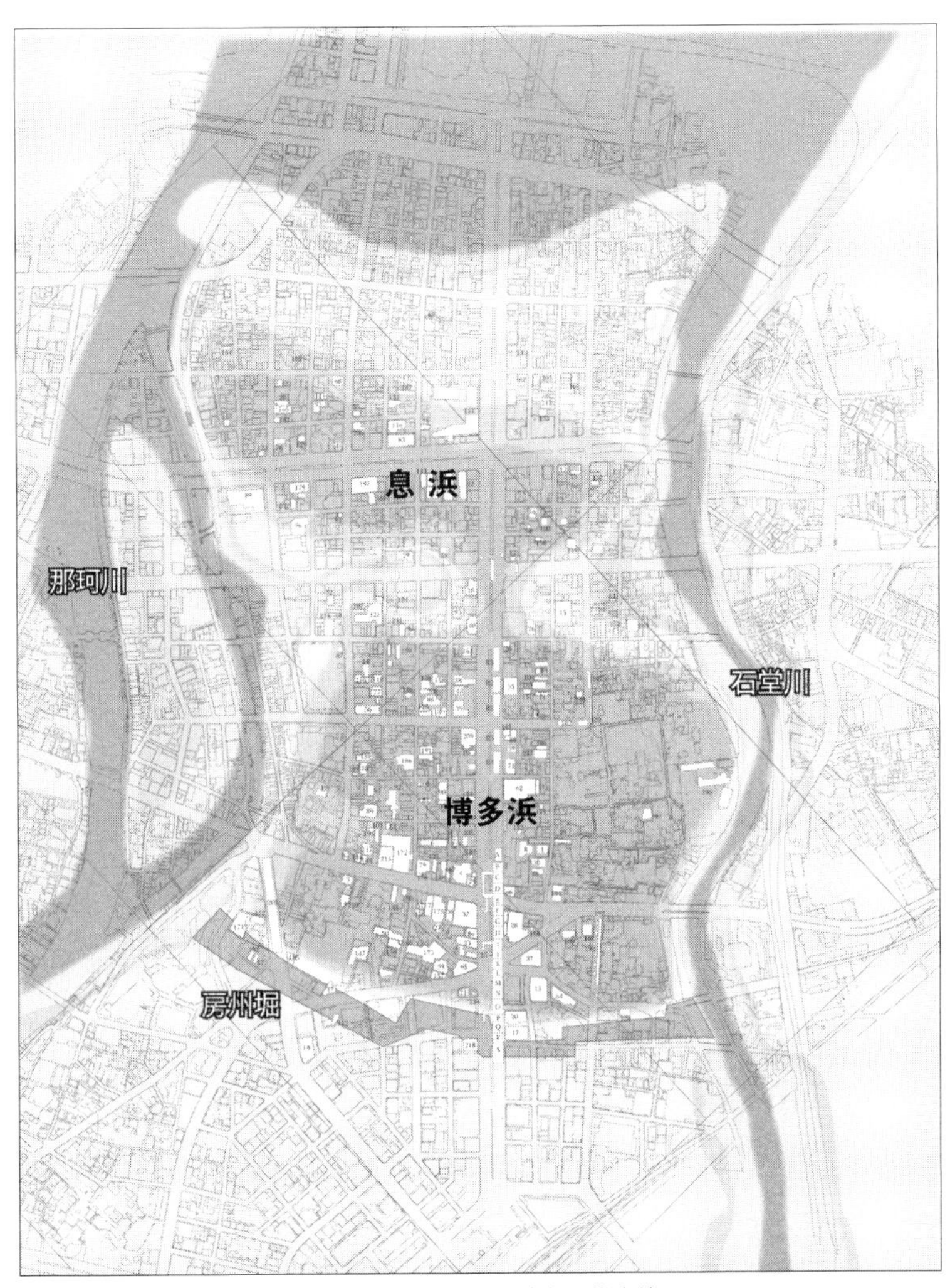

図1　博多遺跡群　調査区位置図　海岸線は16世紀の推定線

（前略）今戦争のため博多において起りしことをできるだけ短く述ぶべし、博多は大なる市にして商人多く、平地に在りて當所（豊後府内：筆者註）より陸上五日路、また同地より平戸までは海路二十レグワなるべし、（中略）、博多の海岸に着きしは金曜日なりしが、再び十字架の苦痛を受けたり、陸上に在りし兵士もまた骨折りたりと言ひ、船より来りし者に分配を求めて争ひ、品物の一部を受取りたる後、市の門は閉ざされて警衛され、海岸に充満せる兵士は我等を中央に囲みて、劔或は槍をもって迫り、銀を輿へんことを求め、また我等を捕へ、村に連行きて掠奪せんとし、或は殺さんとして迫る者、また殺すなかれと言ふ者ありき、この間に我等を殺さんとして堀の中に入れ、多数の人来りて、或は殺せ或は斬れと言ひ、また我等は國を滅す者なりと言へり、（後略）

筑紫氏の軍勢に占拠された博多の出入り口の門は閉鎖され、海岸に上陸したイエズス会士等は堀の中に連れ込まれて殺害と掠奪の危機に瀕した。応永期の博多と異なり、十六世紀後期の博多には、都市外周の防衛を目的とした門や堀等の施設が構築されていたことが知られよう。結果的に、イエズス会士達の生命と安全は確保されるが、彼らの処刑の場として堀の中が選ばれそうになったことは、他の中世都市と同様に、博多でも都市の周縁が宗教性を帯びた特別な空間だったことを示すのではないか。同じくイエズス会士の記録にみえる、当該期の博多で行われた捨身行に関する記述[5]と併せてたいへん興味深い。

つまり、自ら入定（にゅうじょう）を志したある行者は、さまざまな苦行の後に衣装を改めて海上へ漕ぎ出し、衣の袖に石を入れ、多くの石を積めた袋を肩に担いで海中に没した。行者の同伴者達は彼の遺骸を海中から引き上げ、「市の主要なる門の一つの通路の傍に」それを埋葬した。俗世を超越した宗教者の埋葬地として、ここでも都市の周縁、多くの人々が出入りする門の傍らが選ばれたのである[6]。

（2）寺院と「関内」

先行研究により、中世博多の寺院には、境内に付随して「関内」と呼称される都市空間が形成されていたことが明らかにされている。以下、史料を引用しながらその存在を確認したい。

［史料一］大永八年（一五二八）九月二日付臼杵親速書状(7)

就筑前博多津称名寺烱禄之儀、彼覚阿可為再興之旨、至豊州言上候処、被成御分別、子細以御書奉書被仰出候、殊官内之儀、両門前已前之儘無相違、御才覚肝要之由以連署被申候、就夫諸公事之儀御免之由被申出候、以此旨、田原彦三郎能々可被仰達候、恐々謹言、

大永八年戊子九月二日　　親速（花押）

博多称名寺　覚阿弥陀仏

［史料二］天文四年（一五三五）七月九日付大内氏奉行人連署奉書(8)

博多津土居道場、同官内両門前東西在家諸職人牛馬以下諸公役事、任先例、被免除畢、可被存其旨之由、依仰執達如件、

天文四年七月九日

越中守（貫武助）

下野守（弘中興勝）（花押）

三河守（杉興重）

杉弾正忠殿（興運）

［史料一］は、大永八年（享禄元）に豊後大友氏被官の臼杵親速が博多の時宗称名寺住持の覚阿弥陀仏に宛てて発給した書状である。火災からの復興を目指す称名寺住持覚阿に対して、親速は称名寺の「官内（かんない）」である「両門前」を被災以前と変わらず称名寺が支配することを認めると共に、それらにかかる「諸公事」を免許することを申し出ている。

称名寺「官内」の内実に関しては、［史料二］を併せみることで、さらに理解が深まるだろう。つまり、天文四年当時、称名寺の所在する博多息浜（おきのはま）を支配していた周防大内氏は筑前守護代杉興連（おきつら）に宛てて発給した奉行人連署奉書の中で、称名寺「官内」である東西両門前の在家に居住する諸職人や、そこで飼育される牛馬にかかる諸公役を先例に任せて免許することを命じている。

かつて、戦国期博多の都市形成を論じた宮本雅明氏は、ここに掲出した称名寺関係文書を基に、門前とは区別された寺院境内を示す博多特有の用語として、「関内」を規定した。[9] しかし、「関内」（管内、クヮンナイ）の語は「日葡辞書」[10]に「ある人の所有している土地、または領地」と説明されているように、それ自体が固有かつ特定の領域を示すものではない。文中で、それ以降に述べられる所領と寺院との領主制度上の関係性を示す語彙として理解すべきだろう。ここに言う「関内」とは、狭義の寺院境内に付随して門前その他、隣接する街区に所在し、寺院が領有する子院塔頭や、その他の屋敷地と理解する方がより適切である。[11]

また、「関内」は当該期博多の寺院に限定されて使用された用語ではない。永禄六年の発給と考えられる三月一日付の書状[12]にて、当時、筑前国御笠郡の岩屋城・宝満城を根拠に領域支配を進めつつあった国衆の高橋鑑種（あきたね）は、大宰府横岳（よこたけ）の禅宗寺院崇福寺（そうふくじ）に対して「関内其外寺領・山野等」の安堵を申し伝えている。同史料で述べられる「其外寺領・山野等」は、寺域から離れた「早良郡内三ヶ所」や「志摩郡勝福寺領内西浦一町」等の所領を示すと推察される。これに対して、「関内」とはやはり、大宰府横岳の崇福寺境内に隣接して展開する子院塔頭や町屋であると考えられる。「関内」は、単に都市博多内部に留まらず、戦国期には大宰府を含め、少なくとも筑前国内である程度の広がりをもって用いられた語句ということが知られるのである。

先に引用した朝鮮使節宋希璟の紀行文集『老松堂日本行録』[13]にて、称名寺を題材としたと考えられる次の詩文が掲げられている。

念仏寺に戯題す

寺は閭閻の中に在り。仏殿の内、僧尼左右に分れて宿す。

花柳は江寺に満ち 青紅各自の春 外観態を異にすと雖も 生意一時に新たなり。

ここに言う「閭閻」（りょえん）とは街中を意味する漢語だが、想像をたくましくすれば、称名寺東西門前に展開して都市民が多く居住する同寺「関内」の在家屋敷地と捉えることも可能である。よって、応永年間における称名寺「関内」の存在を示唆する史料であるとも理解できる。

さらに、永禄年間の博多には、仏教寺院のみならずキリスト教のカトリック教会もまた、「関内」と呼ぶべき都市内部の所領を保持していたことが以下の史料より知られる[14]。

（前略）法華宗 Fotqueixos と称する一派あり、彼等は五字（妙法蓮華経）を崇め、道理を求めず、ただ釈迦の書物を信仰し、釈迦の命に従ひ、奇蹟を信ぜず、日本に在る諸派中最も頑迷なるものなり、博多に彼等の僧院あり、豊後の王が我等に与えたる地所のうちに在り、従前国王に納めし地代および税金を我等に払ふこと、同地所内に在る他の住民と同じ、この地所にはコスモが建てたるわが會堂あり、同地所は海に達し、我等の濱に上陸する者

No.	町名	寺院名	宗派	創建時期
1	万行寺前町	万行寺	浄土真宗（西）	戦国期
2	大乗寺前町	大乗寺	律宗（鎌倉期）→浄土宗→真言宗（近世）	鎌倉期
3	西方寺前町	西方寺	浄土宗	鎌倉期（寺伝）
4	妙楽寺町	妙楽寺	臨済宗	鎌倉期
5	聖福寺前町	聖福寺	臨済宗	鎌倉期
6	（承天寺前）	承天寺	臨済宗	鎌倉期
7	行町	東長寺	真言宗	９世紀（寺伝）

表　近世博多寺院関係町名

は古来の定に従ひて我等に税を納む、その額は毎年百クルサドを超過すべきが、もし家屋焼失すれば（家および屋根は木造なるがゆえにしばしばこのことあり）三年間は税を免ぜらる、（後略）

当該期の博多に所在したカトリック教会に隣接する街区には、豊後大友氏から教会に対して給付された所領があり、これら屋敷地の地代と税の徴収権が教会に付与されていた。所領の一部は海浜を含み、この場所に着岸する船舶からの入港料の徴収も教会の特権であった。同じ博多の中でも、入港料徴収は地理的条件に左右される特殊な権益だが、在家からの地代と諸公事の徴収権は、先述の称名寺を含め、他の仏教寺院の「関内」にもみられた領主的権益の一般的な形式だろう。

この他、近世博多の町名の中には寺院名を基に名付けられたものが多く存在する。以下、その一覧を表として掲出する[15]。

上に掲げた寺院のすべてが、寺伝を含めて近世以前の創建にかかる来歴をもつ。史料上の制約により、聖福寺等の一部の事例を除けば、中世段階でこれらの寺院に「関内」の子院塔頭や在家が付随していたことを確認することは困難だが、町名を手掛かりに個別の町の成立過程を遡れば、その淵源が寺院「関内」に求められる可能性も大いに考慮されてよいだろう。

二、中世後期の聖福寺「関内」の町割・町屋と住人

前節では、中世都市博多の寺院に付随して存在した「関内」の概要を確認した。中でも、文献資料・絵画資料の存在により最も詳細に実態を確かめることが可能となるのが、鎌倉期に創建された博多最古の禅宗寺院として著名な臨済宗聖福寺の「関内」の事例である。

（1）「聖福寺古図」と「安山借屋牒」について

聖福寺が所蔵する「聖福寺古図」[16]（福岡市指定文化財）は紙本著色で、現状では巻子に表装されている。本紙の法量は、縦が二十九・二センチ、横が百四十一・五センチ、全体で四枚の紙が継がれている。作成の年代や経緯を厳密に確定することは難しいが、図の奥書墨書から、この絵画資料が永禄六年（一五六三）以前の制作であること、永禄六年の戦乱で本図の過半が失われたが、永禄十三年に聖福寺百十世住持の耳峰玄熊が残存部を回収して補修した経緯が明らかとなる。

紙面には、中央に聖福寺とそれに隣接して付随する「関内」の屋敷地が描かれている。聖福寺境内と「関内」は築地塀に囲繞（いじょう）され、一連の区画を形成している。他の建造物と異なり、聖福寺境内の建造物のみは見取り図で表されるため、作事中の絵図とする理解もある。聖福寺の右手には屋敷地を挟んで承天寺が描かれ、蓮池から伸びる堀は聖福寺・承天寺の背後を通じて承天寺の右手まで及ぶ。承天寺の背後に描かれる松林は、箱崎松原に続くかと考えられる。また、蓮池の左に描かれる海浜では大工達の作事の様子が描かれ、また元寇防塁とも考えられる石築地が描き込

まれている。

同じく聖福寺所蔵の「安山借屋牒（あんざんしゃくやちょう）」[17]（福岡市指定文化財）は冊子袋綴の形状で、法量は縦が三十三・四センチ、横が十九・四センチ、墨付の紙数は三十二紙を数える。十六世紀中期の聖福寺「関内」からの徴税台帳とも言うべき史料で、帳面には「中小路」・「普賢堂」・「窪小路」・「外窪小路」・「鰭板」・「魚之町」・「中屋敷」・「鰭板浦屋敷」・「毘沙門堂前」・「魚之町」内の「店屋分」・「門前新屋敷」といった町や街区について、屋敷ごとに間口と住人名、間口に応じて課される地料・大小の「山口夫」銭の額が記録されている。史料にみえる町名の中には近世にも継続して使用され、現代もなお地名として残存するものも含まれることから、これらが戦国期の聖福寺に隣接して存在した街区ということは確実である。奥書より、当初は天文十二年（一五四三）の聖福寺百五世住持湖心碩鼎（こしんせきてい）の代に帳面が作成されたこと、奥書追筆より永禄年間の争乱でいったんは聖福寺から散逸したこの帳面を、元亀三年（一五七二）に百十世住持耳峰玄熊が取り戻した経緯が明らかとなる。帳面の各所には、住人や税額の変更に伴って耳峰和尚が書き入れた追筆をみることができ、本史料が一定の時間軸の中で徴税台帳として利用されたことが理解されるだろう。

聖福寺「関内」の住人に課された公役である大小の「山口夫」銭ついて、補足を加えておきたい。先行研究にて、この「山口夫」とは、当該期の周防山口に本拠を置いた大名大内氏によって課された夫役を意味するという理解が一般的である[18]。

しかし、「山口夫」という役名と内容については、次の点で疑問が残されている。第一に、「安山借屋牒」からは「山口夫」銭が大小の二つに区分され、大は年に二度、小は年に五度に分けて徴収されたことが知られる。この大小の区分は何を意味するのだろうか。第二に、大内氏の税制にて博多の諸寺院は優遇され、中でも聖福寺はその代表的存在だったことは明らかである。例えば、天文七年の段階で、大内氏は同じ博多の浄土宗善導寺「関内」への要脚賦課を「聖福寺・承天寺並」に免除することを申し伝えている。[19]このような寺社領保護政策をとる大内氏によって、聖福寺「関内」へ夫役が賦課されたと考えるのは妥当だろうか。なお管見の限り、当該期の博多関係史料で「山口夫」の名称がみえるのは「安山借屋牒」のみで、他の寺院・住人に同名の公役が課されたことは知られていない。第三に、「安山借家牒」は現用の徴税台帳として、少なくとも耳峰玄熊が本帳を回復した元亀三年までは機能したと考えられる。この間、周知のように天文二十年の陶隆房によるクーデターと大内義隆の自刃、弘治三年（一五五七）の毛利氏侵攻に伴う大内義長自刃をもって大名権力としての大内氏は滅亡を迎えた。聖福寺「関内」にて、「山口夫」の役名が大内氏滅亡の後まで踏襲された理由はどのように説明できるだろうか。

一方で中世の博多やその周辺で「山口（やまのくち）」という語句は、「山の入口」から転じて山林の用益権を意味する慣用句として使用されていた。[20]戦国期の大内氏領国でもこの「山口」が知行化し、大内氏菩提寺の周防氷上山興隆寺に寺領として給付された事例が知られる。[21]当該期の聖福寺自体もまた、博多の西郊、早良平野周縁部の山地に「早良郡脇山三町分山之口札銭」[22]、早良郡西山「山之口」[23]といった「山口」を所領として知行していた。特に後者は、安定的支配を企図する領主聖福寺が地域権力大内氏とその現地支配を担う武家被官人、在地の地侍や百姓層とたび重なる折衝を行ったことを「明法寺榊文書」等の関係史料より確かめることができる。

都市に所在する領主聖福寺にとって、博多近郊の「山口」が薪や木材等の山林資源の供給元として重視されただろうことは想像にかたくない。聖福寺領「山口」の存在をふまえた上で、先述の三点の疑問に対する整合的な解釈を試みれば、聖福寺「関内」住人に課された「山口夫」銭が、所領としての「山口」の維持管理を用途とする聖福寺独自の課役である可能性も否定できない。今後、なお検討が求められる。

「安山借屋牒」には、「桶大工」・「木守」・「点打」・「兄部」・「調菜」・「印頭」・「木別大工」・「飯頭」・「引頭」・「門守」・「鍛冶大工」といった聖福寺「関内」住人の多様な職業も記載されている。これらの屋敷地に住む諸職人が、弘治三年に作成された「聖福寺当知行目録案」[24]の冒頭にみえる「一、博多中行堂力者并大工・鍛冶諸役者等居屋敷給分」に対応すると理解して差し支えない。聖福寺「関内」は、文献・絵画資料の伝来により、そこに居住する住民の職業や徴税の実態、景観や街区の全体像までうかがい知ることのできる好個の事例である。

（2）聖福寺「関内」の町割と町屋

前述のような、資料的好条件に恵まれた聖福寺「関内」は、先行研究でより実態に則した町割全体像の復元が試みられている。最も早い時期に復元案作成を試みたのは、鏡山猛氏である。[25] 鏡山氏は現存地名との対応関係から、「安山借屋牒」にみえる町名を現在の聖福寺周辺の街区に当てはめる形で復元案を作成した。この鏡山試案に対して、宮本雅明氏は①町屋の間口のみが考慮され、屋敷地の奥行を考慮した面的復元がなされていない、②両側町と片側町の弁別がない、③絵画資料としての「聖福寺古図」の活用が不足している、④埋蔵文化財調査による発掘成果をふまえた中世段階の街区との関係が十分検討されていない、といった点を批判し、「安山借屋牒」にみえる方位観の再検討を経て新たな復元案を作成した。[26]

聖福寺「関内」の町屋、屋敷地の構造と様相に関しては、「聖福寺古図」の描写を基に同じく宮本雅明氏が整理されている。[27] これに従って確認すると、聖福寺「関内」の町屋は板屋根の平屋建築として描写されている。街路に面して町屋が妻入り・平入りいずれの形式をもつ建造物かはただちに判別しがたい。町屋の内部構造についても同様で、また屋敷地の奥行きについても描かれていない。街区の空間構造に関しては、「関内」の街区の内、北西（海浜）から南東（内陸）に至る街路に面した屋敷地を優先する町割りとして描写されている。また、境内及び「関内」を囲繞する築地塀の内側で、北東側（箱崎側）と承天寺側の築地に沿っては片側町が描かれるが、それ以外の方位は築地に沿って形成された町屋は描かれていない。

図2　聖福寺「関内」旧地の景観　福岡市博多区

聖福寺「関内」の町屋の間口も、「安山借屋牒」の記述から確認することができる。帳面に記載された合計二百八十八軒の町屋のうち、間口一間未満の町屋は二十九軒、一間以上二間未満の町屋は二百二十軒、二間以上三間未満の町屋が三十二軒で全体の95％を超過している。間口三間以上の大規模な町屋は七軒を数えるのみである。また、一部の街区については他の街区の位置の対応関係から、その奥行きが推定できる。このうち、中小路・普賢堂の屋敷地の奥行きは二十間から二十二間、同じく鰭板（はたいた）・魚之町の屋敷地の奥行きは二十七間と推定される。

聖福寺「関内」の街区は、十六世紀後期の一定の時間軸の中でも、何の変化もみせずに静態的に推移したわけではない。「安山借屋牒」の記述によれば、「関内」の都市的発展と人口増加によって、街区内部や「関内」内外の敷地境に変化が生じていた。具体的には、当初「安山借屋牒」が作成された天文十二年から一度失われた帳面が復旧した元亀三年までの期間に、中小路に屋敷地一所、魚之町内に「店屋分四五間」、門前に「新屋敷」二十八間等の新たな屋敷地や町屋が成立したことを知ることができる。また、「安山借屋牒」の普賢堂町部分末尾の耳峰玄熊による書き入れ[28]には、「大乱後百姓随意間ヲ広ル」という文言もみえ、十六世紀後期に繰り返し博多を襲った戦乱の後の「関内」再整備に際しては、住民が恣意的に街区を拡大する状況も存在した。

研究の現状では、戦国期博多の都市空間構造のイメージとして参照されることの多い宮本氏の復元案だが、「聖福寺古図」の絵画資料としての正確性や写実性、辻堂口から承天寺・聖福寺門前を通過して息浜に至る幹線道路と聖福寺「関内」との位置関係の整理[29]といった問題について、なお検討の余地が残されていよう。小稿では、新たな復元案の提示にまでは至ることを得ないが、聖福寺「関内」旧地の地形・地名の確認、中世街区と近世街区の連続と非連続の区別、それらを経て得られた情報をふまえた既存史料の再検討と最新の発掘調査成果の照合作業は、今後の課題として残されている。

三、地域権力による寺院「関内」への寄宿

これまで述べたように、戦国期に博多を支配した大内氏・大友氏等の地域権力は、博多に所在する寺院「関内」について、地代と諸公役の徴収権を付与する形で領主としての寺院に保護を加えた。一方で、当該期の地域権力による寺院「関内」への関与を考える上で看過できないのが、戦乱時の諸軍勢による寄宿の問題である。かつて、中世都市における寺院の存在形態を検討した伊藤毅氏は、この点について次の通り言及している[30]。

（筆者補足：中世後期京都の「境内」系寺院との対比の中で、法華宗や浄土宗・時衆等の「寺内」系寺院について）戦国期には閉鎖的な「寺内」がしばしば武家の陣所や宿所に転用されており、その要害性の高さを窺うことができる。

中世博多でも同様に、寺院とその「関内」が博多に駐在する諸軍勢の寄宿先として利用される場合があった。南北朝期、室町幕府の出先機関として九州における北朝方諸勢力の軍事指揮を担った鎮西管領一色範氏は、聖福寺塔頭の直指庵に、北朝勢力を駆逐して大宰府への進出を果たした征西将軍宮懐良親王の主従一行は、正平二十四年（一三六九）に承天寺塔頭釣寂庵に在陣したことが知られる。

応仁文明の乱終結の後、京都より領国へ帰還した大内政弘は、上洛中に分国の筑前・豊前で蜂起した少弐氏勢力とそれに通じた反乱者を鎮圧するため、文明十年（一四七八）八月末に九州へと出陣した。同年十月初頭以前に筑前へ入国した政弘は、十二月に周防山口へ帰陣するまでの間、博多に滞在している。在陣中、大内政弘とその近臣の宿所として聖福寺が、筑前守護代陶弘護主従の宿所として承天寺が、政弘と会見するために肥前から博多を訪れた九州探題渋川万寿丸一行の宿所として息浜妙楽寺が選択された。また、大内政弘の近臣相良正任は聖福寺「関内」の塔頭継光庵に滞在した[31]。応仁元年（一四六七）八月、大内政弘が東寺に着陣した際に分国から引率した軍勢は「一万余人」[32]とされ、この九州出陣の際にも同規模の軍勢が動員されたであろう。大内氏配下の軍勢もまた、この間、博多諸寺院「関内」やその他の在家に寄宿したことが推測される。

十六世紀前期に大内氏権力が博多寺院への軍勢寄宿について定めた事例として、次の史料を見いだすことができる。

［史料二］年未詳八月十三日付飯田興秀書状[33]

御料所両寺并東長寺事、諸勢在津之時者、寄宿慰然候、常住之時者、於彼所々諸人寄宿停止事、無聊爾可被申沙

汰候、善導寺事者、軍勢在津候時、任
法泉寺殿様御下知之旨、寄宿停止候上者、別而不及申定候、恐々謹言、
八月十三日　　　　　　　　興秀（花押）
山鹿弾正忠殿

本史料は正確な発給年次が不明だが、天文年間に大内氏の博多津代官を務めた飯田興秀から配下の博多津下代官山鹿氏に対して下達された文書である。文中にて飯田は、室町幕府官寺制度の中で十刹の寺格を与えられた「御料所両寺」、つまり臨済宗聖福寺と承天寺、加えて真言宗東長寺については、大内氏の軍勢が博多に駐在する際に寄宿先として使用するのはやむをえないが、平時に諸人が宿を借りるのは禁止すること、浄土宗善導寺については大内政弘の遺命を守り、戦時であってもすべての寄宿を禁じることを指示している。

聖福寺・承天寺・東長寺より優遇される善導寺の特異な位置づけが知られると共に、ここに名称の挙がらないその他の寺院「関内」には、平時、とりわけ戦時には一種の公役として諸軍勢の寄宿が割り当てられたことが想像できる。特に真言宗東長寺は、元来その広大な寺域は博多息浜の北西、近世の行町の付近に所在したが、十六世紀後期に軍勢の寄宿により伽藍が荒廃したため、境内を移転したとされている[34]。寺院にとって、軍勢寄宿の負担は決して軽微ではなかったことが知られるのである。

中世都市博多の寺院「関内」は、地域権力から特に戦時の軍勢寄宿先としての役割を担うことを期待された。このような寺院「関内」の機能は、寺院伽藍に加えて子院塔頭や諸在家をも含み込む「関内」の人員収容能力や、「聖福寺古図」に描かれたようなその要害性と表裏一体の関係にあったと言えるだろう。

おわりに

以上、小稿では「関内」の語に着目し、中世後期における都市博多の空間構造、及び聖福寺所蔵「聖福寺古図」と「安山借屋牒」から具体的に明らかとなる、中世博多の寺院「関内」の実態について検討を加えた。中世都市博多の空間構造に関しては、地区ごとの個別的な街区の成立変遷や外縁部の様相が明らかにされる一方で、都市の全体像やその内部構成ついては未だ不明瞭な部分がある。しかし、寺院とそれに付随して形成された「関内」という単位が、中世都市博多の重要な構成要素であることは確かだろう。

戦国期の聖福寺「関内」には、板屋根で平屋建築の町屋が櫛比（しっぴ）した。聖福寺「関内」の屋敷地の大半は、間口が一間から三間、奥行きが二十〜三十間の規模である。戦災に伴う混乱を経て、屋敷地や街区の境界は変動する場合があったが、十六世紀後半において領主聖福寺は、関内の屋敷地と住人をおおむね正確に掌握し、住人から地料と「山口夫」銭を徴収していた。博多の寺院「関内」は、その要害性や人員収容能力により、特に戦時には地域権力から軍勢の寄宿先としての役割を担わされたが、寺院にとってその負担は多大であったと考えられる。

小稿では、「関内」が博多に限定されず、戦国期には少なくとも筑前国内で一定の広がりをもって使用された用語だったことを指摘した。今後の研究の深化に向けて、周辺の都市や地域における寺院「関内」やそれに類似する都市空間の事例の集成、それらの比較検討を通じた博多寺院「関内」の相対化が求められよう。

註

（1）佐藤一郎「太閤町割以前―息ノ浜の発掘調査から―」（『福岡市博物館研究紀要』一七、二〇〇七年）、本田浩一郎「中世都市博多の道路と町割り」（大庭康時他編『中世都市 博多を掘る』海鳥社、二〇〇八年）、大庭康時『シリーズ「遺跡を学ぶ」六一 中世日本最大の貿易都市 博多遺跡群』（新泉社、二〇〇九年）等。

（2）宮本雅明「空間志向の都市史」（高橋康夫他編『日本都市史入門Ⅰ 空間』東京大学出版会、一九八九年）。

（3）宋希璟著 村井章介校注『老松堂日本行録 朝鮮使節の見た中世日本』（岩波文庫、一九八七年）。

（4）川添昭二・竹内理三編『大宰府・太宰府天満宮史料』十五（一九九七年。以下、刊行年省略）、永禄二年二月二十五日〔イエズス会士日本通信〕。

（5）川添昭二・竹内理三編『大宰府・太宰府天満宮史料』十五、天正四年是歳〔イエズス会士日本通信〕。

（6）「濡衣塚（ぬれぎぬづか）」の通称で知られる康永三年銘梵字板碑（福岡県指定文化財）は、現在博多から御笠川（石堂川）にかかる石堂橋を渡った先の川沿いの敷地に安置されている。元来は聖福寺西門付近に存在したと伝わるが、近世には既にこの付近に祀られていた（『筑前国続風土記』）。建立の年代（康永三年・一三四四）と、それに関与した講衆二十七人の名称が判明する貴重な板碑である。この板碑の設置場所として博多の外縁石堂口付近が選ばれた理由は、やはり都市内外を結ぶ境界領域のもつ宗教的性格をふまえて考えなければならない。

（7）加藤一純・鷹取周成共編・川添昭二・福岡古文書を読む会校訂『筑前国続風土記附録』上（文献出版、一九七七年）、巻之五 博多 中、片土居町称名寺の項。

（8）前掲註（7）に同じ。

（9）宮本雅明「中世後期博多聖福寺境内の都市空間構成」（小林茂他編『福岡平野の古環境と遺跡立地』九州大学出版会、一九九八年）。

（10）土井忠生他編『日葡辞書：邦訳』（岩波書店、一九八〇年）。

（11）豊臣秀吉による九州平定後、「太閤町割」を経て整備された近世博多の町名の中に「官内町」がある。宮本雅明氏は、この町名を中世の称名寺「関内」の遺称であるとし、同町付近が称名寺境内の故地であると比定した（前掲註（2）宮本論文）。しかし、本文［史料二］にもみられる通り、中世以来称名寺は「土居道場」の異称で呼ばれた。中世から近世にかけての地名の連続性は十分注意を払う必要があるが、近世博多の主要街路である土居町筋は官内町から五百メートル以上南西に外れており、近世称名寺の境内もまた土居町筋に面した片土居町に存在した。

一方で、鎌倉期以来の筥崎宮領である筑前国那珂西郷の領域は、博多東部の石堂・辻堂を含み込んで形成されていた。近世博多の東半部の町内の多くが、櫛田宮ではなく筥崎宮を産土神（うぶすながみ）としたことは、中世の領有関係の名残だと理解される（佐伯弘次「中世都市博多の総鎮守と筥崎宮」〈中世都市研究会編『中世都市研究4　都市と宗教』新人物往来社、一九九七年〉）。「関内」の本来の語義と照合すれば、中世の筥崎宮領「博多外石堂」の故地に位置する近世官内町の名は、筥崎宮の「関内」に由来すると考えることも可能である。

(12)『新修福岡市史』資料編中世1（二〇一〇年。以下、刊行年省略）、崇福寺文書九。
(13)前掲註（3）『老松堂日本行録』。
(14)川添昭二・竹内理三編『大宰府・太宰府天満宮史料』巻十五、永禄四年〔イエズス会士日本通信〕。
(15)『筑前国続風土記附録』・『筑前国続風土記拾遺』等の地誌を参考に、近世博多の町名から寺院名に由来する町名を抽出した。なお、№6の「承天寺前」は近世の町名としてはみられないが、戦国期の筥崎宮領那珂西郷の作人の中に「承天寺前」を住所とする者が存在する（『新修福岡市史』資料編中世1、田村文書）。中世博多で聖福寺と並ぶ大規模な禅宗寺院であった承天寺にも、「関内」の門前在家等が付随していた可能性は皆無ではない。
(16)『新修福岡市史』資料編中世1、附録。
(17)『新修福岡市史』資料編中世1、聖福寺文書二十四。
(18)豊田武『中世日本の商業　豊田武著作集　第二巻』（吉川弘文館、一九八二年、初出は一九五二年）、佐伯弘次「中世後期の博多と大内氏」（『史淵』一二一、一九八三年）等。
(19)『新修福岡市史』資料編中世1、善導寺文書一七、大内氏奉行人連署状。
(20)鎌倉期には筑前宗像郡の領主宗像氏が領内山野の「山口」の運用について法令を定めた事例がある（石井進他校注『中世政治社会思想』上、岩波書店、一九九四年、宗像氏事書一一条）。
(21)『山口県史』史料編中世3（二〇〇四年）、山口県文書館、興隆寺文書一四〇、文明八年六月十三日付大内氏奉行人連署奉書。

(22)『新修福岡市史』資料編中世1、聖福寺文書二、文明十五年九月十八日付大内氏奉行人連署状。
(23)『新修福岡市史』資料編中世1、明法寺榊文書四二、年未詳十二月十七日付聖福寺納所玄実書状案。
(24)『新修福岡市史』資料編中世1、聖福寺文書三、弘治三年九月二十三日付聖福寺当知行目録案。
(25) 鏡山猛「中世町割りと条坊遺制（上）」（『史淵』一〇五・一〇六、一九七一年）、同「中世町割りと条坊遺制（下）」（『史淵』一〇九、一九七二年）。
(26) 前掲註（9）宮本論文。
(27) 前掲註（9）宮本論文。
(28)『新修福岡市史』資料編中世1、聖福寺文書二四。
(29) 前掲註（1）大庭著書等。
(30) 伊藤毅「中世都市と寺院」（高橋康夫他編『日本都市史入門Ⅰ　空間』東京大学出版会、一九八九年）。
(31)『山口県史』史料編中世1（一九九六年）、正任記、文明十年十月記。
(32)『大日本史料』八編一冊、応仁元年八月二十三日条「東寺長者補任」。
(33)『新修福岡市史』資料編中世1、善導寺文書六。
(34) 福岡市教育委員会『福岡市文化財調査目録5　東長寺収蔵品目録』（一九九三年）、工芸六六、頼恵和尚像賛。賛文によれば、頼恵和尚は東長寺三十一世の住持で、永禄十年に没した。軍勢寄宿を忌避した東長寺の境内移転は、この和尚の代に行われたという。

Column

中世益田上本郷の発展過程についての試論

中司健一

はじめに

島根県益田市は、中世には、有力国人領主益田氏の支配領域であり、益田氏の多くの遺産が現在も伝わる。特に旧益田地区と呼ばれる、染羽（そめば）町・三宅町・七尾町・本町・幸（さいわい）町・土井町のあたりは、中世以来の寺社や地割りが多く現存し、中世の様子を良く伝えている。さらに、益田氏の館跡・三宅御土居跡と山城跡・七尾城跡が規模・内容とも非常に良好な状態で残り、揃って「益田氏城館跡」として史跡となっている。それは、江戸時代に益田が近世城下町にならなかったことも幸いしている。このため、旧益田地区は中世の領主の城下について考察する上で、たいへん貴重な事例となっている。しかし、その発展過程については、特に専論がないように思われる。

次頁に掲げる図1は「美濃郡上本郷村道水路図」といい、明治十年（一八七七）頃の旧益田地区の絵図である。東南の七尾城跡の西側に扇状に広がる町並みと、東から西に向かって流れる益田川の北側にも中世以来の寺社や三宅御土居跡がある。この範囲の地域を同図にならって本稿では益田上本郷（かみほんごう）と呼び、その成立・発展過程について試論を示すこととしたい。

なお、出典の表記に際して、『大日本古文書　家わけ第二十二　益田家文書』の各号については『益田家』八五三号のように、『中世益田・益田氏関係史料集』所収の史料については『史料集』二八六号のように、それぞれの整理番号を付し、省略して示す。

一、南北朝時代の益田上本郷

近年、鎌倉時代後期の益田および益田氏の研究が進み、鎌倉時代後期の益田氏は、益田平野部ではなく、益田川

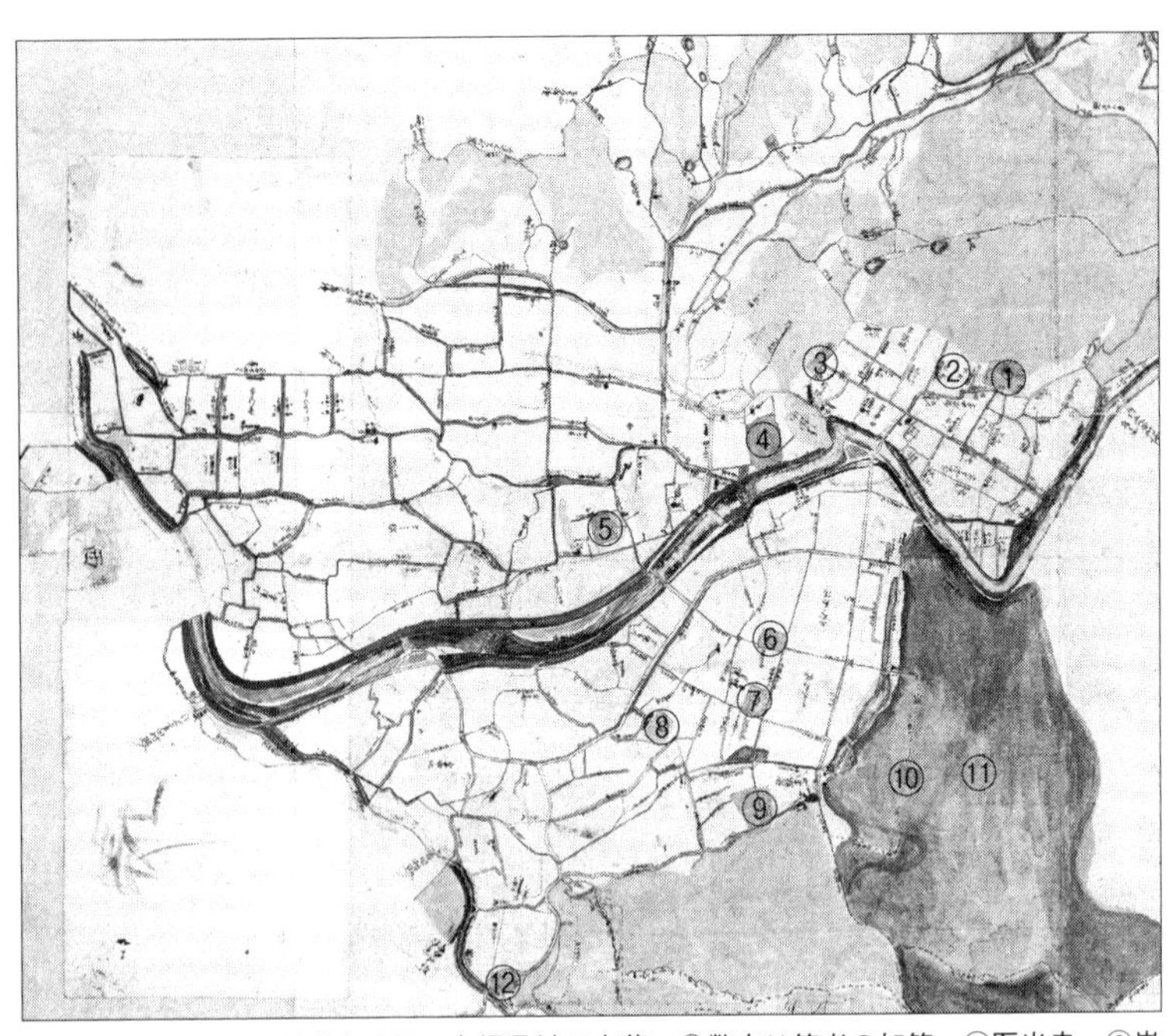

図１　美濃郡上本郷村道水路図　島根県益田市蔵　○数字は筆者の加筆。①医光寺、②崇観寺跡、③染羽天石勝神社、④萬福寺、⑤三宅御土居跡・泉光寺、⑥暁音寺、⑦順念寺、⑧妙法寺、⑨妙義寺、⑩住吉神社、⑪七尾城跡、⑫杁崎神社

中流域の東仙道を本拠としていたこと、一方で平野部は、九条家とその縁者が益田荘の領主として知行していたことが明らかになっている（西田友広「石見益田氏の系譜と地域社会」〈高橋慎一朗編『列島の鎌倉時代』高志書院、二〇一一年〉、西田友広「鎌倉時代の益田」〈益田市教育委員会編『中世益田ものがたり』益田市・益田市教育委員会、二〇一七年〉）。そして、南北朝の内乱期に益田氏は益田平野部に進出するのである。

したがって、南北朝時代の益田上本郷は、益田氏進出以前の様相を色濃く残していることになる。まずは、この時期の様子を確認したい。

南北朝期の益田上本郷について考察する手がかりが、永徳三年（一三八三）の祥兼（しょうけん）（益田兼見（かねみ））置文（『益田家』八五三号）である。武家家法研究でも注目されるこの置文は、後半部分に「寺社事」とあって、益田氏が大切にすべき寺社が多数書き上げられている。ここでは、益田上本郷の寺社で所在地を確定または推定できる、崇観寺・医光寺・御道場（時宗萬福寺）、瀧蔵（染羽天石勝神社）・春日・惣社大明神について見ていきたい。

崇観寺は、臨済宗で、貞治二年（一三六三）に斎藤長者の妻直山妙超の発願により開かれたと伝わる。益田兼見は置文の中で崇観寺を、兼見が諸山にしたのであり、特に益田氏が大切にすべき寺院としている。崇観寺は戦国時代初期になんらかの理由で衰退したらしく、その後身寺院として医光寺を益田宗兼が再興したという。その医光寺には、崇観寺の本尊であった「木造釈迦如来坐像」が伝わっており、同像はその胎内銘から応安四年（一三七一）に益田兼見が大檀那となって崇観寺の本尊として造立したことがわかる（『史料集』二八二号）。医光寺も兼見の置文に見えるが、「小庵」とされている。

萬福寺は、置文では「御道場」と記されており、兼見が興隆のために奔走し、「本道場」にしたという。崇観寺を諸山にしたことと同じように記されていることから、「本道場」は時宗寺院における高い寺格を示すものと考えられる。萬福寺は応安七年の創建で、創建時の兼見の寄進状と棟札が現存する（「萬福寺文書」および同寺所蔵の棟札〔『史料集』二八六・二八七号〕）。鎌倉時代の様式を伝える本堂は重要文化財に指定されている。また、萬福寺周辺には南北朝時代の様式の五輪塔が複数残る。

染羽天石勝神社は、中世では神仏習合のため「瀧蔵」あるいは「瀧蔵権現」として史料に見える。もともとは式内社で、益田氏以前から崇敬を集めた神社であった。別当・勝達寺（真言宗）は承平元年（九三一）の創建といい、中世には多くの末寺を構え、栄えたという。勝達寺は明治の神仏分離・廃仏毀釈により廃絶してしまったが、益田市の泉光寺の「釈迦十六善神像」（南北朝時代）や鎌倉の極楽寺の「木造不動明王坐像」（平安時代）はその遺宝であり、その繁栄ぶりをしのぶことができる。

春日社は現存せず、染羽天石勝神社に合祀されているが、萬福寺門前に春日地名が残る。惣社大明神は、室町時代の文書によると妙義寺の境内にあったという（「妙義寺文書」〈『史料集』四八七号〉）。

瀧蔵、春日、惣社大明神は、「当所根本大社」として大切にするよう、兼見は記している。

妙義寺の初見史料は応永三十年（一四二三）のものと思われるが（「妙義寺文書」〈『史料集』三五一号〉）、妙義寺付近には南北朝時代の様式の五輪塔が複数存在することから、その一帯は南北朝時代にはすでになんらかの宗教的な空間であったと思われる。

このように、祥兼（益田兼見）置文に見える、所在地を確定または推定できる益田上本郷の寺社は、基本的に益田川の北側もしくは現在の妙義寺周辺に限られる。このことは、南北朝時代以前のこの地域では、益田川の北側が先行して開発され、南側の開発が遅れていたことをうかがわせ、益田川の治水などがその原因と推測される。

実は、三宅御土居跡や七尾城跡についての研究からも、これを傍証する成果が出ている。

まず、三宅御土居跡については、十二～十三世紀の掘立柱建物跡、木組井戸や遺物が発見されており、益田氏の進出以前からなんらかの政治的拠点であったと推測されている。

永和二年（一三七六）の益田本郷御年貢并田数目録帳（「益田家文書」巻八十一）の「志目庭」（染羽）に「政所屋敷」と見えることから、益田庄政所であった可能性も指摘されている（井上寛司「文献から見た中世益田氏と益田氏関係遺跡」〈『七尾城跡・三宅御土居跡』益田市教育委員会、一九九八年〉）。

また、南北朝時代の七尾城は、益田川に面した北東の尾根部分に限られると推定されており（千田嘉博「七尾城・三宅御土居の構造」〈前掲『七尾城跡・三宅御土居跡』〉）、これが正しければ、この当時の七尾城は、益田川を見下ろし、その水運を押さえると同時に、対岸の益田川北側の地区ににらみをきかせることを企図した山城であったと推測される。

　以上の考察をまとめると、益田氏が進出する以前の益田上本郷では、益田川の北側で開発が進み、伝統的な寺社や荘園領主の拠点が存在していたと考えられる。益田氏は益田荘の支配権を確立し、崇観寺の大檀那になり、萬福寺を創建するなど、影響力を次第に浸透させていったが、このような伝統的な権力が存在する地域には、なお容易に介入できなかったのではないだろうか。

二、益田川南側の開発

　一節で推測したような南北朝時代の益田上本郷の状況が正しいとすれば、益田川北側は益田氏進出以前から開発が進んでおり、また益田氏が容易に介入できなかったと考えられるのに対し、益田川の南側は開発が遅れていたために、益田氏も比較的その開発・発展に関与できた可能性が高い。


「原馨氏所蔵増野家文書」の永正三年（一五〇六）の益田宗兼安堵状によると、益田宗兼が惣大夫に、瀧蔵権現、浜八幡（櫛代賀姫神社）、乙吉（乙吉八幡宮）、祇園（大谷町野坂に所在カ）、惣社カ、机崎（机崎神社）、今宮（妙義寺境内に所在カ）の七社の神主職を安堵している（『史料集』四九六号）。このうち、先述の瀧蔵権現、惣社の他、机崎、今宮が上本郷地域に所在し、祇園も図1には含まれないが、広い意味での上本郷地域に含まれる。しかし、勧請の経緯等を考察するための史料をいずれも欠く。

　特に祇園は、京都からの勧請が想定され、どの時代に勧請されたのか興味深いところであるが、現時点ではやはり関連史料等を欠く。なお、祇園は現存せず、大谷町の八坂神社に合祀されており、山口や津和野とは違って鷺舞などは伝わっていない。

　このように、中世後期のようすについては手がかりとなる史料が少ないため、逐次的に考察することは難しく、大まかな傾向を示すにとどまる。現在に残る街並みや小

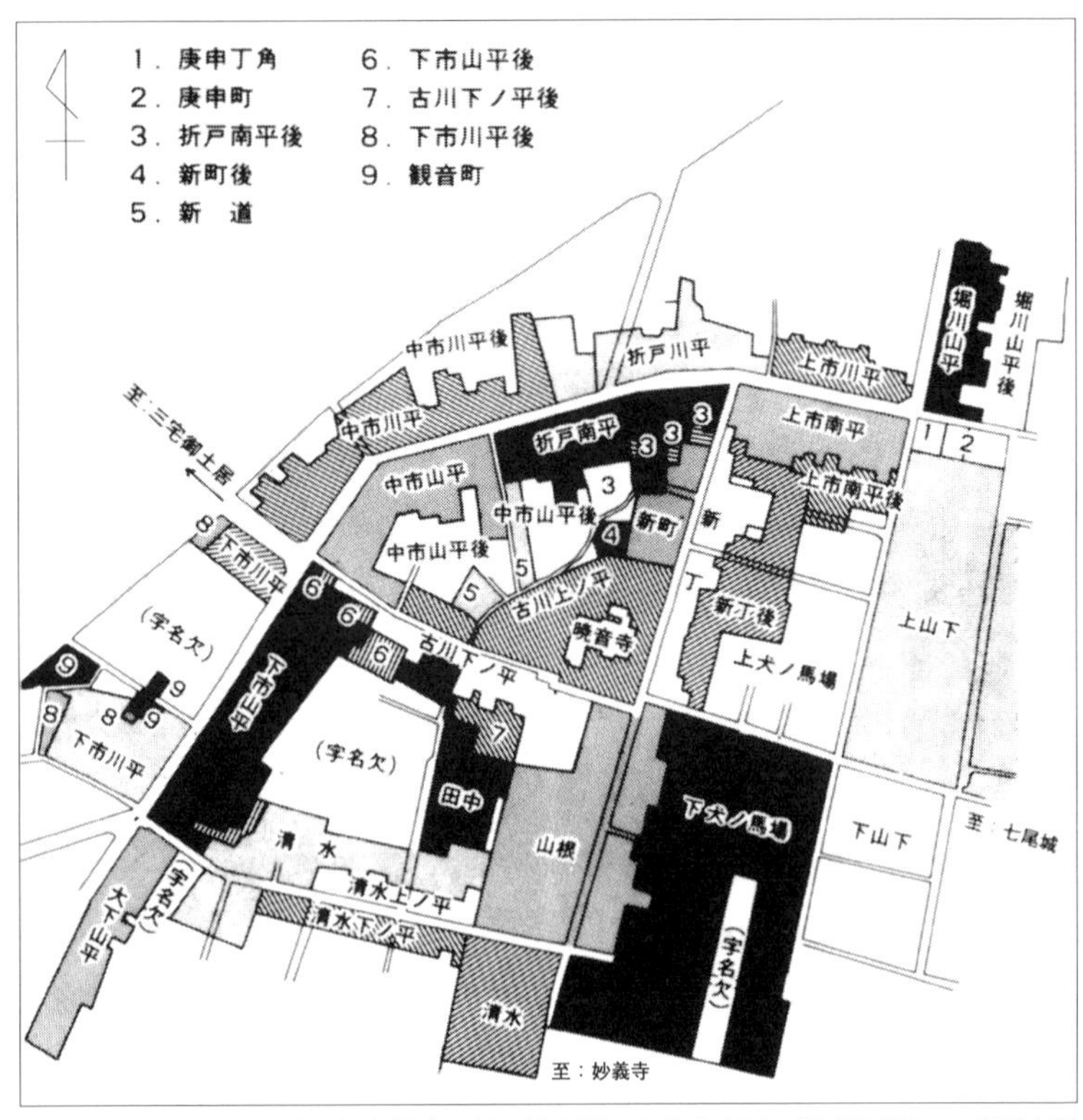

図2　明治10年頃の益田上本郷地区益田川南側の字名分布図　『七尾城跡・三宅御土居跡』（益田市教育委員会、1998年）の5頁の第3図を転載。一部誤りを修正。

字などの小地名等も利用して、推論していくこととしたい。

図2は、広島大学図書館所蔵の明治十年（一八七七）頃のものと推測される「益田本郷地籍図」に見える字名を図化したものである。細かく字名を知ることができ、益田上本郷の成り立ちを考える上で、重要な手がかりを与えてくれる。

図1と図2から、次のような益田上本郷地区の特徴に注目したい。（1）七尾城跡に近い上犬ノ馬場、下犬ノ馬場という字名。（2）暁音寺前にかつて存在した鍵曲がり。（3）妙義寺門前から順念寺・暁音寺の前を通り北に延びる道。（4）（3）の道と（2）で交わり、七尾城跡と三宅御土居跡をつなぐ道。（5）上市川平から下市川平あたりまでの弧を描く

ように折れ曲がった道。

（1）下犬ノ馬場、上犬ノ馬場については、犬追物（いぬおうもの）が行われていたと推測される。本来、犬追物は武芸訓練であり、四十間四方程度の広さが必要であるが、室町期にはデモンストレーションのための場としての性格も持つようになった。益田氏は永正年間、大内義興とともに上洛し、室町幕府の重臣らと犬追物に参加している（「犬追物手組日記」〈『史料集』五〇四号など〉）。これ以前にもたびたび益田氏は上洛しており、特に十五世紀中頃の当主兼堯は、長禄四年（一四六一）から寛正六年（一四六六）にかけて在京しており（『益田家』一一三号）、犬追物に参加する機会はあったと思われる。したがって、この上下犬ノ馬場は、益田氏が十五世紀後半から十六世紀前半のいずれかの時期に整備したものと推測される。

（2）暁音寺前にかつて存在した鍵曲がりは、平成十三（二〇〇五）年度の道路改修により消滅したが現在もその痕跡が示されている。江戸時代に益田は城下町ではなかったので、わざわざ鍵曲がりを作る必要性は薄く、中世以来のものと推測される。

（3）妙義寺門前から順念寺・暁音寺の前を通り北に延びる道は、この道に面した地区が益田氏の時代から寺町として整備された可能性を示すが、次の暁音寺の棟札に注目したい（読めない文字を◆としている）。

当寺開山在誉上人、一宇建立号五更山暁音寺、天正五年ナリ、者法蔵菩薩因位旹、於世自王仏所、都見◆◆◆十億諸仏浄土求西方、一土尽五劫思、十劫暁天真下正覚成就、給和尚汲◆◆成◆◆以来、弘通浄教、仏法繁昌、異地成所ニ二代縁誉和尚嫌境地、慶長七壬寅年、大久保石見守蒙天下上意、当所下向砌、増野甲斐隠跡乞免許、後雖奉移尊像此地、（中略）

旹貞享三丙寅霜月上旬　中興開山順蓮社随誉上人
見阿雪庭上人謹而敬白
大工喜作・吉左衛門

これによると、暁音寺は天正五年（一五七七）の創建であるが、もとは別の場所にあり、慶長七年（一六〇二）に大久保長安が石見銀山奉行として益田に下向してきた際に、増野甲斐の屋敷跡への移転を許されたという。増野甲斐守は、実名を護吉といい、益田藤兼・元祥（もとよし）の側近的存在として活躍した人物である（『益田家』三五一号。『史料集』の天正五年から慶長元年まで）。この記述はある程度信頼してよいと思われ、順念寺や妙法寺も同様の経緯をたどったと推測するならば、中世の時代のこの地区には家臣団の屋敷が建ち並び、益田氏が須佐に移封された際、家臣団も従って益田を離れたため、その跡地が寺町になったと考えることができるだろう。

（4）（3）の道と（2）で交わり、七尾城跡と三宅御土居跡をつなぐ道は、鍵曲がりが存在したこともあり、益田上本郷の益田川南側の基軸となる道と考えられる。それでは、この道はいつ作られたのだろうか。これについては、七尾城と三宅御土居がどのように整備されたかをあわせて考える必要がある。

三宅御土居の整備がいつなされたかについては手がかりが少ないので、七尾城について考察したい。千田嘉博氏によると、初期段階の七尾城は北東尾根先の「尾崎丸」周辺に中心があり、十六世紀第三四半期に山塊全体を使用した城郭になったと推定されている（千田前掲論文）。従うべき見解と思われる。

千田氏の見解に関連して注目されるのが、益田藤兼の晩年の動向を記した全鼎（ぜんてい）（益田藤兼）領地覚書（「益田家文書」巻八十五）の次のような記述である。

一御城山滝尾之南大手之曲輪ニ一ヶ年及御隠居候而、其間ニ山（または「正」）路之御普請成就仕、彼地被成御引越、十年及御座候て、天正十七年ニ三隅之大寺へ御引越、八年被成御座、慶長元年極月朔日ニ御六十八歳ニて被成御逝去候事、

これによると、藤兼は、天正七年に「御城山滝尾之南大手之曲輪」で隠居し、翌八年に「山（または正）路」の普請が終わると引っ越し、十年間暮らしたという。こ

の「山（または正）路」が何を指すのかははっきりしないが、これは七尾城本丸や二の段を指すのではないだろうか。七尾城跡の発掘成果からは、二の段跡からは礎石建物跡・庭園跡、十六世紀前半から中頃と推定される出土品が発掘されている。推測の域を出ないが、七尾城の本丸や二の段は一五八〇年前後に藤兼の隠居所として整備されたのではないだろうか。

なお、天正四年、七尾城の西南に位置する妙義寺境内に住吉神社が勧請され（「妙義寺文書」〈『史料集』七六二号〉）、天正九年に妙義寺が大々的に中興されており（「妙義寺文書」〈『史料集』七七九号など〉）、これらは藤兼の隠居所としての七尾城整備の一環であった可能性がある。

（5）上市川平から下市川平あたりまでの弧を描くように折れ曲がった道については、上市・中市・下市という字名の側を通ること、益田川の流れに沿ったかたちをしていること、そして中世の市がしばしば河原に成立していたことがすでに多くの先学によって指摘されていることを併せ考えれば、自ずとその成立について理解できるだろう。益田もその例にあてはまり、これらの市は中世に成立していたと考えられる。天正十九年の石見美濃郡益田元祥領打渡検地目録（『益田家』三四九号）に見える「本郷市」に相当すると考えられる。同文書には「今市」も見え、「今市」は古い「本郷市」に対する新しい市と考えられるため、「本郷市」の成立はさらにさかのぼると考えてよいだろう。

益田川の南側は南北朝時代の段階では開発が遅れていたと推測されるが、それゆえに益田氏の関与のもとで整備が進んだ可能性がある。それは妙義寺から北に延びる道と、三宅御土居跡と七尾城跡をつなぐ道を基軸に、七尾城に近い側から犬ノ馬場があり、家臣団の屋敷が建ち並ぶものであったと推測される。一方、益田川の流れに沿って市が成立していた。

おわりに

益田市は近世城下町にならなかったことも幸いして、中世の痕跡が色濃く残っている。文書も豊富であり、文献史学、考古学、歴史地理学の手法を組み合わせることでより研究を進めることができる。それにも関わらず、本稿では推測に推測を重ねてしまったが、今後の議論のたたき台となれば幸いである。

図３　萬福寺本堂（重要文化財）応安７年（1374）に益田兼見が開基として創建。鎌倉時代の寺院建築の様式を伝える　島根県益田市

図４　医光寺総門（島根県指定文化財）かつては益田氏の山城・七尾城の大手門であったと伝わる　島根県益田市

図５　染羽天石勝神社本殿（重要文化財）天正 11 年（1583）に益田藤兼・元祥が遷宮。三間社流造で、檜皮葺が美しい　島根県益田市

第3部　中・近世の社会基盤整備

Ⅰ　平安～室町期における生活の中の水を考える
――古典文学作品と絵画資料を中心に

竹田和夫

はじめに――「水と生活」を考える視点

内閣府政府広報室が平成二年（一九九七）に行った「人と水のかかわりに関する世論調査」によると、水の機能や役割などに対する国民の意識も調査対象となっている。これによると、国民は生活用の水に対して、「おいしい飲み水」というイメージを抱いていることがわかる。そして、「水が豊富に使えること」、「潤いとやすらぎを与える水辺の暮らし」を望んでいることがわかる。

それでは、このような人と水の関わりについて歴史的考察はなされているのだろうか。あらためて調べてみると、人間文化研究機構の連携研究「人と水」のように、人文・自然双方からの分野横断的な考察は現在進行形で進んでいる。また近年、帝京大学山梨文化財研究所で開催されたシンポジウムの成果が、『水の中世――治水・環境・支配』として刊行された[1]。

しかし、時系列での視点、例えば日本の古代～中世という異なる時代に着目した場合、生活と水に関する研究はいまだ十分とはいえない。筆者は、中世における水への意識は平安期のそれを継承しているのではないかという仮説を立てている。

さらに、歴史・考古・民俗学というテーマ別に先行研究を見直してみると、用水・灌漑（かんがい）などの水利の観点からの研究や、庭園・井戸、あるいは民具などのモノ資料から、水と人の関わりについての発言はみられる。しかし、従来の生活と水への関心は、井戸・用水など局所的なものにとどまっており、屋敷地などの面としての生活空間の中で、歴史・考古・民俗学の諸点から読み解く説明がない。水源と生活の空間のつながり、生活空間の「構え」全体の中に導水（どうすい）された水が、その後どのように用いられたかは未解明である。分析に際し、歴史分野を取り上げると、絵画資料・記録・文学作品からのアプローチがいまだ不十分のように思える。

本稿では、歴史分野でも活用が不十分である文学作品や絵巻物を素材にしたい。古代~中世において、人が自然の水を生活にいかに取りこんできたのか、特に導水の観点に力点をおきたい。切り口としては、懸樋（かけひ）・遣水（やりみず）・雨落溝（あまおちみぞ）・井戸・曲物（まげもの）・閼伽桶（あかおけ）を取り上げる。本書のテーマである「戦国期のインフラ整備」、その前提となる意識や工事を確認することを想定したものである。多様な水利用の中でも、文学作品や絵巻物に顕著に示される導水のあり方 について探ってみたい。

一、導水の実態を探る——懸樋の観点から

導水の実態を探るとき、最も目立つのが懸樋である。懸樋の設置に際しては、絵巻物や日記などをみると、「山を穿ちて水を引く」ことが散見される。山間・山麓の建物の敷地内には、高所から水を引き、懸樋を組んでいることが

多い。竹を割り、節をとって叉木で支え、木をくりぬいているのである。引いた水は、水槽・池・井戸などに向けられている。建物の敷地だけでなく、農業のために「水田に水を送る」ことも読み取ることができる。畔越しの水路を上から下に送るか、もしくは横に送るなどしているのである。竹樋を使用する例は近年までみられた。

『徒然草』では、庭園（亀山殿の御池）に大井川の水を引き、水車づくりに励む農民の姿が記載されている。これも、導水が農業技術と重なることを示唆している。

懸樋の設置の目的を示唆する歌が『建礼門院右京大夫集』にあるので、ここで紹介したい。

　山田の苗代　山里は門田の小田の苗代にやがてかけひの水まかせつつ

ここから、苗代と住まいのための水を懸樋で引いていることがわかる。他の中世の歌集をみていると、水口の信仰、雨乞い習俗も見え隠れする、生活の中の水の歌に出会うことがある。

次に、懸樋も含めた山間からの導水の景観を広くみてみよう。まず、絵画資料（特に絵巻物）にはいくつかの事例がみられる。

「石山寺縁起」第三巻……山の斜面の湧水を水槽で受けている。石垣を積んでいる。
「一遍聖絵」第十巻……水田と樋桁の設置をしている。
同　　　　　第十一巻……海岸段丘には渡樋を設ける。

これらの場面から、広域にわたる導水の試みがなされていたことが想像される。ほかに、紀伊国の文覚井や佐渡国の文覚配流地近くでの文覚由来の清水の伝承も残る。高木徳郎によれば、播磨国久富保で平安期から底の抜けた羽釜を土管状に連ねた土樋が、約五十五メートルの範囲にわたって使用されていたことが明らかにされている。(2)

次に、山麓での導水の景観描写に目を転じたい。「法然上人絵伝」同十六巻には、高野山明遍の住房にて背後の山から引いてきたと考えられる懸樋が縁の脇の水槽に続いている場面がある。水槽の水は、そのまま人工の流路につながっており、水桶を運ぶ僧の姿も描かれている。また、同じ施設を対象に描いた別の場面では、水槽の上には柄杓ものせられている。一面に紅葉が散っているのが印象に残る。「石山寺縁起」巻八では、高所から床下をくぐり、水槽につなげる取水の装置が売られている。

「狭衣物語」では、水の音や川の上の釣殿にも触れているが、私はこの一連の記述の中で、特に、嵯峨野の浄土寺院の「山よりわづかに落ちくる水を、おのおの竹の樋どもを蜘蛛手にまかせやりつつ受けたるさま」（クモのように縦横に水を渡している）の記載に注目したい。これは、懸樋による導水のイメージが脳裏に浮かんでくるものである。

同様な効果をもたらす記載を紹介しよう。『方丈記』では、庵室の南に竹のスノコを敷き、西に閼伽棚、南に懸樋を設ける。そして、岩を立て、水をためている。ほかに、『徒然草』第十一段には、「木の葉に埋もれる懸樋の雫ならではつゆおなふものなしあかたなに菊もみじ折り散らしたるさすがに住む人のあればなるべし」とみえる。

『とはずがたり』巻一には、庵の前にある水槽に流れる水の中で水が凍りついて音もたてず、向こうの山で薪を伐採する斧の音と対比している。

これらの記載から、平安〜鎌倉期にかけては、懸樋・水槽・閼伽棚が構成要素であることがわかる。このうち、水槽については、下記の絵から微妙に形態が異なっている。

「親鸞上人絵伝」第二巻……懸樋・水鳥の槽・流れ

「松崎天神縁起」……懸樋・丸い水槽（曲物）

「融通念仏縁起」……懸樋・方形水槽
「男衾三郎絵詞」……懸樋・方形水槽

民俗学の野本寛一は、軒端の水槽についての習俗例を多数紹介しているが、[3] 絵巻物で描かれた水槽は必ずしも軒端に位置しているわけではない。

「芦引絵」では、懸樋と水槽からその先の処理について描かれ、池につなげていることがわかる。懸樋で羽を休め、水を飲む鳥が描かれる場合が割と多い。「春日権現験記絵」十には、庵室の裏手に懸樋に群がる小鳥が描かれる。ほかに、「法然上人絵伝」では懸樋の上の水鳥（鶺鴒）、「親鸞上人絵伝」第二巻では、懸樋に水鳥がとまる槽がみえる。

五味文彦は、巻十にみえる教懐上人の庵に水を求めてやってくる水鳥を取り上げ、これは浄土へのいざないや死を示すものとする。[4] また、中村良夫は水際の鳥の象徴性について言及する。[5] 水際に描かれた鳥は、その種類により独自の意味があると考えられる。

また、遣水の景観では池に羽を休める鳥が描かれているがこの意味も課題である。例として、「慕帰絵詞」には池の中に鴛鴦が休息している場面がある。また、「西行物語絵巻」萬野美術館本では、前栽のある庭の池に鴛鴦がみえる。

導水の先に池のある景観について、ルイス・フロイスは『ヨーロッパ文化と日本文化』の中で、下記のように述べている。

ヨーロッパでは正方形で美しい外壁のある溜池を作る。日本では奥まった所と小さな入江とをもち、中央に岩と小島のある小さな池、もしくは水溜りを作る。それは地面を掘って作る。

フロイスは、日本人の水を取り込む景観に芸術的で神秘的な性格を見てとっていたのだろうか。

二、導水の形としての遣水

古代・中世の庭園遺構や文献には、遣水と池がよくみられる。私は、これこそ究極の導水の形ではないかと考えている。

まず、遣水については、従来は庭園史や建築史の範疇で語られてきた感がある。平安時代前期には、小泉水または遣水に、小石と草木を組みあわせたものがみられる。菅原道真の紅梅殿は稲妻型、後期は寝殿造庭園・浄土式寺院庭園が主流となる。遣水の語は、平安時代中期頃より用いられた日本風の言葉で、前期には自然風のものと人工のものを区別していた。

ここで、見直したい資料がある。それは、「作庭記」の遣水に関する記載である。以下、該当部分を抽出した。

（前略）池をほり石をたてん所には先地形をミたて、たよりにしたがひて池のすかたをほり島々をつくり池へいる水落ならびに池のしりをいたすへき方角をさだむへきなり（中略）又池ならひにゆり水の尻は未申の方へいたすへし　青竜の水を白虎の方へ出すへきゆへなり、池尻の水をちの横石はつり殿のしたけたのしたはより水のおもにいたるまて四寸五寸をつねにあらしめてそれにすきはなれいてんするほとわはからひて居へきなり、（中略）山河様は石をしけくたてくたしてここかしこにはつたひ石あるへし、又水の中に石を立てて左右へ水をわかちつれはその左右のみきはにはほりしつめた石をあらしむへし己上両河のやうはやりみつにもちいるへきなり、やり水にもひとつを車一両につみわつらふほとなるの石よきなりあらためて読んでみると、遣水を引いて池を掘るときの配慮事項が示されている。方位や水落石の選び方に繊細な心得がなされている。そして、石組みの際には、遣水の石は一様に立てるのではなく、水が折れ曲がるところに据える。これらから、水の音への配慮が感じられる。

「作庭記」には、「遣水は……庭のおもてをよくよくうすくなして、水のせせらぎ流れを堂上より見すべき也」とも記載される。水際へ近づくおだやかな斜面の流れが、滑らかに水面につながるのである。石母田正が「作庭記」を分析し、立石が呪術崇拝の対象から美術意識の対象への変化を示すことを指摘したことは、案外知られていない。

これを、水に焦点をあてて検証作業してみよう。法金剛院の青女滝について、仁和寺僧石立僧林賢の作として賞賛されていた。待賢門院から改修の要望があり、徳大寺法眼静意が関わったことから、「池水際」を重視する意識が存在していた。これは、視覚と聴覚の感性を重視するということである。

時期は下るが『増鏡』のおとろのしたの巻では、「御まへの山よりたきおとされたる石のたたすまひ、こけふかきみ　やま木に、枝さしかはしたる庭のこ松も、けにけに千世をこめたるかすみのほらなり」と記載されている。これもまた室町期に下ったものだが、『さかゆく花［上］』では、池にたたえる水を「くわつすい」（活水）と表現し、遣水については、壁のない廊下で落差をつけて落とし水と風の双方の音を楽しむ仕掛けを施している。[6]

もう一つの検証作業を行いたい。「源氏物語絵巻」三十八巻における鈴虫の女三の宮の念誦堂の庭の場面に、「遣水」・「庭」・「前栽」の墨書に加えて、「すずむし」の記載もある。遣水と前栽・鈴虫の視覚と聴覚が重視されている。庭園の形式は浄土系の曲水型だけではなく、山中聖地をモデルにしたものもあった。奈良時代の「万葉集」には、山の池沼を意識した「山斎」（しま）景観がみられた。

遣水の景観をさらに豊かなイメージにするため、関連記載を続けて挙げてみよう。

「とりかへばや物語」……「水蜘蛛手に流れて絵に描きたるやうなるに」

これは、建物の前に遣水が流れていて（分流していて）絵に描いたような、と表現している。

「松陰（まつかげ）中納言」巻一……「庭の遣りより籬のもとまでつづきて　いと白砂になり行くを見捨つることのあらんか」

『増鏡』おとろのしたの巻……「御まへの山よりたきおとされたる石のたたすまひ、こけふかきみ　やま木に、枝さしかはしたる庭のこ松も、けにけに千世をこめたるかすみのほらなり」

「秋のみ山　遣水に月のうつれる、いとおもしろし」（※訳注では御溝水と遣水を同義とする）

「中門の下より出づる遣水に小さく渡されたる反橋の左右に両大将ひざまづく」

『徒然草』十九段……「霜のたつ朝遣水から烟がたつ」

二十一段……「岩にくだけて清く流るる水の気色」

四十四段……「虫の音かごとがましく　遣水の音のどやかなり」

次に、植栽についてみてみよう。「遣水の岸辺の叢が見渡すかぎり色づく」（『紫式部日記』）、「池の辺の梢々や遣水の近くの叢はめいめいとりどり一面色づいて」（『栄花物語』巻第八）と記されるように、遣水と叢総体の色づきが美意識として感じられている。具体的な樹木・植物としては、清涼殿の前庭を流れる御溝の近くに河竹（呉竹に比べて幅が広い）（『徒然草』）、遣水に長い菖蒲の根をたらす（『栄花物語』）、「水草」（『枕草子』）「池などのある所に水草が生え」等がある。「作庭記」では、遣水の植栽については、成長して大きくなる草花は避け、要所にしか植えない、とある。

『年中行事絵巻』の東三条殿の遣水にはアカマツとカエデ、寺院ではハスとしだれ桜、神社ではしだれ柳がみられる。

ただし、維持管理が求められて随身がそれに従事していたことが各作品に記されている。音声について細かくみてみよう。

『今鏡』では、滝から落ちる水の岩、澄んでいる岩と岩の間の水への感性が読み取れる。『古本説話集』では、「虫の声」・「遣水の音ののどやか」と記載されている。『十訓抄』では、遣水の音が小さく耳にひびいている。『増鏡』では、海のように水をたたえ、峰から落ちる瀧のひびきが感涙を誘っている。

感性に関して、補足してみよう。『栄花物語』巻二十では、遣水の清らかに澄む状態を黄河の水と比較している。巻三十四では、遣水の流れや神々しい木々のたたずまい、巻三十六では、遣水が気持ちよく流れて池の白さの澄みわたる様子をとらえている。

三、絵画にみる遣水

『梁塵秘抄』巻二御殿の庭の遣水に、金の砂・真砂がみられ、『今鏡』では、庭園は唐絵を意識している記載がみられる。絵画で描写された遣水について調べてみよう。

「法然上人絵伝」巻九では、上皇御所の場合、遣水が敷地内を貫き、説明によれば泉水に注いでいる。「春日権現験記絵」の関白家公家住宅の場合では、前栽・遣水・渡廊が描かれる。ほかに、広い泉、水、スノコ張りの泉殿、前栽の場面もある。

武士屋敷地の場合を確認してみよう。「一遍聖絵」第五巻では、泉水・流水・橋・植栽がセットで描かれている。僧坊・

寺庵の場合はどうだろうか。「法然上人絵伝」十六巻の高野山の坊舎では、懸樋（縁に沿って設ける）・水槽（箱型）が描かれる。ほかに、二十巻で屋根付（水屋）の懸樋・水槽・植栽の場面がある。また、庭中をめぐる細い「溝水」（住房）が印象に残る。

他の絵巻物の事例は、以下の通りである。

「長谷雄卿草紙」……泉水・亀甲型の石積み・流水。

「法然上人絵伝」……平安期の雰囲気を伝える九条兼実邸の遣水。法然の住房にも州浜・岩立て・植栽を意識した遣水。

「慕帰絵詞」第四巻……関東の僧坊では懸樋と叉木。

「親鸞上人絵伝」……懸樋・脚・水槽・石橋・流水・雨落溝。

「住吉物語絵巻」の説明では溝を遣水としている。さらに他の描写も挙げてみよう。「玄奘三蔵絵」では唐皇帝太宗の居所の前にも遣水を描く。「寝覚物語絵巻」の中納言の邸宅では、遣水とさまざまな植栽をあわせて描き、緑を強調している。さらに、遣水は縁の下にも広がっている様子が描かれている。「法然上人絵伝」巻十では、大原勝林院の阿弥陀堂の敷地は二重の川で囲まれている。自然のものと人工の溝の二種が見受けられる。いずれも、岩立てや植栽にも配慮している。

遣水については、平安期から鎌倉期にかけて、視覚・聴覚双方を重視する意識が高まっていることがみえてきた。室町中期以降の在地の武士の館跡には、立石や池泉をともなう庭園がみられる。例えば、戦国期の一乗谷の庭園遺構からも導水や立石の工夫の跡を見てとることができる。

四、記録され、描かれる雨落溝

導水について調べていると、今まで気に留めなかった雨落溝の存在があらためて浮き彫りになってきた。雨落溝については、早くからその機能に関して着目してきた庭園史の森蘊（おさむ）や『新版絵巻物による日本常民生活絵引』における宮本常一らの民俗学からの説明では、屋敷の屋根直下の水路が雨落溝であると理解されている。しかし、「法然上人絵伝」の解説では、切石の雨落溝を「遣水」と表記する。また、他の絵巻物の解説では、雨落溝を溝（かわ）と表現するものもある。民俗事例では、九州では井戸を「カワ」と呼んでいる。「溝（かわ・カワ）」の事例を探ってみると、『日本民俗採訪事典』（山川出版社）に屋敷地の「御溝水」があり、『広辞苑』では「宮中の庭を流れる水」と説明する。『古今』巻第二春歌下では「さくらの花のみかわ水」、『源氏物語』梅枝では「右近の陣の御溝水のほとりになぞらえて」、『建礼門院右京大夫集』では「いつしかと氷とけゆく御溝水（みかわみず）行く末遠きけさの初春」として、内裏の周囲を流れる溝に宮廷への慶祝の意をこめる。「直幹申文絵詞」では、「御溝」を「めぐらし」と説明しているが、実態は雨落溝である。中世後期の『連歌集』の「草子洗」では「庭にながるるみかわ（御溝）水」（※排水のための水）として記載する。

ここで注目したいのは、溝の切石の描写である。一部の絵巻物、例えば「年中行事絵巻」では簡易な溝の表現がみられるが、多くは、はつった切石を敷いた描写が多い。同絵巻では、沓脱石（くつぬぎいし）は内部の位置に描いている。建築史では、沓脱石と入り口の関係については言及されているが、溝との関係は特に説明されていない。

以下、絵巻物における描写事例を挙げたい。

「弘法大師行状絵詞」……空海の生家の溝は切石、沓脱石は内側に描く。敷地内の井戸・溝・洗濯・曲物を関連するものとして描く場面もある。

「当麻曼荼羅縁起」……規矩のきちんとした切石。軒の雨垂を他にしている。

「平治物語絵巻」……中宮御所の場面では変形の踏み石と踏み台を併記。

「直幹申文絵詞」……溝の上に踏み台。

「松崎天神縁起」清涼殿……溝の上に踏み石を敷く。

「法然上人絵伝」巻六……法然の住房の溝にまたがる踏み台。巻十では、溝の上に設置。

「親鸞上人絵伝」第二巻……縁に沿った雨落溝は「はつり石」と説明する。閼伽桶も描く。

「西行物語」徳川美術館本……溝は沓脱石の外。

「土蜘蛛草紙」……溝の上に沓脱石。

「芦引絵」……溝の内側に沓脱石。

また、「一遍上人絵伝」四巻には因幡道に溝・板、七巻には大津関寺前に溝と板および大和当麻寺前の村落に溝と溝板を丁寧に描いている。

中野豈任は「呪符と境界」において、雨落溝が家屋と外の境界になっていたこと、また、軒先のくぼみへの畏怖の念や死者の霊がこもる場とする屋敷地の周囲の複数の溝の多様な観念について指摘した[7]。

柴垣が溝と平行しても設けて描写されていることは、複層的境界の意識を示すと考えられる。院政期までの歌集には、忍草などの景物が屋敷の境の表象としてみえる。一方で、鎌倉期の歌集には「軒・軒端」の歌が増加していく。

「後撰集」には、「軒の下水」の措辞で「軒のたま水」がみえる。「平治物語」の後涼殿の場面では、武士が邸内に入る際に切石の溝を飛び越えている行為が象徴的に見受けられる。

このように、雨落溝については境界意識が存在した可能性が高い。なお、考古学では古代から近世は「溝の文化」とするが、遺跡・遺構の調査では建物や集落の溝の意味についていまだ議論は深まっていない。

雨水の処理は、建物の樋から雨落溝へ流している。『年中行事絵巻』には、清涼殿の南面の軒先に樋が描かれている。また、樋から水を落とすための竪樋口も描かれている。雨水は、この竪樋を伝わって東南隅にある滝口に落ちるようになっている。紫宸殿の背面にも軒樋・竪樋がある。また、「洛中洛外図」などの中世後期の町家の景観をみていると、卯建をあげた町家では、軒先に設けた樋を卯建の壁を突き抜けて外に出し、雨水を落としている。ちなみに、近世の民家では近年、文化財建造物の視点から建物単体のみならず「構え」が注目されている。棟と棟の間の取り合いの部分に樋を設け、雨水処理を行っていることが指摘されている。

現代の沖縄に残る天水タンクやタイの雨水を樋の角度に配慮している。日本建築学会が整理する集雨・保雨・配雨・整雨という整理に照らしてみると、屋根が集雨、樋・水槽・池が整雨の役割を果たしていたといえる。

おわりに――総括と今後の課題

以上、文学作品や絵巻物等を素材にして中世の生活と水を探ってきたが、そこからみえてきたのは導水の技術的配意と美意識、さらには信仰の意識であった。その周辺には　水をめぐる自然（植栽・生き物）と一体の視覚・聴覚の感性の世界が広がっていた。こうした周囲の景観との一体化においても、水際（みぎわ）の導水が、その究極的形態といえる平安~鎌倉期の遺水を生んだといえる。

ちなみに、この水の景観の名所化が鎌倉期にみられることが歌集で確認できる（建永二年「最勝四天王院障子和歌」、建保三年「内裏名所百首」）。京都の遺水の水源としては、洛中洛外の川が想定できる。この河川は上記の性格に加え、境界（享徳四年六月祇園社犀鉾神人目安では、川が公界の境界と意識され、左右京職の管理となっている）、耕作の灌漑用水（「石山寺縁起」の水車は宇治川から懸樋につないでいる）、物資の輸送手段、要害（構）（戦国期では京中の川は構の一つとなっていた）、納涼や遊楽の場という多面性をもっていた。

また、遺水が建築と一体となっていたことも確認できる。以下に事例を掲げたい。

ひんかしに高き松山あり、麓よりわきいつる水のなかれ、松のひびきをそへていとすずし。水の上に二かいを造りかけたるは、庭の中を流れゆく石間の水さなから袖ひつはかりなり。（二条良基『おもひのままの日記』）

これは平安期の遺水と一体であった釣殿や、泉廊の系譜をひく構造物とも考えられる。

今回取り上げなかったものには、井戸がある。資料から一部を拾ってみると、①井戸を掘る（「当麻寺縁起絵巻」）、②霊水と井戸（『古今著聞集』巻第二釈教）、③蓮華王院後戸の辺に功徳水出づる事、④『百練抄』永万元年六月八日の条に蓮華王院の西の砌から泉が湧き出たこと、が確認できる。その分析は後日を期したい。

今後の課題をあげてみよう。①導水と井戸の関係の説明、②家財・財産あるいは譲渡の対象としての水に関する道具（水桶や閼伽桶）、③遺構の見直し（埋蔵文化財発掘調査報告書に見られるＳＤに着目する。例えば、考古学用語のＳＤは溝・小溝か河川か）、④建築史からの見直し（伊藤ていじは新見荘の名主屋敷の推定復原図から溝と堀を区別しているが、建築史がとらえる溝と堀の違いは何か）、などを考えていきたい。

註

(1) 小野正敏・五味文彦編『水の中世　治水・環境・支配』高志書院、二〇一一年。
(2) 高木徳郎「在地領主と用水開発」(前掲書に収載)。
(3) 野本寛一『軒端の民俗学』白水社、一九八九年。
(4) 五味文彦『『春日験記絵』と中世』淡交社、一九九八年。
(5) 中村良夫『日本風景学入門』中央公論新社、一九八二年。
(6) 飛田範夫『庭園の中世史』吉川弘文館、二〇〇六年。
(7) 『祝儀・吉書・呪符―中世村落の祈りと呪術―』吉川弘文館、一九八八年。

Ⅱ　朝鮮出兵期の長宗我部領国における造船と法制

津野倫明

はじめに

軍役人数の総計がのべ約三十万にも達した豊臣政権の朝鮮出兵は人員・物資の大量輸送を必要とする対外戦争であった[1]。そのため、朝鮮出兵は豊臣政権や諸大名に造船を要請したのであり、三鬼清一郎氏は仮説として特殊な「造船地帯」の形成を唱えた[2]。

この仮説をふまえ、旧稿において豊臣政権が発令した慶長三年（一五九八）四月の造船命令を検討して以下の諸点を指摘した[3]。豊臣秀吉は慶長四年の三度目の出兵を想定し、「七端八端帆」の船二百五十艘を土佐で建造するよう命じた。この規格・数量を島津氏の船舶調達計画のそれらと比較してみると[4]、公的な軍役人数が三千人の長宗我部氏が使用するにしては膨大な量となる。つまり、この造船命令は豊臣政権への供出用船舶の建造を命じた大規模造船命令であり、軍役であるがゆえに豊臣政権は「公儀御用」として毛利氏から供出させた鉄・碇を長宗我部氏に支給する方策もとっていた。ここに、豊臣政権が三度目の出兵に臨む段階で確立した、軍需に対応する資材確保・輸送・分業の体制が看取される。

旧稿発表後に接した史料にもとづいて、造船規模に関する補足をしておきたい。年未詳八月二十五日付毛利秀元・早川長政・増田長盛連署状によれば[5]、七端帆の乗員は五十六人、八端帆の乗員は八十人が目安とされている。これをもとに計算すると、二百五十艘の乗員は七端帆の場合で計一万四千人、八端帆の場合で計二万人にも達する。慶長三年四月の造船命令は、紛うことなき大規模造船命令だったのである。

旧稿には、大規模造船の実態解明と土佐は大規模造船に相応しい地域であったのかの検討が課題として残されていた。当面の課題とした後者に関しては、次のような抱負を呈した。三鬼氏は「造船地帯」形成について、「必ずしも天然の森林地帯だけに限られない」とし、「手工業者の分布状況や資材輸送の条件」「諸大名のおかれた政治的・経済的条件」を諸条件としてあげ、「大名領国制の展開と密接な関係」を有すと指摘している。従来、土佐は造船に要する資材とくに材木、人材の供給地として注目されてきたが[6]、豊臣期の土佐では「大船を含む造船が盛ん」であり、「安芸・中五郡・幡多の三大行政区ごとに配置された水軍・廻船の運用、造船など海事関係の諸奉行をはじめ、その基礎となる浦方支配（政所・刀禰―水主）体制が、慶長初年には整備されていた状況」が秋澤繁氏によって指摘されている[7]。こうした体制整備、すなわち「大名領国制の展開」も意識しつつ右の諸条件を検討し、大規模造船計画の現実性を検証してゆくことが当面の課題であるとした[8]。

本稿では、まず「造船地帯」形成の諸条件に該当する土佐沿岸航路や資材・人材、次に「大名領国制の展開」にあたる長宗我部氏の法制、最後に朝鮮出兵終盤の撤兵策とそれへの対応、これらを検討してゆく。とりわけ法制の「長宗我部氏掟書」「秦氏政事記（はたしせいじき）」（以下、文中では「掟書」「政事記」と略）の分析では成立の契機に着目し、両者と造船との関連性を明らかにする。以上の考察を通じて、当面の課題を解決したい。

一、「造船地帯」形成の諸条件

はじめに、南海路と長宗我部氏との関係をふまえつつ、「造船地帯」形成の諸条件のうち、資材輸送に関わる土佐沿岸航路を検討してゆこう[9]。広義の南海路は五島列島もしくは種子島から九州南端・九州東岸・豊後水道・土佐沿岸・紀伊水道を経て畿内にいたる航路とされ、狭義の南海路は土佐沿岸を通過する航路とされる[10]。寄港地の一つ土佐浦戸は、永禄九年（一五六六）頃成立の鄭舜功『日本一鑑』にも登場する（以下、適宜図を参照）。天正四年（一五七六）に薩摩を発った近衛前久は浦戸を経由して翌年帰京した。前久の浦戸滞在中、従者の伊勢貞知が当時の長宗我部氏の本拠地岡豊で元親と交渉にあたった事実が示すように、浦戸は岡豊の外港であった。前久帰京の際、長宗我部水軍の将と思しい池隼人が兵庫まで同行しており、土佐から兵庫にかけての海域に「上乗」慣行が存在したようである[11]。

永禄十一年、長宗我部家臣江村親家宛の肝付家臣書状写によれば、「浦戸之船」をめぐる事件があった[12]。当時、島津豊州家と抗争中の肝付氏は日向櫛間の周辺を海上封鎖しており、島津領に向かっていたと考えられる「浦戸之船」が検問にかかった。元親による土佐統一は天正三年のことであるが、はやくも永禄期には長宗我部領―島津領で「浦戸之船」が往来していたのである。往来には、長宗我部氏が浦戸を掌握していたことや書状写が親家宛であることからして、長宗我部権力が関与していたようである。ただし、天正四年の元親宛島津義久書状写によれば、民間レベルでの往来だったようである[13]。

この書状写の「雖未申馴候」という文言が示すように、今回が大名権力としての交流のはじまりであった。その契

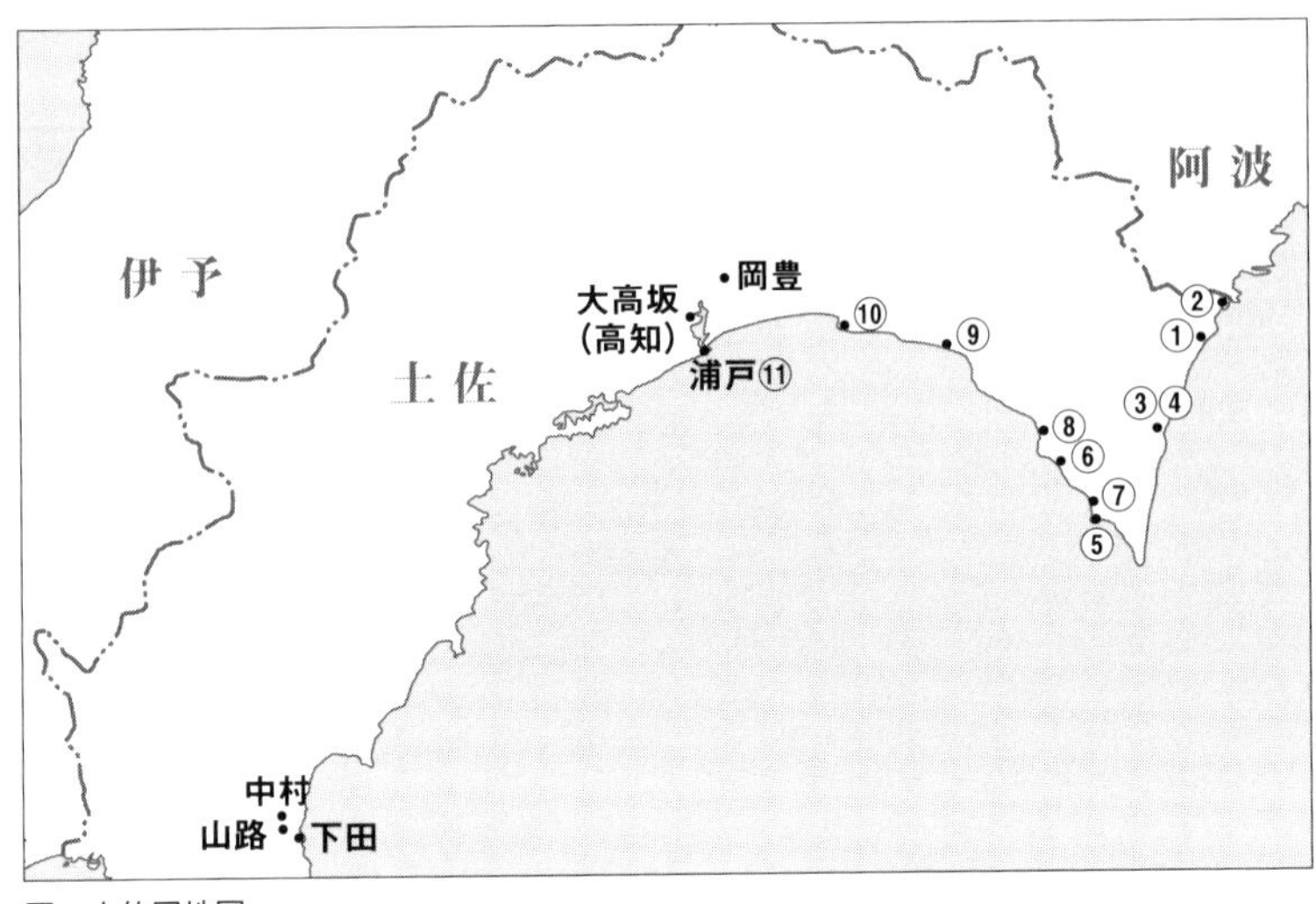

図　土佐国地図

①永徳寺：「野根　庄屋　永徳寺」（現安芸郡東洋町）　②すか五郎：「甲浦　政所　須賀五郎右衛門」（現安芸郡東洋町）　③孫左：「同浜　刀禰　浜田孫左衛門」（現室戸市）　④さきのはま：「佐貴浜　庄屋　田中三郎兵衛」（現室戸市）　⑤にしてら：金剛頂寺（おそらく庄屋）ヵ（現室戸市）　⑥はね：「羽根　庄屋　入交杢右衛門」（現室戸市）　⑦吉良川：「吉良川　庄屋　中村宗介」（現室戸市）　⑧正覚寺：「奈半利　庄屋　正覚寺」（現安芸郡奈半利町）　⑨いわ左：安芸郡の奉行岩神左衛門進泰貞（現安芸市）　⑩長楽寺：「夜須庄　庄屋　長楽寺」（現香南市夜須町）　⑪非遊：浦戸にいた出頭人非有斎（現高知市）
※おもに「秦氏政事記」をもとに比定。

機は櫛間かその周辺で土佐の船が肝付氏に拿捕（だほ）された事件であった。事件後、義久は島津氏に降伏してきた肝付兼護（かねもり）に送還を命じた。当該船は鹿児島から土佐に帰る途上にあったと推測され、往来が継続していたとみてよい。こうした往来を前提に義久は櫛間などを経由する廻船往来を元親に提案した。以降、長宗我部領―島津領の交易はさらに盛んになったからであろう、元親の南海路への執着がみられる。

天正十四年七月、秀吉は島津氏攻撃を決定し、前年軍門にくだっていた長宗我部氏にも出撃を命じた。ところが、その翌月に元親は島津氏に大船を進上し[14]、秀吉に対する面従腹背の姿勢をとっている。これについて、秋澤繁氏は堺出身の土佐高岡郡の商人天野屋が土佐と薩摩を往来していた例などを挙げつつ、「薩摩との関係では、秀吉臣従後の天正十四（一五八六）年に至っても、なお元親は「大船」を進上、島津氏に好を通じており、九州南海路への執心も捨てていない」と適言している。また、秋澤氏は天正十六年の『長宗我部地検帳』の所見をもとに日向細島（天正六年以降は島津氏の支配下）からの来往者が浦戸にいたと推論しており、「堺の千一族・樽屋・塩屋・尼崎商人」が浦戸にいた事実も指摘している[15]。この指摘もふまえるならば、土佐の沿岸航路は南海路の伝統を背景として島津領だけでなく堺など畿内とも結びついており、その一大拠点が浦戸であったといえる。当然ではあるが、土佐には造船の伝統も息づいていたとみるべきだろう。

豊臣期の長宗我部氏は本拠地を戦国期以来の岡豊（おこう）から大高坂（高知）へ、さらに浦戸へと移転する政策とならび土佐沿岸航路を整備する海洋政策もとっており、土佐は「たやすくは回顧しえない刹那的な変貌」をみせていた[16]。ここでは「造船地帯」形成の条件とかかわる土佐沿岸航路の整備について、文禄の役で渡海した長宗我部家臣中山新兵衛の大坂から土佐幡多郡にいたる一時帰還の土佐国内のルートにそくしてみておこう[17]。

　とまり〳〵にてしたく共よく申付候へく候、馬にものせ候へく候、
此中山（新兵衛）事、天気悪候者、かちを人夫共やり付可遣候、又天気よく船便候者、可越候、たしかに浦戸まて送之候て、
又浦戸よりハ非遊（有）よく遣付候て、畑（幡多）へ可遣候、別而辛身（労カ）之事候、よく〳〵在々にてちそう候へく候、かしく、
　七月廿一日　　大さかより　もと親

①永徳寺　②すか五郎　③孫左　④さきのはま　⑤にしてら
⑥はね　⑦吉良川　⑧なわり正覚寺　⑨いわ左　⑩てい長楽寺　⑪非遊（有）

この元親書状写の年代はかつては文禄二年（一五九三）とみられていたが、最近では文禄五年とする説が提示されている[18]。年代比定の重要性は言を俟たないが、ここでは「造船地帯」形成の前提という観点から分析するので、いず

れの年代をとるにしても「掟書」「政事記」の成立以前である点を確認するにとどめておきたい。

　慶長二年三月頃成立の「政事記」には、①④⑥～⑧⑩は「庄屋」（文禄三年九月までは「使」と呼ばれていた）として、②は「政所」として、③は「刀禰」として記載されている（以下、図の説明文参照）。また、⑤は「庄屋」、⑨は安芸郡の奉行と考えられる。[19]元親書状写によれば、天気良好の場合は海路の使用が想定されており、その海路は②→①→③④→⑤→⑦→⑥→⑧→⑨→⑩→⑪となる。土佐東端の甲浦（かんのうら）から浦戸までの沿岸航路が知られるわけだが、その整備の状況に関わる元親書状の機能を考えてみよう。

　書状写によれば、新兵衛は①～⑩の在地管轄責任者に書状写の正文を提示して便宜をうけて浦戸にいたり、浦戸から新兵衛の居所山路があった幡多郡までは浦戸にいた出頭人の非有斎（ひゆうさい）が手配し、[20]しかるのちに浦戸から西の在地管轄責任者にも正文を提示し、便宜をうけて帰還する予定であったと判断される。元親書状はいわばクーポンとして機能していたのである。①～⑪の所在のうち②③④⑧は文安二年（一四四五）の『兵庫北関入船納帳』に登場し、②⑩⑪は前述の鄭舜功『日本一鑑』に登場しており、中世以来の伝統を有する要地であった。しかし、浦戸以東は当主元親の書状があれば便宜をうけつつ往来しうる、浦戸以西も非有斎の手配によりつつ同様に往来しうる航路の整備は長宗我部氏の事績として看過してはなるまい。文禄期には、当主の命令があれば往来可能な土佐沿岸航路の整備が長宗我部氏によって達成されていたのであり、この航路は資材輸送にも活用されたはずである。

　続いて、「造船地帯」形成の条件のうち資材・人材を検討してゆくが、まずは豊臣政権が長宗我部勢に期待した軍事的機能と大規模造船命令以前の造船について述べておきたい。秀吉は長宗我部勢に水軍としての機能を期待していた。[21]天正十七年十一月、秀吉は小田原攻めに備えて長宗我部勢二千五百人を「船手人数」に編成していたし、文禄の役では文禄二年二月に長宗我部勢は「船手」に加わるよう命じ、晋州城攻撃に際する同年三月の陣立書でも長宗我部勢を「舟手衆」に編成していた。さらに、慶長の役では慶長二年二月の軍令において「四国衆」は必要に応じて「船手」に加わるようにと秀吉は指示していた。長宗我部勢は他の四国諸大名と同様に水軍として活動する存在であり、相応の造船が要請されたはずである。実際、前述の島津氏への大船進上が示すように、長宗我部氏は大船建造の能力を有していた。『元親記』によれば、小田原攻めに参加した長宗我部勢には「大黒丸と云十八端帆の大船」が属していた。[22]軍記物の記述ではあるが、大船進上の事実からすると、土佐では大型軍船も建造されたと考えてよかろう。こうした造船が可能であったのは、土佐が造船に要する資材・人材に恵まれていたからにほかなるまい。

『兵庫北関入船納帳』によれば、「兵庫北関に入った土佐よりの積載貨物は、すべて木材」であり、[23]長宗我部氏も豊臣政権から材木供出をたびたび命じられている。『多聞院日記』の天正十四年四月十一日条には「四国ノ土佐ノ長曽我部ニ大鳥居ノ材木被仰付」とあり、同年六月十四日条には「京ノ内野ノ作事ニ四国・東国ヨリ大材木ヲヒタ、シク上ルト云々」とある。[24]長宗我部氏は春日大社遷宮の大鳥居用材の供出を命じられており、聚楽第（じゅらくてい）建築用と思われる「大材木」も供出したとみてよいだろう。[25]また、供出の例ではないが、天正十九年には浅野長政が息子幸長に「堺浦」での造船に要する「くすの木板」を「長宗我部殿」と相談して購入するよう指示していたことも知られる。[26]こうした造船用材木に関して着目すべきは、次の秀吉朱印状である。[27]

大船ひの木材木之分　　　かちき舟はり

一九本長さ一丈二尺は、壱尺四方

（中略）

合百四拾三本

右材木、なこやニをひて、大船被仰付候、為御用被召寄候条、急度名護屋へ相届、寺沢志摩守（正成）可相渡候也、

天正廿年十一月六日　〇（秀吉朱印）

長曽我部（香宗我部親泰）左近大夫とのへ

ここで秀吉は、香宗我部親泰（元親実弟）に名護屋での大船建造に要する材木の供出を命じている。「寸法まで定めた檜一四三本」と指摘されるように指示は詳細であり[28]、この大船は秀吉の御座船とみてよかろう[29]。また、同じ天正二十年に比定される十一月七日付朱印状で秀吉は親泰に「かゝす拾五筋」の供出を命じている[30]。「かゝす」は碇綱に用いる加賀苧綱であり、これもまた造船用の資材といえる。土佐は資材の供給地であり、しかも、右の秀吉の詳細な指示からすると、土佐の材木生産技術は高い評価を得ていたと考えられる。こうした観点からは、次の文禄二年の朱印状が注目される[31]。

於豊後船被仰付候条、其国之舟大工有次第申付、宮部中務卿（継潤）法印・山口玄蕃頭（宗永）両人ニ可相渡候、并大鋸引卅丁申付、是又右両人かたへ可遣候也、

五月廿八日　〇（秀吉朱印）

長曽我部左近大夫とのへ

ここで秀吉は、豊後での造船に要する「舟大工」「大鋸引卅丁」の動員を親泰に命じている。わざわざ土佐の「大鋸引」を移動させるのであるから、土佐には材木の高い生産技術が蓄積されていたと考えてよく、もとよりこの点は土佐が材木供給地であった事実の証左にもなる。造船に直接関わる「舟大工」の動員も重視すべきである。やはり、わざわ

ざ土佐の「舟大工」を移動させるのであるから、その造船技術は高かったにちがいない。さらに、「有次第」なる指示は土佐には多くの「舟大工」がいたことを示唆していよう。

二、「長宗我部氏掟書」の制定

「掟書」の制定者は元親・盛親父子であり、まず文禄五年（一五九六）十一月一五日に九十九箇条を制定し、のち一箇条を追加して慶長二年（一五九七）三月二十四日に完成したと考えられる。[32]元親らの朝鮮への再渡海は文禄五年九月七日には決定しており、朝鮮に向かう元親らと太田勢との豊後佐賀関での合流は翌慶長二年六月二十四日であった。[33]つまり、「掟書」は元親らの再渡海決定から再出陣までの間に制定されたのであり、こうした時期的な問題を踏まえた制定に関する指摘がかねてよりある。

例えば、井上和夫氏は「出陣を前にして、挙国臨戦的体制の確立を期し、出征の留守中準拠せしめんための、謂わば劃期的統一法」と評しており、菅原正子氏は密懐法関連の33～36条に着目し、「文禄の役による出兵で秩序の乱れた国内を厳しく誡め、秩序を回復して再出兵後の国内に備えるために掟書を制定した可能性」を指摘した。[34]最近では、平井上総氏が菅原氏の見解も考慮しつつ、「掟書」末尾の「右条々、於国中、自今以往可為亀鑑之条、貴賤共令信用、全可相守」なる一文に注目して「長く使い続けるつもりで作った分国法だが、慶長の役への出陣が制定の契機となっていたため、内容にその当時の課題が色濃く反映されるものとなった」と評価している。[35]この評価が妥当であり、「掟書」制定の契機は朝鮮への再出陣とみるべきであろう。

では、「掟書」のうち行政機構や造船に関連する諸規定をみてゆこう。(36)

国中七郡之内、三人奉行相定上者、彼奉行申付儀、諸事不可覃異儀事、付、在々所々庄屋相定置上者、万事触渡処、聊不可存緩事、［11条］

知行役、乍勿論不寄大小事ニ、堅固可相勤、若材木出、普請等於遅参仕者、日数一倍可為科役、幷賄以下無沙汰候者、是又一倍にて可有運上事、［17条］

走者之事、（中略）付、普請、材木出等之時罷出、奉行江不相届帰候者、知行可召放、（後略）［18条］

諸職人、其奉行、其職人頭申付儀令信用、諸事聊不可及異儀事、［67条］

大工、大鋸引、檜物師、鍛冶、銀屋、硎、塗師、紺掻、革細工、瓦師、檜皮師、壁塗、畳差、具足細工等、右、諸職人賃、一日ニ上手者、京升ニ籾七升、中ハ京升ニ籾五升、下手者、京升籾三升、職人上中下之事者奉行人可相尋事、付、船番匠之賃者京升ニ籾可為一斗事、［68条］

竹木、杉、檜、楠、松、其外万木、公儀御用木のため、付記置者、不及是非可立用、竹木我領知之内雖在之、奉行中迄不申届者、剪事堅停止也、在々山々浦々、竹木成立候之様ニ、才覚肝要之事、［76条］

行政機構に関する11条では、「三人奉行」に権限を集中し、在地の庄屋の「触渡」を遵守すべきことが規定されている。当時の長宗我部権力の中枢を概略的に示しておこう。(37)

【慶長二年頃の長宗我部権力の中枢】

元親・盛親 ―― 留守居　非有斎 ―― 三人奉行　豊永藤五郎
　　　　　　　　　　　　　　　　　　　　　　久武親直
　　　　　　　　　　　　　　　　　　　　　　山内三郎右衛門

豊永藤五郎　　　久万次郎兵衛

出頭人の非有斎が常に広範な権限を行使したとみる私見に対して、平井氏は留守居であるがゆえに権限の行使が可能であったとみている。こうした見解の相違はあるものの、[38]「三人奉行」に該当するのが右の三名であり（豊永藤五郎は留守居でもあった）、奉行のなかでも彼らに権限が集中していたとみる点に関しては異論は提示されていない。

続いて、造船の資材・人材に関する条文をみてゆこう。17条では、家臣が「知行役」としての「材木出」に遅参した場合には「日数一倍」を「科役」とすると規定されている。「材木出」については、18条で担当奉行の監督権や「材木出」を放棄した場合の知行没収という厳罰が規定されている。その担当奉行の権限に関する67条では、諸職人は担当奉行や職人頭に異議を唱えてはならないとされている。諸職人の賃金を規定した68条には造船に関わる「大鋸引」「鍛冶」が記載されており、「船番匠」（船大工）の賃金は「船番匠之賃者京升ニ籾可為一斗事」と特記されている。「船番匠」は他の諸職人より優遇されていたのである。[39]また、76条によれば、「公儀御用木」用の竹木は当然として、各家臣の知行地の竹木も伐採には担当奉行の許可が必要であった。先の寸法まで定めた檜の供出命令からしても、特に檜の確保が重視されていたと考えられよう。

ここでみた諸条文が示すように、長宗我部氏は「三人奉行」に権限を集中し、その統率下に庄屋・担当奉行さらに職人頭を配する指揮系統を整備して、造船に要する材木および「船番匠」など人材の確保をはかっていたのであり、朝鮮への再出陣を契機とする「掟書」制定の目的の一つは造船体制の整備にあったといえよう。

三、「秦氏政事記」の作成

　前述のように、秋澤繁氏は海事関係の諸奉行などが「慶長初年には整備されていた状況」を指摘しており、論拠は「政事記」とされている。まずはその作成の契機を検討してみたい。(40)「政事記」は、はじめに長宗我部氏が常備しておくべき武具・普請道具の目録、続いて奉行人の職名と在任者の一覧、ついで代官・庄屋・刀禰の地域名と在任者の一覧を掲げ、最後に慶長二年三月二十四日の日付と元親・盛親父子の花押影を有する奉行人に関する諸規定を掲げており、奉行人が職務遂行上必要な情報を整理した史料であるとみられる。奉行人に関する諸規定の日付は、「掟書」の完成と同日である。よって、その作成は「掟書」同様に再出陣を契機としていたと判断すべきである。

　奉行人の一覧は、「中五郡諸奉行」「諸奉行并諸道口番事」「幡多郡諸奉行」で構成されている。中五郡とは香美郡・長岡郡・土佐郡・吾川郡・高岡郡のことであり、「中五郡諸奉行」は本拠地浦戸の中央機関である。「諸奉行并諸道口番事」は記載地名から、東部の安芸郡の出先機関と考えてよい。「幡多郡諸奉行」は西部の幡多郡の出先機関にあたる。

　では、造船に関連する奉行人体制を「中五郡諸奉行」からみてゆこう。まず、注目すべきは「御材木懸并人数遣奉行」であり、「掟書」にみえる「材木出」を管轄したと考えられ、「三人奉行」の豊永藤五郎・山内三郎右衛門が兼任している点を重視するならば、その権限は領国全体におよんだと判断される。「御材木浦戸ニ而請取遣奉行」には田原五郎太夫・福留源兵衛が任じられており、名称からは浦戸が材木の集散地であった事実が判明する。造船に直接携わる「船作并大鋸引奉行」には久宗任・市原源太郎・山本菊右衛門の三名が任じられており、彼らが船番匠（船大工）

そして大鋸引を統率したのであろう。艤装と関わる「船道具奉行」には池藤次郎が任じられている。また、船舶と操船に関わる「船并船頭水主奉行」には小原次郎兵衛・吉村九兵衛が任じられていた。

次に、「諸奉行并諸道口番事」をみよう。造船に直接携わる「御船作奉行」には組田作之進・市原隼人・中間六右衛門の三名が任じられている。「御船板大鋸引奉行」には入交源三郎が任じられており、彼は大鋸引を統率して船板を調達したのであろう。「御船道具奉行」には毘沙門・野村孫兵衛が任じられていた。

最後に、「幡多郡諸奉行」をみておこう。「船并船頭水主材木薪奉行」には池五郎右衛門・池太郎兵衛が任じられており、彼らは船舶と船頭・水主だけでなく造船用の材木の管理・調達を担当したのであろう。「船道具奉行」には千矢弾正・吉田孫兵衛が任じられている。名称から造船に直接携わったと判断しうる奉行名が見当たらない。しかし、「船道具奉行」に続いて「番匠奉行」が記載されており、中民部丞・池安右衛門が任じられている。この「番匠奉行」は「中五郡諸奉行」に記載があるものの、「諸奉行并諸道口番事」には記載がなく、「諸奉行并諸道口番事」と「幡多郡諸奉行」の出先機関としての共通性を考慮するならば、さらに近衛前久の帰京に同行した池隼人の事例やここまでに奉行人として言及した池藤次郎・池五郎右衛門・池太郎兵衛の事例が示すように、池氏には海事に関わる者が多い事実も勘案するならば、「御船作奉行」に該当するとみてよいだろう。

「政事記」により造船に関連する奉行人体制が明示されたのであるが、同時に土佐沿岸航路に関わる体制も明示された。前述のように、文禄期には沿岸航路が整備されていた。その在地管轄責任者のうち、①④⑥～⑧⑩は「庄屋」として、②は「政所」として、③は「刀禰」として、「政事記」に記載されている。「政事記」の成立により個々の立場が明記されたのであり、資材輸送を担う沿岸航路に関わる体制が明示されたといえよう。

「政事記」には、こうした体制の明示と連関した租税集約に関する規定もある。「諸奉行可覚悟条々」には、「毎年之段米・貢物、米壱俵も在々ニ而不可遣事」や「安喜郡ハ安喜之浜、幡多郡ハ中村下田蔵、中五郡ハ浦戸江悉相揃、万之用ニも上ヶ所江相集其蔵より出入すへき事」といった条文がある。領国内の租税は現地でそのまま支出にあててはならず、安芸郡は安芸に、幡多郡は中村（下田は中村の外港）に、中五郡は浦戸に集積して「蔵」にいったん収納したのち支出にあてることになっていた。この租税の集積状況からすると、「造船地帯」は安芸・中村・浦戸に形成されたと考えられる[41]。そして、「中五郡諸奉行」の中央機関としての性格や「御材木懸并人数遣奉行」「御材木浦戸ニ而請取遣奉行」の存在、浦戸が長宗我部氏の本拠地となっていた事実、これらを重視するならば、土佐の沿岸航路の一大拠点浦戸こそが最大規模の「造船地帯」であったとみてよかろう。

ここでみた奉行人体制と土佐沿岸航路の体制の明示、そして租税集約に関する規定が示すように、「政事記」作成の目的の一つもまた造船体制の整備であったといえよう。

四、大規模造船計画の現実性

ここまでの検討により、以下の諸点が明らかとなった。まず、豊臣政権が発した慶長三年四月の造船命令は長宗我部氏に軍役として課された紛うことなき大規模造船命令であった。長宗我部領国である土佐には、この大規模造船を担いうる「造船地帯」形成の諸条件が存在した。土佐の沿岸航路は中世以来の南海路の伝統を背景に廻船往来が盛んであり、文禄期には長宗我部氏による土佐沿岸航路の整備が達成されていた。当然、造船の伝統も息づいていたとみるべきであり、実際に長宗我部領国は「造船地帯」形成の前提となる大型軍船など大船も含む造船の歴史を有しており、これを可能とする資材・人材に恵まれていた。こうした諸条件のもと、「掟書」「政事記」の成立により海事関係の法制が整備された。両者はともに慶長の役出陣を契機として成立したのであり、前者の「三人奉行」のうち豊永藤五郎・山内三郎右衛門が後者の「御材木懸并人数遣奉行」を兼任しており、造船に関連する諸規定が多々ある。よって、両者は連結した法制であり、その目的の一つは造船体制の整備にほかならず、後者の租税集積に関する規定からすると、本拠地浦戸・安芸・中村に「造船地帯」が形成されたと考えられる。

以上の諸点をふまえるならば、慶長三年段階の土佐における大規模造船計画の現実性は高いと判断される。なお、大規模造船命令の発令時には元親・盛親は朝鮮在陣中であり、帰国は五月頃であった[42]。この状況下での大規模造船は疑問視されるかもしれない。しかし、そもそも「掟書」「政事記」の成立は再出陣を契機としており、父子の留守が想定されていたのである。おそらく、大規模造船命令の発令者たる豊臣政権もまたそうした状況を認識していたにちがいない。

ここで、秀吉死後に秀吉の名をもって示された朝鮮よりの撤兵策とそれへの対応を検討し、大規模造船計画の現実性を高くみる私見を補強しておきたい。慶長三年の九月五日付四大老連署状によれば、在陣諸将の「迎舟」として「新艘百艘」が派遣される予定であった[43]。また、十月十五日付五大老連署状によれば、「四国衆」や九鬼氏・脇坂氏らは「舟手」として「大あたけ・小あたけ数百艘」で渡海するよう命じられている[44]。実際、十月十九日付鍋島直茂・同勝茂宛元親書状写に「御人数可被差渡御評儀令一決、兵船共舟手之各被仰付、我等茂大舟数艘、御触付、御陣用意旁其励、不存油断候」とあるように、長宗我部氏には「大舟数艘」を擁する出陣が求められており、元親は油断なく準備を進めていた[45]。ほぼ同内容の同日付柳川下総・同権介宛元親書状写もあり[46]、菅原正子氏はこれに依拠して「元親は文禄三年頃から、秀吉の命により大船数艘を造らせて朝鮮への再出兵の準備を始めた」と指摘した[47]。しかし、直茂・勝茂がともに朝鮮にいた時期は慶長二年～三年に限定され[48]、内容からして二通の元親書状写の年代は慶長三年に比定される。ただし、元親が大船数艘を建造させたとみる見解には従うべきであろう。なぜなら、先の「新艘百艘」「大あたけ・小あたけ数百艘」に着目するならば、長宗我部氏が用意すべき「大舟数艘」のうちには新造の大船が含まれていたと考えるべきだからである。

以上のような撤兵策とそれへの対応が示すように、慶長三年において長宗我部氏は大船数艘を保有しており、大船新造も可能な造船体制を構築していた。これは「掟書」「政事記」の賜にほかなるまい。慶長三年段階の土佐における大規模造船計画は大船とは規格の異なる「七端八端帆」の船舶の建造であったが、現実的であったと判断してよいだろう。

おわりに

本稿の課題は、豊臣政権が慶長三年四月に発令した造船命令にもとづく土佐における大規模造船計画の現実性を検証することであり、所期の目的は達成できたと考える。本稿の考察は長宗我部領国における造船に終始したものの、先にみた二通の大老連署状で示された撤兵策をふまえるならば、三鬼氏が仮説として提示した特殊な「造船地帯」が日本各地に形成されていたのはまちがいない。その事例検出と比較検討が、冒頭に掲げた土佐における大規模造船の実態解明とともに今後の課題である。

註

（1）この対外戦争にはさまざまな呼称が存在するが、本稿では一般的な呼称の「朝鮮出兵」や「文禄の役」「慶長の役」を採用する。なお、呼称については拙稿「朝鮮出兵の原因・目的・影響に関する覚書」（高橋典幸編『戦争と平和』竹林舎、二〇一四年）など参照。
（2）三鬼清一郎「朝鮮出兵における水軍編成について」（同『豊臣政権の法と朝鮮出兵』青史出版、二〇一二年、初出一九六九年）。
（3）拙稿「朝鮮出兵期における造船に関する一試論」（拙著『長宗我部氏の研究』吉川弘文館、二〇一二年、初出二〇〇九年）。
（4）『大日本古文書　島津家文書』九六四号。
（5）大東急記念文庫所蔵「高橋家伝来武家書状集」。
（6）前掲註（2）三鬼「朝鮮出兵における水軍編成について」。
（7）秋澤繁「南海路」（秋澤繁・荻慎一郎編『土佐と南海道』吉川弘文館、二〇〇六年）。
（8）旧稿発表後、この課題に関連する目良裕昭「豊臣期城下町安芸の形成と朝鮮出兵」（『海南史学』第五三号、二〇一五年）が発表された。目良氏はおもに『長宗我部地検帳』や「秦氏政事記」の分析により、安芸郡が「造船地帯」になっていたと指摘する。この指摘に異論はないが、後述のごとく浦戸が最大規模の「造船地帯」であったとみられる。
（9）以下、拙稿「南海路と長宗我部氏」（前掲拙著『長宗我部氏の研究』、初出二〇一〇年）、拙著『長宗我部元親と四国』（吉川弘文館、二〇一四年）一〇五～一一〇頁参照。
（10）秋澤繁「『日本一鑑』からみた南海路」（『長宗我部元親・盛親の栄光と挫折』高知県立歴史民俗資料館、二〇〇一年）。
（11）「上乗」慣行については、桜井英治「山賊・海賊と関の起源」（同『日本中世の経済構造』岩波書店、一九九六年、初出一九九四年）参照。
（12）『鹿児島県史料　旧記雑録拾遺家わけ二』（鹿児島県、一九九一年）所収「新編伴姓肝属氏系譜」三三二号。
（13）『鹿児島県史料　旧記雑録後編二』（鹿児島県、一九八一年）八三五号。
（14）『上井覚兼日記　下』（岩波書店、一九五七年）天正十四年八月十八日条。
（15）前掲註（7）秋澤「南海路」。
（16）拙稿「朝鮮出兵と長宗我部氏の海洋政策の一断面」（高知大学人文学部「臨海地域における戦争と海洋政策の比較研究」研究

班編『臨海地域における戦争・交流・海洋政策』リーブル出版、二〇一一年）。

(17)『高知県史　古代中世史料編』（高知県、一九七七年）所収『土佐国蠧簡集』五五二号。宛所の○囲いの番号は津野が付した。なお、新兵衛は実際には一時帰還しなかった可能性が平井上総「豊臣期長宗我部氏の二頭政治」（同『長宗我部氏の検地と権力構造』校倉書房、二〇〇八年、初出二〇〇七年）により指摘されているものの、使用可能なルートであったことを重視して議論を進めたい。また、以下の記述に関しては前掲註（16）拙稿「朝鮮出兵と長宗我部氏の海洋政策の一断面」参照。

(18) 平井上総『長宗我部元親・盛親』（ミネルヴァ書房、二〇一六年）一六九頁。

(19) 本稿では、「政事記」は『土佐国蠧簡集』六五九号を採用している。①～⑩と「庄屋」等との対応関係については、前掲註（16）拙稿「朝鮮出兵と長宗我部氏の海洋政策の一断面」参照。なお、この拙稿では⑨を安芸郡岩佐（現安芸郡北川村）とみていたが、岩佐は山間部であり、また東部拠点の安芸が記載されていないのは不自然なので、平井上総「豊臣期長宗我部氏における権力構造の変容」（前掲註（17）平井『長宗我部氏の検地と権力構造』）が安芸郡の奉行と指摘する岩神左衛門進泰貞とみるべきである。

(20) 非有斎については、拙稿「豊臣期における長宗我部氏の領国支配」（前掲註（3）拙著『長宗我部氏の研究』、初出一九九六年）、同「長宗我部権力における非有斎の存在意義」（同前、初出二〇〇一年）参照。

(21) 以下、拙稿「慶長の役における「四国衆」」（地方史研究協議会編『歴史に見る四国』雄山閣、二〇〇八年）、同「慶長の役における長宗我部元親の動向」（前掲註（3）拙著『長宗我部氏の研究』、初出二〇〇四年）参照。

(22)『元親記』（『続群書類従　第二十三輯上』続群書類従完成会、一九二七年）九一頁。

(23) 下村效「戦国期南海路交易の発展」（同『戦国・織豊期の社会と文化』吉川弘文館、一九八二年）。

(24)『多聞院日記　第四巻』（角川書店、一九六七年）。

(25) 前掲註（18）平井『長宗我部元親・盛親』一四五～一四六頁参照。

(26)『大日本古文書　浅野家文書』一七八号。

(27)『長宗我部盛親』（高知県立歴史民俗資料館、二〇〇六年）38。

(28) 前掲註（2）三鬼「朝鮮出兵における水軍編成について」。

(29) 中野等「豊臣政権の大陸侵攻と寺沢正成」(『交通史研究』第五〇号、二〇〇二年)。
(30)『長宗我部盛親』39。
(31)『長宗我部盛親』37。この朱印状は大友氏改易後の豊後に継潤・宗永が検地のために派遣されていた文禄二年のものである。両人の検地については、中野等「「豊臣大名」大友氏と吉統除国後の豊後」(同『豊臣政権の対外侵略と太閤検地』校倉書房、一九九六年、初出一九九三年)参照。
(32)『中世法制史料集　第三巻　武家家法Ⅰ』(岩波書店、一九六五年)の「解題」のうち、百瀬今朝雄「一一　長宗我部氏掟書」参照。
(33) 前掲註(21)拙稿「慶長の役における長宗我部元親の動向」。
(34) 井上和夫『長宗我部掟書の研究』(高知市立市民図書館、一九五五年)一七二頁。菅原正子「戦国大名の密懐法と夫婦」(『歴史評論』第六七九号、二〇〇六年)。
(35) 前掲註(18)平井『長宗我部元親・盛親』二〇二～二〇四頁。
(36)『中世法制史料集　第三巻　武家家法Ⅰ』。
(37) 前掲註(19)平井「豊臣期長宗我部氏における権力構造の変容」参照。なお、本文掲載の図は前掲註(9)拙著『長宗我部元親と四国』五四頁による。
(38) 前掲註(20)拙稿「豊臣期における長宗我部氏の領国支配」とくに〔補註10〕参照。
(39) 吉永豊実「長宗我部氏の海事政策」(『土佐史談』第一七三号、一九八六年)。荻慎一郎「土佐藩における職人統制と幕末維新期の村の職人」(長野暹編『西南諸藩と廃藩置県』九州大学出版会、一九九七年)。
(40) 以下の概要に関しては、前掲註(20)拙稿「豊臣期における長宗我部氏の領国支配」参照。
(41) 安芸については、すでに前掲註(8)目良「豊臣期城下町安芸の形成と朝鮮出兵」の指摘がある。
(42) 前掲註(21)拙稿「慶長の役における長宗我部元親の動向」。
(43)『黒田家文書　第一巻　本編』(福岡市博物館、一九九九年)二四号。
(44)『黒田家文書　第一巻　本編』二五号。
(45)『土佐国蠹簡集』八二九号。

(46)『高知県史　古代中世史料編』所収『土左国古文叢』一二一六号。
(47) 前掲註(34)菅原「戦国大名の密懐法と夫婦」。
(48) 拙稿「朝鮮出兵における鍋島直茂の一時帰国について」(高知大学人文学部人間文化学科『人文科学研究』第一三号、二〇〇六年)、同「慶長の役における鍋島氏の動向」(『織豊期研究』第八号、二〇〇六年)参照。

【付記】本稿は、JSPS科研費JP16K03016の助成を受けたものである。

Ⅲ

中・近世における貿易港の整備
——博多・平戸・長崎の汀線と蔵

川口洋平

はじめに

港町において、中世と近世を分け隔てるものは何だろうか。場や機能にどのような違いがあるのだろうか。とりわけ、海外からの商船が寄港する「貿易港」において、何がどのように変わっていくのか。この問題を検討することで、中・近世の貿易港がどのように「整備」されていくのかを明らかにしていきたい。中世から近世にかけて、海外と通じていた貿易港である博多・平戸・長崎をとりあげ、近年の考古学的な発掘調査の進展を踏まえて、主に考古学的観点から整備の実態を検討する。

一、アプローチの方向性——港町研究と考古学

まず前提として、考古学的手法が既存のいわゆる「港町研究」の中でどのように位置づけられるのか、あるいはどのような位置を占めているのかについて明らかにしておきたい。

近年の歴史学において、国家や国境の枠組みを越えた広範な史資料を用いて既存研究の見直しを迫る、いわゆる「海域史」の議論が活発化している。中でも海を介して異世界とつながる港町は格好の研究対象として注目されていると言えるだろう。二〇〇五年から翌年にかけて刊行された『港町の世界』シリーズ（全三巻）は、海域史視点から港町を捉えて多角的な視点から論じたものであり、この分野の大きな研究成果のひとつとなっている。[1] このシリーズの執筆者三十七名の中には、四名の考古学者が含まれており、それぞれの扱うテーマや資料を整理してみることで、港町研究における考古学の位置が浮かび上がるのではないかと考える。

四名の執筆者は、坂井隆（東南アジアの港市遺跡[2]）、佐々木達夫（中東の港町遺跡[3]）、大庭康時（中世の博多遺跡群[4]）、菊池誠一（ベトナムの港町遺跡[5]）であるが（括弧内は執筆テーマ）、扱う時代や地域は異なっているものの、おおむね共通して検討されているのは、発掘調査によってみつかった遺構や陶磁器などから、港町の構造や機能を推定し、年代的な盛衰を推測していくというものである。他方で、文献史の研究者の多くは、国内外の公的な記録や商取引に伴う帳簿類・絵図・手紙などから、それが記された当時の港町の政治状況・社会制度・商取引の仕組み、商品の種類や価格などが議論されことが多い。前者が港町における場の様相や時間的変化など、実際的・物理的な事象をテーマとしているのに対して、後者は貿易のシステムや商取引の変遷、他の港町との優劣関係など、概念的な事象をテーマとしているということができる。本稿においては、上記のような整理を前提として、主に考古学が得意とする「場」へのアプローチから、貿易港の整備について検討を行いたい。

二、港町特有の要素と検討対象

それでは、港町を構成する要素の中で、どのような「場」を検討していくべきであろうか。港町の町割りの分析から、汀線（ていせん）に交わる縦軸に都市空間が展開する中世と、汀線に沿った横軸に展開する近世という違いを明らかにした宮本雅明は、港町に不可欠な要素として以下をあげている。(6)

a．商船が着岸する船着場
b．船乗りを泊める船宿
c．商品を荷揚げする蔵
d．商品を商人に売りさばく市場
e．市場に集まる商人を泊める商人宿

また、中・近世の港湾施設について、絵画資料をもとに類型化を行い、発掘された遺構や現存遺構などと対比することによって港湾施設の展開過程を明らかにした佐藤竜馬は、「最も根幹をなす重要な要素」として以下をあげている。(7)

f．乗客の乗降や荷物の積み降ろしに必要な船係岸壁や埠頭・桟橋
g．荷物保管のための倉庫や乗客の待合所あるいは港湾管理の事務所
h．内陸部へのアクセスのための交通施設

両者の分析手法は異なっているものの、そこで抽出されている要素は重なるものが多い。宮本の挙げるa（船着場）

は佐藤のいうｆであり、宮本の挙げるｃ（蔵）は佐藤のｇとほぼ一致している。船着場や蔵という要素は、考古学的な発掘調査等によって石敷きや石積み、建物の基礎遺構としてみつかり、汀線の立地条件等を加味して船着場や蔵として実際に把握できる可能性が高い。一方で、ｂ・ｅの宿や、ｄの市場、ｈの交通施設などについては、絵図や文献と対照できる場合を除けば、発掘調査によってみつかった遺構や遺物に、それと思わしき特長が顕著に認められなければ特定されることは困難と思われる。このように、考古学から港町を考える場合、船着場や蔵が有効な検討対象であると言うことができる。さらに具体的には、次のような現場レベルの検討内容が想定できる。

Ａ．汀線の整備状況（船着場・荷揚場・護岸など）

Ｂ．商品を保管する蔵の構造（とくに下部構造から）

Ａは、船着場、および一体的な存在である荷揚場、さらにこれらを含み周囲に展開する石積護岸等の整備の状況である。Ｂは、荷揚げされた商品を保管する蔵がどのようなものであったかについて、遺構として検出される可能性が高い下部構造から推測を行うものである。

三、貿易港を巡る歴史的推移

以上の整理を踏まえ、中・近世の移行期にあたる十六世紀から十七世紀において、海外との貿易の窓口であった博多・平戸・長崎という三つの貿易港の様相についての検討を行うが、その前提として、これらの港を巡る歴史的背景について概観しておきたい。

わが国における古代から中世にかけての対外交渉の窓口は博多湾であり、大陸からの貿易船や日本から派遣される貿易船の発着地となっていた。律令期には、現在の福岡城内にあった鴻臚館(こうろかん)が外交の場であり、使節の滞在地となっていたが、九世紀以降は新羅商人や中国商人が滞在して貿易を行うようになる。鴻臚館跡の発掘調査では、これらの商人の滞在を示す中国陶磁や新羅土器などが出土している。[8] 鴻臚館はその後、十一世紀中ごろには廃絶し、かわって現在の博多駅の北側に広がる博多遺跡群の遺構と遺物が急激に増加することから、以後は博多が貿易の拠点となったと考えられている。[9]

博多遺跡群では、十一世紀後半から十二世紀前半にかけて、墨書陶磁や貿易陶磁の一括廃棄遺構の分布状況から、遺跡群の西側に唐坊とよばれる宋商人居住区が比定され、活発な住蕃貿易が行われていたことが考古学的に把握される。[10] 十三世紀になると「博多遺跡群から出土する貿易陶磁の多様性は影を潜め、他地方で出土しないような陶磁器の存在は認められなく」なり、住蕃貿易という特殊性を失ったが、[11] 博多はその後も日元・日明貿易の拠点貿易の窓口として機能し、[12] さらに、十四世紀の後半からは倭寇の活動を巡る中で朝鮮半島と、十五世紀後半からは、琉球とも深く関わった。[13]

博多が対外交渉の窓口である一方で、貿易船の航路上に位置する、より西側の平戸島・五島列島・九州西北沿岸や、北側に位置する壱岐・対馬といった島々では古代から中世にかけ、一定量の貿易陶磁が出土することから、[14] 風待ちなどの寄港に伴って小規模な商取引が行われていたと考えられる。さらに十四世紀から十五世紀かけて、これらの地域を拠点とした勢力が、いわゆる「倭寇」としての海上活動を行い、後には活発な対朝鮮貿易を行っていたことが文献や考古資料から知られる。[15] 平戸港沿岸部の発掘調査においても、この時期の中国・朝鮮産の貿易陶磁が出土しており、[16]そのような活動・貿易拠点のひとつであったことを裏付けている。

十六世紀になると、博多は多元的な貿易により最も発展した時期を迎えたとされるが、その繁栄は長くは続かなかった。博多の統治は、十三世紀末に鎮西探題が置かれた後、十四世紀前半に入って複雑に推移するが、十五世紀から十六世紀中ごろまでは、大友氏が北側の息浜を、大内氏が南側の博多浜を分割統治していた。[17]大内氏が滅んだ一五五〇年代以降、博多浜も大友氏が支配下に置いたが、度重なる戦乱に巻き込まれ、天正十一年（一五八三）に龍造寺氏、同十三年には島津氏により焼き討ちが行われて荒廃した。[18]天正十五年には九州を平定した秀吉によって復興が図られるが、海外貿易を巡る九州の状況は、この間に大きな変化を迎えていた。

ひとつは、後期倭寇の頭目であった王直が、一五四〇年代から五〇年代にかけて五島や平戸を拠点に密貿易を行うようになったこと、[19]もうひとつは一五五〇年にポルトガル船が平戸に来航し、いわゆる南蛮貿易が行われるようになったことである。ポルトガル船はその後、横瀬浦、口之津などを転々とし、キリシタン大名の大村純忠によって元亀二年（一五七一）に長崎が町建てされて以降は、毎年ここに寄港するようになる。[20]戦乱によって博多が混乱する中で、それまでは貿易船の航路上で寄港地にすぎなかった平戸や長崎が新たな貿易拠点としての役割を果たしつつあったのである。さらに十七世紀になると、オランダ船やイギリス船が平戸へ来航し、長崎からは中国沿岸や東南アジアへ朱印船が派遣されるようになる。[21]

このような動きの中で、古代から対外交渉の場であった博多湾のポジションは、次第に長崎と平戸へ移っていったと考えられる。最終的には、寛永十二年（一六三五）に中国船との貿易が長崎へ集約され、同年に日本人の海外渡航が禁止、寛永十六年のポルトガル人追放を経て平戸オランダ商館を長崎の出島に移転したことによって、いわゆる鎖国体制が確立し、長崎が幕末まで対外交渉の場となるのである。

四、貿易港の整備――汀線の整備と蔵の構造

（1）博多の場合

十六世紀頃の博多における汀線の整備状況であるが、息浜の西側の博多川河口部付近において、十六世紀後半の礫敷き遺構が確認されている[22]（図1・2）。この遺構は、汀線の斜面下方の基底面に割石などを据え、その上方の傾斜面に礫を敷くという構造で、発掘調査報告書では石積護岸とされている。しかし、大庭康時は基底面の標高が水面上に位置し、最も水で洗われる部分には築かれていないことから護岸とは考えにくく、荷揚げ等の足場であると推測している[23]。

図1　16世紀の博多復元図　『中世日本最大の貿易都市　博多遺跡群』（2009年）掲載図をもとに作成

さらに、この礫敷き遺構の外側（つまり海底側）の一部では、扁平な割石を敷き、さらに外側には小礫を敷き詰めた遺構がみつかっている[24]（図2手前）。この遺構は、波打ち際で船を安定させる機能が考えられることから、船着場である可能性が指摘されている。博多湾の水深は浅く、深い大型船は陸地には近づけないことから、沖合いに停泊

した外洋船から艀で貨物を運び荷揚げしたとされ[25]、これらの遺構は、艀の着岸と荷揚げに使われたと考えられる。なお、これまでのところ明確に護岸であると判断される遺構は確認されておらず[26]、船着場や荷揚場を除く汀線は、砂浜などであった可能性が高い。

蔵と考えられる遺構は、地下に穴を掘って壁面に石を積むもの（石積み土坑・図３）と、溝の中に礫を充填した（石敷き基礎・図４）という二つのタイプがみられる[27]。石積み土坑は、方形の土坑の側面に石を積んで壁としたもので、

図２　礫敷き遺構　福岡市博多区

図３　石積み土坑　福岡市博多区

図４　石敷き基礎　福岡市博多区

※図２～４はすべて写真提供：福岡市埋蔵文化財センター

便所と想定される小規模なものもあるが、一辺が二メートル以上、深さ一メートル以上の大型のものもあり、上部構造は不明であるが地下室と想定される。石敷き基礎は、幅二十〜五十センチ程度の溝を掘って中に礫を充填したもので、平面プランはL字形、コの字形、ロの字形を呈し、要所に礎石を配することから、土蔵の大壁の基礎と想定される遺構である。

これらは、住居との位置関係など不明な点が多いものの、石積の地下室と土蔵が中世後期の博多では一般的な蔵であったことがわかる。なお、太閤町割り後には石積の地下室は姿を消し、土蔵のみが残ることがわかっている。(28)

（2）平戸の場合

平戸港においては、慶長十四年（一六〇九）に置かれた平戸オランダ商館の発掘調査が行われ、石積みの護岸が確認されている。(29)古い順に、以下のとおりである。

X石垣（一六一〇年以前の石積み）
Y石垣（一六一六年に平戸オランダ商館の敷地造成時につくられた石垣）
常燈鼻石垣（一六三八年築造と推定される現在の石垣）

X石垣は、平戸商館設置以前のものと考えられ、報告によれば「極めて粗雑なつくりで」、平戸の住民によって築造されたと推測されている。(30)平戸港の汀線が、いつ頃から石積護岸に変わっていくのかは明らかになっていないが、戦国大名に成長した松浦氏が前述の通り、一五四〇年代から王直を城下に保護し、天文十九年（一五五〇）からはポルトガル船が寄港していること、元和二年（一六一六）のモンタヌスによる『平戸図』に広範囲に石積護岸が描かれ

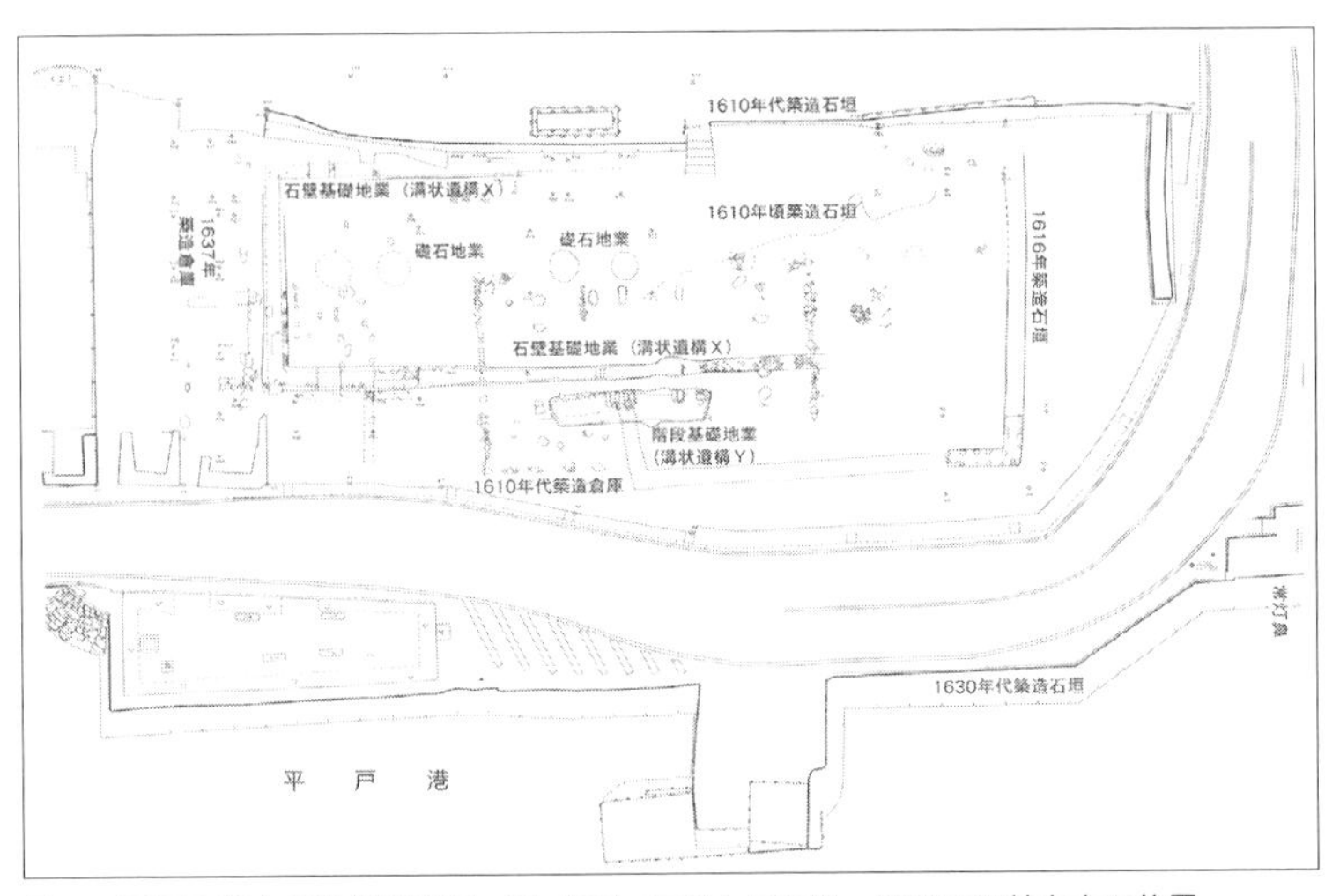

図5　平戸和蘭商館遺構配置図　註（29）文献より転載。図6は図外左方に位置

ていること、商館設置以前につくられたX石垣の存在などから考えると、十六世紀中ごろから遅くとも十七世紀の初頭までには石積護岸が存在したと推測される。

Y石垣からは、一六一〇年代の中国・景徳鎮系の青花磁器が大量に出土しているが[31]、平戸イギリス商館長のリチャード・コックスが一六一六年の記録に「オランダ人たちは海に向かって新しい埠頭をつくった」みえることから、このY石垣が「新しい埠頭」に相当するものと考えられている。Y石垣は、海岸や背後の山でとれた自然石の玄武岩を厳選し、平らな面を海側にそろえてほぼ垂直に積み上げ、石の隙間には小石を挟んでいる。また、一メートルほど陸側にもう一列の石垣を築いているが、土留めとも考えられる。現在、付近の海岸に残されている常燈鼻石垣は、寛永十四年（一六三七）から同十五年に築造されたと考えられ[32]、隅石には玄武岩を用い、Y石垣よりも優れた石積みである。この石垣には、玄武岩を方形に加工して精緻に組み合わせた雁木が付設しており（図6）、付近が荷揚場であったことがわかる。

平戸における蔵の状況であるが、その発掘成果はオランダ商館のみに限られる。オランダ商館は、当初は土蔵付き家屋を借りて業務を行い、一六一〇年代に埋め立てによって敷地を造成し、五棟の倉庫を建てたとされる[33]。発掘調査では、これらの倉庫のプランは明確には捉えられていないが、配石列と礎石が検出されており[34]、これらが倉庫に該当するものと考えられている。寛永十四年と同十六年には、老朽化した倉庫を取り壊し、新たに大形の洋風石造倉庫を建てた記録があり[35]、発掘によって基礎が確認されている。これらは、地面を溝状に掘り下げて砂を敷き、その上に瓦や砂岩の小片と漆喰の塊を入れており、これを地業として石造の壁面を立ち上げたものと考えられる。このような基礎の構造は、国内に類例をみず、オランダの基礎工法が指摘されている[36]。しかし、これらの洋風倉庫は寛永十八年の商館の長崎移転に伴い、幕府の命令によって直ちに破壊されたのであった。

図6　平戸和蘭商館の雁木　長崎市『平戸島と生月島の文化的景観保存調査報告書』(2009年）より転載

（3）長崎の場合

長崎港では、文献からは文禄年間（一五九二～九六）に岬の先端の西側に船着場／荷揚場である「大波止」が、それに前後して岬の東側を埋め立てて「築町」が造成された記録があるが[37]、実際に確認できる最も古い遺構としては、西側海岸部にある五島町の石積と出島の築造当初の石積あげられる。

五島町の石垣十一は西側を正面とし、南北七・七メートルにわたって確認された[38]。高さは二・三～二・四メートルで、調査時に実見した橋本孝は、「面が平らで角張った安山岩の野石を用いた布積崩し状の石垣であり」、「積石を横に並べて積み、生じ

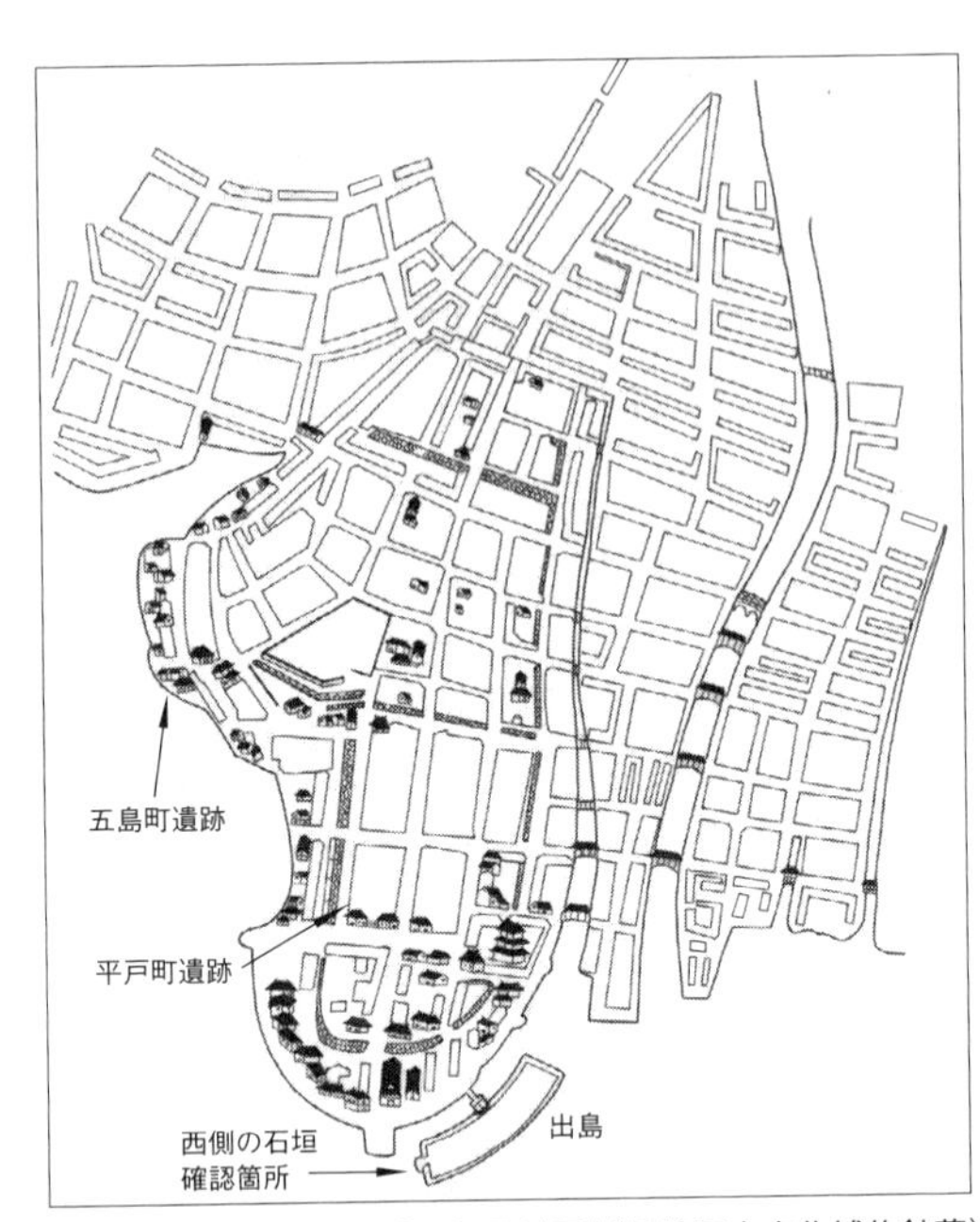

図7　寛永頃の長崎　「寛永長崎図」(長崎歴史文化博物館蔵)をもとに作成

た隙間には面のある間詰石を詰めた立派な石垣である」と所見を記し、町の成立年代も踏まえて「石垣十一は一五九〇年頃に成立した五島町の護岸を形成する最初の石垣であった」と推測している。[39] この石垣十一の裏込めからは陶磁器が出土し、報告者の扇浦正義によれば、その年代は「一六三〇年代以前のもので占められている」という。[40] 陶磁器の年代の下限については検討の余地があるが、石垣十一は十六世紀末から一六三〇年代までに築かれたものと理解してよいだろう。

また、寛永十一年に築造を始めて同十三年に完成した出島の築造当初の石垣の護岸は、島の西側で確認されている。[41] 出島の西側は、築造当初は飛び出しがなく直線であったが、十七世紀中ごろに方形の築き足しが行われ、以後十九世紀に至るまで三回にわたって拡張が行われ、水門（荷揚場）として機能した。[42] この築き足しの背後には、当初の石積が隠れていたことが発掘調査で明らかになっている。一部に積み直しが行われているものの「転石や野面石を用いた乱積みであるが、布積みに近づける意識が働いている」という。[43] この石垣の裏込めからは、明青花の大皿片と肥前陶器皿が出土している。肥前陶器皿は砂目積みの跡がのこる十七世紀前半の指標的な陶磁器であり、出島築造当初と考えられる石垣の年代と矛盾しない。五島町の石垣十一と出島西側の当初石垣に共通するのは、地元で産出する安山岩の割石や転石を使い、平らな面をある程度前面にそろえ、布積みを意識して積まれている点であるといえる。

蔵の遺構としては、礎石建物跡、地山を素掘した地下遺構、溝に礫を充填した遺構がある。礎石建物は、最も早く町建てされた六町のひとつである大村町で確認された推定三間×七間の総柱建物である。[44]地山を素堀した地下遺構は、六町のひとつである平戸町の十七世紀前半の生活面で確認された。[45]方形のプランで、残存している一辺は一・六七メートル、床面までの深さは〇・七五メートルで床面の角部に二基の柱穴があることから、上部構造を伴った地下室と推測される。約五メートル西側でも、一・五×二・三メートルの方形のプランの遺構がみつかっている。床面までの深さは〇・八メートルで、床面に三基の柱穴がある。

これらの遺構からは、焼土と共に瓦や陶磁器が出土している。後者からは被熱した壁材が出土しており、瓦葺きの上部構造をもつ地下室であったと推測される。陶磁器の年代から十七世紀前半と推定される。

図８　五島町遺跡の石垣　長崎市　写真提供：長崎市文化観光部文化財課

図９　平戸町遺跡の素掘地下室　長崎市　写真提供：長崎県教育委員会

さらにこの遺構に隣接して、平面L字形の溝に礫を充填した遺構がみつかっており、溝内の出土遺物から十七世紀前半の遺構と考えられる。博多遺跡群の大壁の基礎と考えられている「石敷き基礎」と同じ構造であり、長崎の場合も同様のものと判断される。

（4）比較検討

三つの貿易港における汀線の整備と蔵の構造の状況をみてきたが、ここでは三者を比較しながら中・近世の貿易港における整備の推移について考えてみたい。

汀線の整備については、十六世紀代の博多では、息浜西側で船着場と考えられる礫敷き遺構や、荷揚場と考えられる礫敷き遺構が確認されている。これまでのところ、石積護岸は確認されておらず、港湾施設を除く汀線は砂浜などであった可能性が高い。平戸においては、一六〇九年以前の粗雑な石積護岸が確認されており、これらはオランダ商館設置以前に平戸の居住者によって築かれたものと考えられている。このことから、平戸では遅くとも十七世紀初頭には石積護岸がある程度普及していたと考えられる。長崎においては、遺構としては一六三〇年代の護岸が確認できるが、前述のとおり文献から十六世紀終わり頃には護岸による整備が始まっていたことがうかがえる。博多の礫敷き遺構が一五八〇年代の戦乱によって機能を停止し、廃絶したと考えられる一方で、入れ代わるように長崎や平戸では石積護岸の整備が始まっていたという状況が想定できる。

蔵の構造であるが、十六世紀の博多においては石組地下室をもつ蔵と石敷き基礎をもつ土蔵が存在していた。平戸では十六世紀の状況は不明であるが、元和四年（一六一八）頃からオランダ商館内に建てられた倉庫は、礎石建物と

	博多		平戸		長崎	
	汀線の整備	蔵の構造	汀線の整備	蔵の構造	汀線の整備	蔵の構造
1550	周囲は砂浜か？ 礫敷きの船着場 礫敷きの荷揚場 ↓	石積地下室 土蔵 ↓	未調査につき実態不明		1571 年町建て	
1600	1580 年代廃絶 太閤町割り後の 実態は不明	1580 年代焼失 土蔵 ↓	石積護岸	耐火倉庫（土蔵？）	築町造成・大波止 （石積護岸？）	礎石建物
			（オランダ商館） 1616 年 1618 年拡張	（オランダ商館） 5 棟の倉庫 ※土蔵、礎石建物か	石積護岸	素堀地下室 土蔵
1650			1638 年拡張 雁木あり	1637 年 石造倉庫 1639 年 石造倉庫 ※ 1641 年破壊 →	（ポルトガル人隔離）1636 ～ 1639 年 ［築島／出島］土蔵・家屋 移転（オランダ商館）1641 年～ ↓	↓

表　博多・平戸・長崎における汀線と蔵の比較

配石を基礎とする建物であることが判明しており、地下室は持たないものの、土蔵や礎石建物の蔵であったと考えられる。長崎においては、十六世紀末から十七世紀初めにかけて、礎石建物の蔵、素堀地下室をもつ蔵、石敷き基礎をもつ土蔵などが確認されており、博多と似た内容がみられる。このように、十七世紀初め頃までの博多・平戸・長崎における蔵の構造には大きな違いはみられず、中世から近世にかけての港町の整備において、変わらない要素であると言える。ただし、寛永十四年と同十六年に平戸オランダ商館につくられた石造倉庫は、オランダの技術を応用した大規模かつ堅牢なものであった。しかし、これらの倉庫はその威容ゆえに、幕府の命によって直ちに破壊され、その技術も継承されることはなかった。

（5）西洋人居留地の整備について

三つの貿易港について比較を行ってきたが、石積護岸と蔵という組み合わせによって構成される「場」に着目してみると、博多と平戸・長崎では大きな違いがあることに気づく。すなわち、平戸と長崎には西洋人の居留地が存在したのに対し、博多にはなかったという点である。このことは、石積護岸と蔵という組み合わせによる港湾整備の動機が背後に存在することを示している。平戸港口にオランダ商館が設置された経緯は明らかではないが、長崎の出島に関してはポルトガル人の隔離が目的であったことが文献から知られる。

他方、これら西洋人居留地が、石積護岸と蔵を伴って整備された理由としては、貿易の実態である船からの貨物の搬入という観点から、以下の二点をあげることができる。第一に、西洋人は、大型船に多くの貨物を積んで寄港するため、多数の艀により貨物を効率よく荷揚げするための荷揚場を確保する必要があったこと。第二に、荷揚げした貨物を直ちに防火に優れた安全な蔵に保管する必要があったことである。実際に長崎では、出島築造前年の寛永十年（一六三三）に大規模な火災が発生し、奉行所ほか多くの蔵が焼失した記録があり[46]、これらの整備が喫緊の問題として認識されていたと推測される。こうした課題に対し、谷状の地形に海が湾入する平戸と長崎では、港内に適切な場所が少なく、あったとしても既存の施設や住民によって既に使用されている場合が多かったであろう。このため、平戸の場合は市街地の外れの港口に、長崎の場合は火災対策も兼ねて岬の先端の海中を埋め立て、新たな場所が確保されたと推測される。このように、石積護岸と蔵を伴った外国人居留地は、大型船からの貨物の運搬と安全な保管という、実際的な作業の必要性が契機となって成立したということができるだろう。

一六三〇年代、平戸に商館を置くオランダと長崎を貿易の窓口とするポルトガルは、日本貿易を巡って競合状態にあり、双方の町もそれぞれの貿易を存続させようと幕府へ働きかけを行っていた[47]。そのような中で、長崎に関しては南蛮人を隔離しつつ貿易を続けるために出島の築造を幕府が命じた[48]、というのが文献から読み取れる出島の築造動機である。一方、これまで論じてきた貿易品の運搬・保管という実際的な問題は、どちらかと言えば長崎の地元側に内在していた隠れた動機といえるものである。その両者を一気に解決しようとしたのが「出島」という存在であったのではなかろうか。

おわりに

博多・平戸・長崎における汀線の整備と蔵の構造の推移について整理を行ってみた。その結果、汀線については、石積護岸の有無が博多と平戸・長崎を分ける大きな違いであることがわかった。一方で蔵の構造については、平戸の石造倉庫を除けば、三者にそれほど大きな違いはみられないことが把握された。このことから、中・近世の港町においては、石積護岸とそれに付随する荷揚場などによって近世的な整備の一端がうかがえるということができる。

さらに、平戸と長崎における外国人居留地は、西洋の大型船貿易に伴う貨物の運搬や保管に対応し、かつ土地の不足を補うために石積護岸を伴って整備されたものであると指摘した。そのあり方は幕末まで基本的に継承されており、貿易港整備のひとつの到達点であったと指摘することができる。もっとも、こうした港湾の石積護岸の技術がどのような技術的系譜によって達成されたのかについては、今後の課題であると考える。周知のとおり十六世紀終わりには石垣を伴う織豊系城郭の隆盛があるが、これと直接結びつくのか、あるいは徳島県の中世遺跡である川西遺跡にみられるような河川の石積護岸や突堤から発展してくるのか[49]、今後の調査事例を待って検討を行う必要があるだろう。

また今回の検討を通して、ポルトガル人の隔離という文献が語る出島の築造動機に隠れて、西洋の大型船からの貨物運搬と安全な保管という、実際的動機が存在したことを指摘することができた。この問題についても、なぜ出島は扇形なのか、平面形が相似する博多の息浜と何らかの関連があるのか、など検討すべき課題が多く、改めて考える機会を持ちたいと考えている。

註

（1）『港町の世界史　港町と海域世界』青木書店、二〇〇五年・『港町の世界史　港町に生きる』青木書店、二〇〇六年・『港町の世界史　港町のトポグラフィ』青木書店、二〇〇六年。いずれも歴史学研究会編。
（2）坂井隆「東南アジアのイスラーム港市と陶磁貿易」前掲註（1）文献所収。
（3）佐々木達夫「ペルシャ湾と砂漠を結ぶ港市」前掲註（1）文献所収。
（4）大庭康時「博多の都市空間と中国人居住区」前掲註（1）文献所収。
（5）菊池誠一「ベトナムの港町　南洋日本人町の考古学」前掲註（1）文献所収。
（6）宮本雅明「日本型港町の成立と交易」前掲註（1）文献所収。
（7）佐藤竜馬「前近代の港湾施設」『中世港町論の射程　港町の原像　下』岩田書院　二〇一六年。
（8）『古代の博多　鴻臚館とその時代』図録、福岡市博物館、二〇〇七年、一六～三三頁。
（9）大庭康時「考古学からみた博多の展開」『中世都市　博多を掘る』海鳥社、二〇〇八年、三三頁。
（10）前掲註（4）論文、六一～七三頁参照。
（11）前掲註（4）論文、七四頁参照。
（12）榎本渉「日宋・日元」前掲註（9）文献、七八～七九頁参照。
（13）伊藤幸司「日明・日朝・日琉貿易」前掲註（9）文献、八三～九五頁参照。
（14）川口洋平「長崎県島嶼部出土の初期貿易陶磁」『貿易陶磁研究』二二、日本貿易陶磁研究会、二〇〇二年ほか。
（15）中村栄孝「交隣外交の成立」『日本と朝鮮』至文堂、一九六六年。
（16）『平戸和蘭商館跡の発掘Ⅳ』平戸市の文化財三五、平戸市教育委員会、一九九三年、三四～三六頁。
（17）堀本一繁「中世博多の変遷」前掲註（9）文献、二四頁参照。
（18）前掲註（9）論文、三七頁参照。
（19）瀬野精一郎『長崎県の歴史』山川出版社、一九七二年、一〇八頁参照。
（20）岡本良知『日欧交通史の研究』六甲書房、一九四二年、四一四頁参照。

(21)　岩生成一『新版　朱印船貿易史の研究』吉川弘文館、一九八五年。
(22)　福岡市教育委員会『博多　六二』福岡市埋蔵文化財調査報告書第五五六集、一九九八年、同『博多　六八』同六〇五集、一九九九年。
(23)　大庭康時「中世遺跡出土の港湾関連遺構と石見の港湾」『島根県古代文化センター研究論集第一八集　石見の中世領主の盛衰と東アジア海域世界―御神本一族を軸に―』島根県古代文化センター、二〇一八年。
(24)　前掲註（22）文献参照。
(25)　前掲註（23）論文参照。
(26)　大庭康時氏教示。
(27)　田上勇一郎「蔵・便所」前掲註（9）文献参照。
(28)　大庭康時氏教示。
(29)　『史跡平戸和蘭商館跡の発掘調査Ⅷ』平戸市の文化財五〇、平戸市教育委員会、二〇〇三年。
(30)　前掲同書、二一頁参照。
(31)　『史跡平戸和蘭商館跡の発掘調査Ⅶ』平戸市の文化財四五、平戸市教育委員会、一九九三年。
(32)　前掲註（29）文献、四頁参照。
(33)　前掲註（29）文献、二頁参照。
(34)　前掲註（29）文献、二頁参照。
(35)　一六三八年十一月十三日付け、商館長クーケバッケルの日記による。永積洋子訳『平戸オランダ商館の日記』四、岩波書店一九七〇年、一五九頁参照。
(36)　前掲註（29）文献、八頁参照。
(37)　丹羽漢吉・森永種夫校訂：田邊茂啓『長崎実録大成』長崎文献社、一九七三年。四七・五七頁参照。
(38)　『五島町遺跡』長崎市埋蔵文化財調査協議会、二〇〇一年。
(39)　前掲註（38）文献、六九頁参照。
(40)　前掲註（38）文献、二八頁参照。

(41)『国指定史跡　出島和蘭商館跡』長崎市教育委員会、二〇〇一年。
(42) 前掲註(41)文献、八七頁参照。
(43) 前掲註(41)文献、一四五頁参照。
(44)『万才町遺跡』長崎県文化財調査報告書第一二三集、長崎県教育委員会、一九九五年。
(45)『万才町遺跡Ⅱ』長崎県文化財調査報告書第一九二集、長崎県教育委員会、二〇〇七年。
(46) 前掲註(37)文献、三二五頁参照。
(47) 永積洋子『平戸オランダ商館日記　近世外交の確立』講談社学術文庫、二〇〇〇年。
(48) 中田易直・中村質校訂：大岡清相『崎陽群談』近藤出版社、一九七四年、五七頁参照。
(49)『徳島県埋蔵文化財センター年報』二〇・二一、財団法人徳島県埋蔵文化財センター、二〇〇九・二〇一一年。

【付記】本稿を成すにあたっては、大庭康時・加藤有重・田中学・松尾秀昭・溝上隼弘の各氏に助言や情報提供を頂いた。感謝申し上げたい。

Ⅳ 戦国大名のインフラ整備事業と夫役動員論理

鹿毛敏夫

はじめに

日本の戦国時代は、大規模土木工事の時代と言われる。各地の戦国大名や国人領主たちは、こぞって館（やかた）や城、砦を築き、その労働力として多くの人夫を動員した。なかでも築城に関しては、国内各地に造成された山城等の数に比例して、城普請と夫役（ぶやく）徴発に関する研究も古くからの蓄積を有し、例えば、後北条氏の普請役の実態や、今川氏の夫役賦課の基準等が明らかにされている(1)。

戦国期特有の軍事性の高い城普請の土木事業に関連する研究が深化する一方で、地域社会の公権力としての戦国大名が担ったであろう道路や水路の工事や都市の町割り、治水や利水の事業等、より公共性の高い社会基盤整備事業の掘り起こしと、そこへの夫役動員の実態については、いまだ十分な考察と解明が進んだとは言えない状況にある。戦国大名権力による公共性の高い土木事業としては、例えば、十六世紀半ばの武田信玄によるいわゆる「信玄堤（しんげんづつみ）」の治水事業に関する研究(2)は進んでいるものの、比較考察の対象になりうる他大名領国での事例研究はほとんど進んでいない。

そこで本稿では、まず前半で、戦国大名による公共性の高いインフラストラクチャー整備事業の複数の事例を、史料を挙げて紹介する。次に後半では、合戦兵力としての陣夫役や軍事的色彩の濃い築城人夫役の徴発とは異なる、公共的工事の労働力としての夫役徴発の手続きとその動員論理について考察していきたい。なお、前半で述べる大名の治水・利水政策の具体例については、十六世紀地域社会の統治権力を「水を治める」という側面から分析した旧稿[3]の成果に負うものであることをあらかじめ明記しておく。

一、筑前国博多における戦国大名の治水事業

まずは、九州の戦国大名大友氏による筑前国博多での土木事業を検討しよう。

大友氏と博多との関わりは、元弘三年（一三三三）八月に、大友貞宗が後醍醐天皇より「筑前国博多息浜、依勲功之賞、可令知行[4]」との綸旨を受けたことに始まるが、実際の同氏による博多の都市支配は脆弱で、対抗する大内氏や少弐氏との分治状態が長く続いていた。しかしながら、そうしたなかでも、例えば、博多と香椎（かしい）、立花方面における重要政事を五箇条併記した天文九年（一五四〇）の大友氏奉行人連署「手日記」の第五条には、「博多祇薗会事[5]」が掲げられており、博多町衆が執り行う祇園祭りの神事を公権力として掌握しようとする明確な意図を有していたことが推測される。

そして、天文二十年の大内義隆没を契機として十六世紀後半に実現した単独支配期になると、大友氏は都市博多を抑える唯一の公権力としての政治的秩序の構築を急ぐことになる。この時期の博多における大友氏の土木事業を示唆

する記述が、宝永六年（一七〇九）年成立の『筑前国続風土記』のなかに二点ある。[6] 近世の記録であるが、まずはその内容を示そう。

［史料一］

石堂は則博多東の端なり。川あり。橋を渡せり。此橋より箱崎及篠栗の駅に通る道也。此川古昔はなかりしを、大友の家臣臼杵安房守鑑賡（続）ほらせたりと云。故に今川と云。むかしは比叡（恵）川は博多と住吉の間を通りしか、川の流西にめくりて、洪水の時、水勢あらく、水災多しとて、南より北へ直にほりて、松原の内を通す。是則今の石堂川也。昔は承天寺、聖福寺の裏迄箱崎の松原つゝきて、今の川ある所も、もとより松原也しなり。

［史料二］

凡博多の津は、当昔異賊防禦の所として、且太宰府への通路なれは、北を外面とし、南を内面とし、町わりは、南北を縦とし、東西を横とせり。又南の方の外郭に、横二十間余の堀の跡ありて、瓦町の西南のすみより、辻堂の東に至る。是南方の要害の固なり。其土堤今もあり。此堀を房州堀と号す。臼杵安房守鑑賡（続）といひし人ほらせたる故なりといふ。然れは元亀天正の比、始て堀しなるへし。或は其前大内家守護の時よりも、此要害有しを、臼杵氏修補せしにや、いまた詳ならす。臼杵安房守は大友宗麟の一族にて、立花道雪の母養孝院の兄なり。大友氏の命をうけて、天文より元亀の始まて、志摩郡柑子岳の城に居、志摩郡の政所と号して、郡中の事を司どる。道雪立花山の城にうつりし後、助のため、博多に砦をかまへ、堀をほり、鑑賡を置き、柑子か岳には、其弟臼杵新介鎮次を被置、鑑賡鎮次共に天正六年十一月十日、日向耳川にて薩摩の兵と戦て死す、明暦の初やうやく田と成しかと、其堀の形残りて、今もあらはに見ゆ。

［史料一］から読み取れるのは、「石堂川（いしどう）」という人工の川の開削である。博多の東を流れるこの川は、本来の自然河川ではなく、大友氏家臣の臼杵（うすき）安房守鑑続（あきつぐ）が開削したものであるという。それ以前の川（比恵川）は博多と住吉の

間を西流していたため、洪水による水災がしばしば起こっていた。そこで、臼杵氏は、博多の手前で流路を北流させ、承天寺と聖福寺の裏の松原を横切って博多湾に流入させたとしている。

一方、〔史料二〕から読み取れるのは、「房州堀」の築造である。博多南部の瓦町から辻堂にかけて幅二十間程の堀の跡があり、宝永六年現在もその土堤が存在しているという。この堀を手掛けたのが大友義鎮の家臣の臼杵安房守鑑続であり、その官途に因んで房州堀と呼称した。堀が初めて掘られたのは元亀・天正期（一五七〇～九二年）だが、大内支配時代からあったものを修補したものかどうかは不明である。明暦期（一六五五～五八年）の初めには田地となったが、堀の形は依然として残存しているという。

すなわち、〔史料一〕と〔史料二〕は、博多の東を流す石堂川の開削と南を守る房州堀の築造という二つの大規模工事を、ともに大友義鎮の家臣臼杵鑑続が行ったとする近世の記録である。

残念ながら、この土木事業を証する中世の文献史料が未見であり、記述をそのまま史実と断定することはできない。しかしながら、石堂川の開削については、承天寺と聖福寺の裏から堅粕・吉塚方面にのびる微高地形の人為的分断の様相が指摘されており、[7] 両寺裏の「松原の内を通」したとする『筑前国続風土記』の記述が地形的に裏付けられる。

一方、房州堀についても、一九八〇年代半ば以降の発掘調査によってその実在と実態が部分的に明らかになってきた。[8] さらに、考古学的成果に加えて、臼杵鑑続と博多に関わる中世史料や近世の絵図・地誌等の分析による堀の築造とその背景に関する総合的考察がなされ、臼杵鑑続が房州堀の築造に関与した時期を、永禄二年（一五五九）末から同四年二月の間とする所見も提示されている。[9]

この石堂川の開削と房州堀の築造という二つの土木工事は、同一の施工者によるものであることからも、互いに関連した都市博多の土木政策と考えることが妥当であろう。博多の手前で大きくうねっていた比恵川を真っすぐに博多湾に北流させることで、しばしば起こっていた洪水災害を防ぐことができる。これは、都市を治める公権力による治水事業と位置づけられよう。それとともに、都市の南の旧河道に沿って堀を築くことで、東の石堂川、西の那珂川、北の博多湾とあわせた都市四至の防御機能の増強を図ることも可能である（図1参照）。

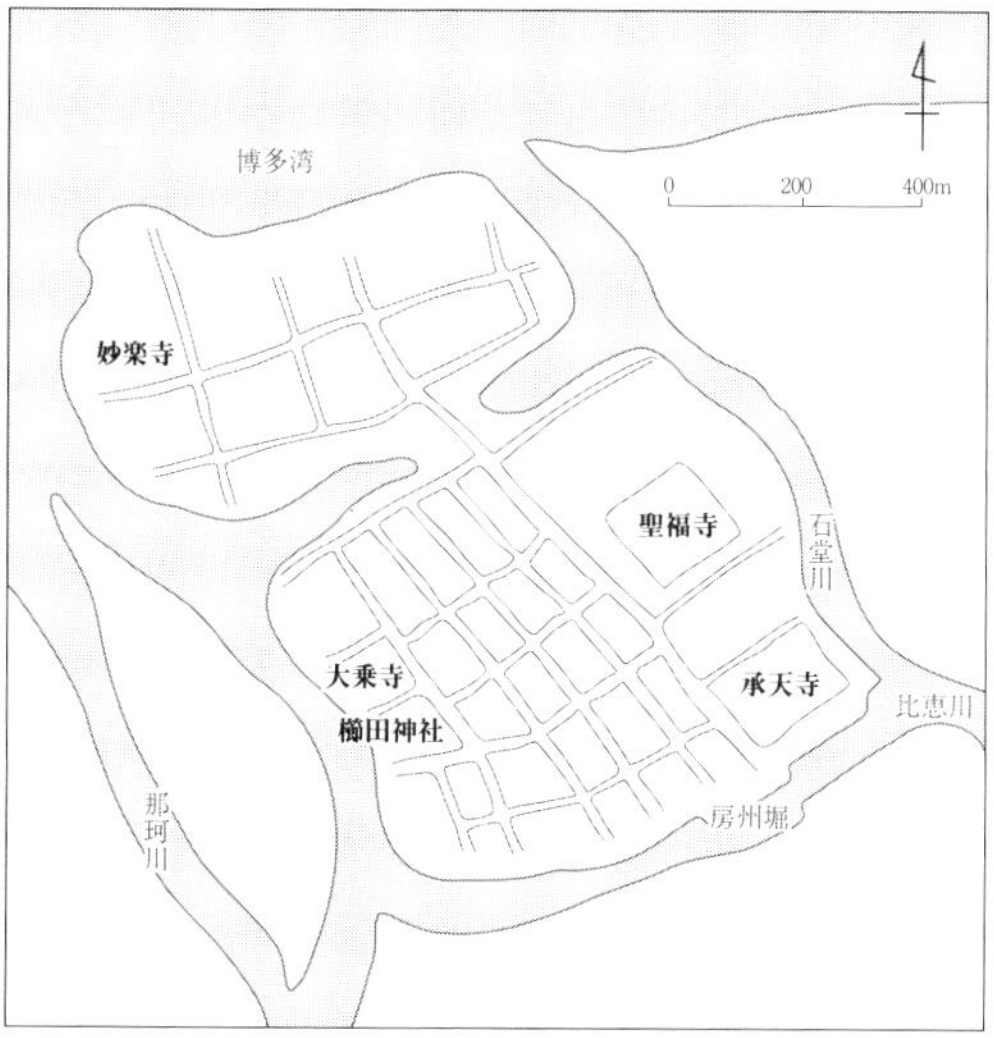

前述した博多方面の重要政事五箇条を列記した天文九年の大友氏奉行人連署「手日記」を細見すると、裏花押を連署した五名の奉行人のなかに臼杵鑑続の花押があり、かつ、包紙下部の五名の奉行人連署のなかで臼杵氏のみが「臼杵安房守鑑続」と署名（他の四名は「入田丹後守」・「山下和泉守」・「斎藤播摩(磨)守」・「雄城若狭守」の姓・官途のみの記述）していることから、この「手日記」の実質的発給主体は臼杵鑑続であることが判明する。すなわち、「房州堀」の名称由来ともなった臼杵安房守鑑続は、十六世紀半ばの大友政権下で、特に博多とその周辺地域の政事全般を統括する地位にあった奉行人と言えよう。

文献による一次史料が残存しないため断定はできないが、『筑前国続風土記』の記述を正確なものとするならば、この川と堀の造作は、臼杵鑑続を作事奉行とした戦国大名大友義鎮の都市博多における治水・防御事業と考えることができるのである。

図1　16世紀後半の博多の石堂川と房州堀

二、豊後国における戦国大名の利水・灌漑事業

さて、戦国大名大友氏による領国為政者としての治水政策については、その本拠地豊後（ぶんご）国において、複数の関連史料を挙げることができる。

まず第一は、「三船井路」の開削である。

三船井路は、豊後国阿南荘（あなみのしょう）松富名の山間部を流れる大分川の支流由布川から取水して、三船地区（大分県由布市挾間町）に通した井路で、地元に残る大正十年（一九二一）の記念碑（図2）には、「古伝曰、天文年間大友宗鱗（マヽ）公代起工、使其臣市馬左近丞出張三船殿原、管理工事云々」とある。

碑が依拠した「古伝」やその工事を管轄した「市馬左近丞」についての確かな史料がないため、これ以上の論証は不能だが、十六世紀中・後半の大友義鎮期に、筑前国博多での石堂川開削と房州堀築造と同様に、その本拠地豊後国で井路の開削が行われた可能性を指摘することが可能である。

第二に、確実な一次史料によって事業の実在を明証できる事例を紹介しよう。

［史料三］

荏隈郷井手之儀付而、辛労之由肝要候、雖然未□尾之通申候、彼調第一之事候之間、前々之辻堅固被遂催促、急度成就候様可被申付候、至田吹与三左衛門尉茂、重々以状申候条被申談、聊不可有緩之儀候、恐々謹言、

七月廿日　　吉統（大友）　在判

吉良越中入道殿
賀来兵部少輔殿(10)

『大分県史料』では、書状の発給を天正十七年（一五八九）と推測するが、より正確を期すならば、大友義統が豊臣秀吉の偏諱を受けて「吉統」と名乗った天正十六年（一五八八）〜文禄元年（一五九二）の幅を想定すべきだろう。

荏隈郷は、豊後国守護である大友氏の本拠府内の南西方面に位置する。その北側には、隣接する賀来荘北部から府内南部の上野丘まで丘陵が連なり、また、南端には大分川が東流する。史料は、この荏隈郷内での井手作事がいまだ未完成のため、当主義統は、「彼調第一」・「急度成就」との表現で、その工事の推進が第一と述べ、当初の予定通りに人夫を催促して成就させるよう、家臣の吉良・賀来両氏に督促した書状である。豊臣政権下に入った時期の、戦国大名による「井手」作事の土木事業を証する史料と言える。

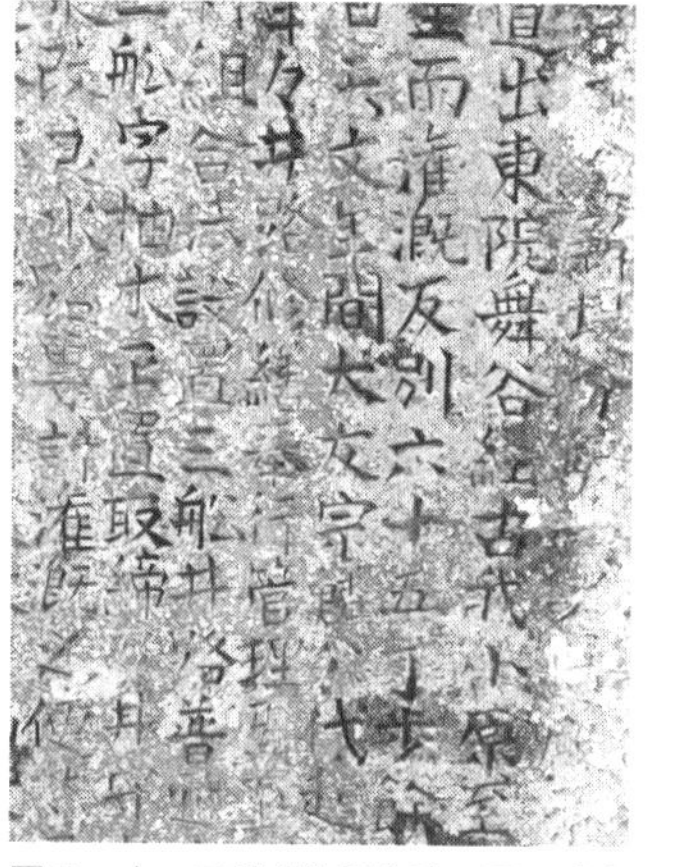

図2　上：三船井路記念碑　下：碑文部分の拡大　大分県由布市

では、この井手作事は何を目的としたもので、また、この土木事業の全貌はどのような内容だったのであろうか。中世の一次史料のみではこれ以上の論証は難しいが、前述の博多での「石堂川」開削と「房州堀」築造の記録と同様、近世の編纂物のなかにこの「荏隈郷井手」の実態を補足する記述が散見される。
まず、近世前期の元禄十一年（一六九八）に戸倉貞則が著した『豊府聞書（ほうふききがき）』全七巻がある。その原本は現存していないが、異本として『豊府紀聞』があり、そこには、貞則が取材した古記録や古老の口実等をもとに、大友氏入封の鎌倉期から明暦年間に至るまでの豊後国の詳細な地誌・歴史が叙述されている。この『豊府紀聞』のなかに、次の記述がある。

［史料四］

然古大友義統、従東院川至荏隈郷并笠和郷、成井手、名国井手、雖救黎民、水口小河而、旱魃之年者、其手水不到笠和郷中(11)、

大友義統が、大分川の支流東院（とい）川（賀来川）の取水口から荏隈・笠和両郷に至る井手を完成させ、「国井手」と称していたこと、その井手は民衆を救うためのものであったこと、および、取水口が「小河」であったため、渇水の際には井手の水が最下流の笠和郷へは行き届かなかったこと、が記録されている。

一方、近世府内藩の儒者阿部淡斎が天保年間に編纂した『雉城雑誌（ちじょうざっし）』には、より詳細な次の記述がある。

［史料五］

天正十年（一五八二年）二月朔日、賀来荘・荏隈郷・笠和郷ノ名主等相議〆、賀来荘東院川ヨリ笠和郷ニ大井出ヲ掘ン事ヲ請フ。国主許命アリテ同十一年閏正月七日、佐藤参河守、上邑ニ永富帯刀允・国分兵部少輔ヲ〆、国分ニ監セシム。翌年同三月功成。俗ニ国井ト云。聞書ニ出。按ニ此井手、東院川ヨリ永興邑、今ノ水小屋下ヲ東ニ流レ、南太平寺邑ニ達ス。当代古井手ト云モノ是也。其後、当府町直ノ後ヘ、領主竹中氏永興邑、今ノ水小屋ヨリ此大井出ヲ千手堂町辰ケ

鼻迄穿ニ依テ果サス。同町ヨリ生石邑迄、日根野氏賜封後、掘次ニ成ル処也(12)。

天正十年（一五八二）に賀来・荏隈・笠和の三郷荘の名主等が賀来荘内を流れる東院川から荏隈郷を抜けて笠和郷につながる大井出の開削を申し出た。大友義統は、翌年閏正月に佐藤・永冨・国分氏を作事奉行としてこの井手の開削を始め、翌天正十二年（一五八四）三月に完成させ、「国井」と呼称した。この井手は、東院川の取水口から荏隈郷北部の永興（りょうご）、南太平寺の丘陵沿いを東流しており、近世には「古井手」と呼ばれている。大友時代の後、慶長六年（一六〇一）の府内藩主竹中重利による町直しの際、この井手を中世府内南端の千手堂町まで延長しようとしたが実現せず、寛永十一年（一六三四）に新たな府内藩主となった日根野吉明による開削で、笠和郷西端の生石（いくし）まで延伸させることができた、との内容である。

図３　荏隈郷井手　大分市

右三件の史料が言及する井手は、現在では「初瀬井路（はつせいろ）」との名称で一般に認知されている。大分川の支流賀来川の宮苑（みやその）地区で取水し、南大分地区の山沿いを通して、元町から大道を経由して生石で別府湾に注ぐもので、その井路は、大分平野西部の丘陵沿いを川より数メートルから十数メートル高い位置で流れ、現在でも同地域の農地を潤す重要な灌漑（かんがい）用水路として機能している(13)（図３・４参照）。十八世紀末寛政年間の地元では、特に、その大規模な延伸に成功して灌漑面積を大きく広げた日根野吉明期の開削が評価されて語り継がれており、井路完成以来百五十年にわたってどのような「大旱」の年

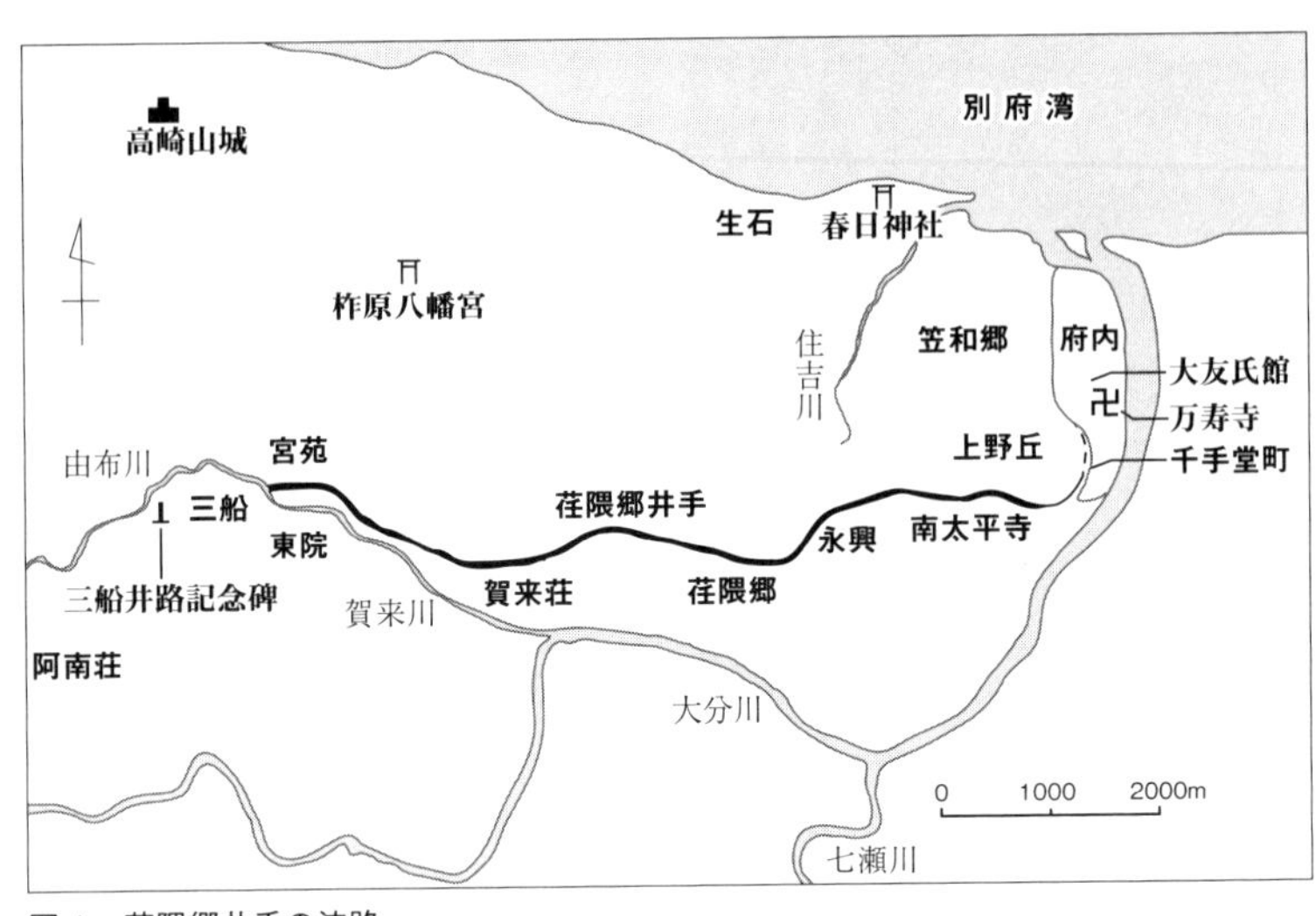

図４　荏隈郷井手の流路

にも「旱損」被害が出なかったのは吉明公の「御仁政」によるものとして、吉明を「井手之明神」と祀ってきたという[14]。

近世の府内藩主日根野吉明によるこの大規模な「初瀬井路」開削事業の成功が脚光をあびる一方で、その六十年前の最初に井手開削を手がけた大友義統の功績は、しだいに忘れ去られていったのであろう。

しかしながら、近世の史料で「古井手」と呼ばれた大友時代の「荏隈郷井手」は、最下流の笠和郷までは行き届かなかったものの、賀来川で取水して賀来荘から荏隈郷までの範囲を灌漑する井路として十六世紀末には機能していたものと推測される。これは、大分川より高地にあって水を確保することが容易ではなかった二つの荘郷を潤して農業生産性の向上を期する、戦国大名大友氏の利水・灌漑事業と評することができるのである。

三、大名権力の夫役動員論理

ここまで、十六世紀の大名権力による土木事業として、筑前国博多の石堂川開削と房州堀築造、豊後国の三船井路および荏隈郷井手開削の事例を紹介してきた。これらは各々、都市の洪水災害を防ぎ外敵の侵入を妨げる治水・防御政策と、都市近郊農地の水源を確保して農業生産性の向上を図る利水・灌漑政策という、地域公権力が主体となって推し進めた極めて公共性の高いインフラストラクチャーの整備事業と位置づけることができる。同様の社会基盤整備は、十六世紀末の豊臣政権期に活発に行われ、また近世期の日本各地で江戸幕府や諸藩が主導的に推進し、それが近代以降に連なる社会経済の発展に大きく寄与したことは従来から指摘されているが、同様な公権力意識を有する戦国大名の領国においても、特に十六世紀後半期以降、武田氏や大友氏等の一部の先進的な大名権力のもとでその先駆的な取り組みがなされていたことは、注目すべきであろう。そうした視野から全国的な史料探索を進めれば、十六世紀段階におけるさらに多くのインフラ整備事業の事例を積み上げて、比較検討することが可能になるであろう。

　では、そうした十六世紀の個別戦国大名による大規模土木事業と、同世紀末から十七世紀前半の豊臣・徳川政権下のそれは、時期や規模の相違は当然除くとして、同様の地域公権力意識を有した為政者による社会基盤整備政策として同質に評価することが可能なのであろうか。本稿の最後に、この問題を考える糸口として、中・近世大名のインフラ整備事業の推進を具体的に支える労役徴発の実態を分析したい。

　川・井路の開削や堀の築造等の大規模土木事業を公権力として進めるには、当然のことながら、現場で具体的工事に作業従事する延べ数万～数十万人の労働力が必要である。例えば、前掲、天正年間開削の「荏隈郷井手」を、慶安三年（一六五〇）にさらに上流取水口からの井路に延伸させた日根野吉明の事業では、八二六八間（約十五キロ）の新井路開削に、延べ七万九八二三人の人夫動員を要したとの記録がある。(15) 大規模土木事業におけるこうした膨大な夫役の需要に際し、戦国期の大名権力と近世の大名は、どのような動員論理を掲げたのであろうか。

豊後の大友家の「年中儀式次第」によると、同家では、元日から三日にかけての「御一姓衆、御譜代衆、外様の諸侍、御目見え」儀礼と「府内の町より松ばやし参る」舞踊祭礼に続いて、正月十一日には「雑務之事、附井手溝之事」等三箇条の「吉書」への当主書判と「御評定初め」、さらに十六日には「国中道作之事」等三箇条の「條々」への当主書判と老中奉書署名の儀礼行為が行われている。[16] 同家の正月儀礼はその後も月末二十九日の「御屋形より諸大名竝御近邊衆へ御振舞」まで続くが、家臣団への接見や振舞、評定初め等の各種式次第のなかに、「井手溝之事」と「国中道作之事」の二項目への当主書判儀式が含まれていることは、注目に値する。戦国期の大名権力が、「井手」や「溝」、「道作」といった公共性の高い社会基盤の整備を、自らの施政課題として位置づけていたことを示していよう。

すでに天文年間に、豊後国において大友氏が「三船井路」の開削に努めた可能性があることは述べたが、文禄三年（一五九四）に大友義統が記した「当家代々御吉書認様之事」でも、「井手溝之事」と「国中道作之事」の二項目を含むこの「吉書」と「條々」が、いずれも天文十八年（一五四九）の書札礼として記されている。[17] 十六世紀半ば段階の戦国大名が、公権力としての社会基盤整備の意識を有していたことの証左である。

このうちの「道作」については、天正十八年（一五九〇）段階の具体的な「奉行任符」が存在する。

［史料六］

佐賀郷道作奉行

詫广別当　　斎藤弾正忠

平林兵部丞

天下就御下知、稠被仰下了、

右、よこ六尺、間弐間、郷役同給主申談、従来廿八可有馳走者也、

天正十八年九月廿一日

「（以下紙背）

（花押）

（志賀道輝）（花押）

（斎藤道瓅）（花押）

（花押）

（花押）」[18]

豊後国佐賀郷での道作奉行として詫磨・斎藤・平林の三家臣を任じ、横幅六尺（約二メートル）の道を二間（約三・六メートル）単位で郷ごとの夫役として賦課することを命じた大友氏奉行人連署の任符である。「よこ六尺」という具体的な道幅と、その土木工事への夫役が領国内の郷ごとを単位とする「郷役」という基準で動員されたことを示す興味深い史料である。

そして、さらに注目されるのは、その郷役が「天下」の「御下知」を根拠として徴集されている点である。天正十八年の大友義統は、すでに豊臣秀吉を上級権力として仰いだ時期に入っており、この段階での地域大名による土木事業の夫役が、畿内の統一政権からの「御下知」を論理として動員されたことを明示している。

九州の戦国大名大友氏が豊臣政権の傘下に組み込まれたのは、対立する島津氏の侵攻に窮した大友義鎮が豊臣秀吉を頼って上坂した天正十四年（一五八六）四月であり、これ以前と以後では、同じ豊後国においても領国統治の性質

は著しく異なることは当然予想される。

大友氏がまだ独立した戦国大名として領国運営を行っていた時期の夫役動員を伴う土木事業としては、前述した筑前国博多の石堂川開削と房州堀築造、豊後国の三船井路開削の事例に加えて、豊後府内の大名館における「土囲廻屏(塀)」（館を囲う土塁と築地塀・土塀）の建設がある。これについては、すでに拙稿において、大名館単体の整備拡張工事にとどまらず、「土囲廻屏」の建設で生じる方位軸を基準とした都市の町割り整備事業の一環として位置づけられることを指摘した[19]。

この「土囲廻屏」の建設は天正元年（一五七三）のことであるが、その土木工事に際して発給された大友氏奉行人連署状は、以下の文言である。

［史料七］

就至笠和郷御土囲屏(塀)之儀被　仰付候、御免許衆之事、従役所言上之趣、遂披露候之処、貴方領地諸点役雖被成御宥免候、為　御所望馳走可為　御祝着之由、可申旨、被　仰出候、早々勤役肝要候、不可有油断之儀候、恐々謹言、

十一月一日

（一万田民部少輔）
鑑林（花押）

小佐井藤内兵衛尉
鎮永（花押）

靏原兵部□□
鑑元（花押）

疋田常陸□

［史料八］

向刑部殿[20]

就至佐賀郷御土囲廻屏（塀）之儀被　仰付候、御免許以着到、従役所言上之趣、遂披露候之処、御領地分諸点役雖御宥免之儀候、為　御所望御馳走可為　御祝着由、以　御書被　仰出候、被育御免許之首尾候之間、直早速御勤役専要候、聊不可有御油断之儀候、恐々謹言、

十一月十五日

怒留湯主殿助

鑑種（花押）

鑑貞（花押）

鑑久（花押）

鑑久（花押）

鶴原兵部少輔

鑑元（花押）

小佐井藤内兵衛尉

鎮永（花押）

一万田民部少輔

鑑林（花押）

怒留湯主殿助

鑑貞（花押）

鑑種（花押）

上野掃部助殿(21)

［史料七］は豊後国笠和郷の向氏、［史料八］は同国佐賀郷の上野氏に宛てたもので、二週間の日付のずれがあるが、ともに「御土囲屏」「御土囲廻屏」建設に関する同一文脈の連署状である。各郷に「土囲廻屏」作事の労役を申し付けたことについて、向氏や上野氏をはじめとした役の免除特権を有する家臣から役所を通じて奉行人に言上があったことを、大友家当主に披露した。当主からは、「天役免許は承知しているが、所望として馳走奉公するのが喜ばしい」との「御書」が発給された。速やかに役を勤めることが肝要である、との内容である。

そして、［史料八］の「為　御所望御馳走可為　御祝着由、以　御書被　仰出候」の文言が示す「御書」の一例としては、次の大友義鎮（宗麟）書状があげられる。

［史料九］

土囲廻屏(塀)之儀、至諸郷庄申付候、仍安岐郷之内、其方領地分諸点役免許之段、雖令存知候、此度之事者為所望、直馳走肝要候、猶奉行中可申候、恐々謹言、

十月廿四日　宗麟(大友義鎮)（花押）

若林弾正忠殿(22)

豊後国安岐郷に天役免許領地を有する若林氏に宛てたものであるが、大友義鎮は、「土囲廻屏」作事への労役負担について、「此度之事者為所望、直馳走肝要」との意志を若林氏に直接伝えて、奉行を派遣している。

この三点の史料から明らかになる事実をまとめてみよう。

まず、「土囲廻屏」作事への夫役負担は、「至諸郷庄申付候」の文言が示すように、戦国大名権力がその領国内の郷・荘単位に幅広く賦課した労役であり、［史料六］「佐賀郷道作奉行任符」中の「郷役」に相当する。史料を博捜したところ、「土囲廻屏」作事を命じる大友氏当主「御書」および奉行人連署状は、この安岐郷・笠和郷・佐賀郷の他に、稙田荘（わさだのしょう）・荏隈郷・直入郷（なおいりごう）の計六郷荘宛で検出された。[23] しかも、旧稿[24]で指摘したように、各郷荘への馳走命令は同日付ではなく、九月二十三日、十月二十四日、十一月一日、十一月十一日、十一月十五日、十二月二日というふうに日付をずらして発給されており、実際の「土囲廻屏」作事が同時一斉に進められたのではなく、郷・荘ごとの小単位で数週間の時間差をつけて部分的に順次行われたことがわかる。戦国大名が賦課した「郷役」による実際の土木建築工程を物語る史料群として、興味深い。

次に注目したいのは、この労役徴発に際しての大名の動員論理である。大名領国内には、それ以前の軍役その他奉公の見返りとして諸天役免許の特権を有する家臣が複数おり、彼らは段銭や棟別銭等の通常の諸役賦課に際してはその負担の免除を受けていた。しかしながら、この「土囲廻屏」の建設は、前述の通り、大名館を囲う土塁と築地塀・土塀の築造のみならず、都市の町割り整備の方位基準作成にも連なる、公共性の高いインフラ整備の事業である。そのため、大名権力は、天役免許衆の例外なく、領国内一円に幅広く役を賦課しようと企図した。大友氏の場合、その労役免除の例外を封じる根拠として持ち出した論理が、奉行人が闕字（けつじ）して掲げる当主の「御所望」と、その当主自身が「御書」のなかで述べる「為所望、直馳走肝要」の文言なのである[25]。

この天正元年の夫役賦課で掲げる戦国大名権力当主の「為　御所望」と、前述天正十八年の「道作」動員の際に掲げる「天下就御下知」とでは、ともに一六世紀後半の大規模土木事業への「郷役」徴集でありながら、その労役動員の論理に大きな隔たりがある。

領国の為政者としての戦国大名が、地域公権力として社会基盤整備のための夫役を一円的に徴集するためには、向氏や上野氏のような家臣が「御免許以着到、従役所言上」してくる天役免許特権を打ち消す論理が必要であった。この免許特権は、馳走奉公した家臣への見返りとして、かつて自らあるいはその先代が大名家当主として施した御恩の一つであり、その効力を解くには、同じ主従制支配機構に位置する当主からの新たな意志が必要である。そこで、大友義鎮は、一般的な「諸点役免許」の継続承認を担保したうえで、「此度之事者為所望、直馳走肝要」と、公共性の高い社会基盤整備にあたる今回の夫役については、同じ当主からの「所望」として一円的賦課を申し付けるので、速やかに馳走するよう指示したのである。すなわち、戦国期の土木事業における夫役の一円動員には、①当主からの命令↓②免許衆の役所への言上↓③奉行人から当主への披露↓④当主「御書」による改めての指示↓⑤奉行人から免許衆への下達、という手続きが必要だったと言える。

この免許特権の担保と解除は、言上してくる免許衆の各々に対して対応する必要のある煩雑な手続きである。こうした点において、統一政権傘下に入った天正十八年段階の夫役徴集の手続きとは、著しく性質が異なっている。自らの上位に位置づける豊臣政権＝「天下」の「御下知」を根拠とする夫役動員の論理の下では、もはや従前の免許特権は効力のないものと位置づけることができ、新たな上級権力の意志を掲げた一円的動員が可能になったものと推測される。

おわりに

最後に、本稿での考察成果をまとめるとともに、若干の補足を述べよう。

本稿は、十六世紀の戦国大名による公共性の高いインフラストラクチャー整備事業の事例を史料的に発掘するとともに、臨戦下での軍事的色彩の濃い陣夫役や築城人夫役の徴発とは異なる、公共的工事の労働力としての夫役徴発の手続きとその動員論理を明らかにすることを目的とした。

まず、十六世紀の筑前国博多での土木事業として、石堂川の開削と房州堀の築造を確認することができた。この川と堀の造作は、臼杵鑑続を作事奉行とした戦国大名大友義鎮の都市における治水・防御事業として位置づけることができた。

大友氏の土木事業については、その本拠地豊後国において、天文年間の「三船井路」の開削、および天正年間には大友義統による「荏隈郷井手」の開削を確認できた。これは、都市近郊農地の水源を確保して農業生産性の向上を図る利水・灌漑政策という側面を有していた。

これら十六世紀の大名権力による大規模土木事業は、地域公権力が主体となって推し進めた極めて公共性の高いインフラストラクチャーの整備事業であり、その後の豊臣政権期や近世期に日本各地で活発化する社会基盤整備事業の先がけとして位置づけることができる。しかしながら、統一政権傘下での諸大名の土木事業の夫役が「天下」の「御下知」を根拠として一円徴集されたのに対して、個別戦国大名の夫役動員には、家臣団が従前から有する天役免許特権を打ち消す論理と手続きが必要であった。同じ公共性の高いインフラ整備事業でありながら、十六世紀の個別戦国大名期と同世紀末の統一政権期では、夫役動員の手続きとその論理という点において、質的に大きな違いを有していた。本稿での考察の成果は、以上の通りである。

では考察の最後に、個別戦国大名の土木事業と豊臣政権の土木事業を比較した当事者の言葉を補足紹介しておこう。

統一政権傘下に入った大名が、従前の夫役動員論拠を転換する契機となったのは、国内において十六世紀末に出現した豊臣政権の圧倒的な動員組織力に他ならない。例えば、天正十四年（一五八六）四月、薩摩島津氏との抗争で窮地に立たされた大友義鎮は、豊臣秀吉に援軍を求めるため、家臣数名を伴って大坂に向かった。義鎮は、この大坂城での秀吉との会見の様子を、「昨日五到大坂遂出頭候」として豊後の重臣に書き送っている。注目したいのは、次に掲げるその書状の二箇条目である。

［史料十］

一、宮内卿法印江立宿之儀(之儀)可仕之(之)由候間、辰剋程に(に)法印へ罷着候、御門内御普請之様子、従諸国之馳走人夫、幾千万とも無申計候、其国之祇薗(園)会・放生会四〇(ツ)五〇合候ても、人数ハ是程難有〇(之)候条、凡可有校量候、大石持運(はこひ)、入替〱馳走候に、聲を高〇(く)仕〇(候)者一人も無之候、堀の深さ、口の廣〇(き)事者無比類、た丶大河之様候、堀底より大石を以、いしさしを(を)被仰付候様躰、見るさへもきとくふしきと存候、況難被及校量候、百千万之事を一言申程之事候、推察あるへく候、(26)

四月五日の晩に堺の妙国寺に宿泊した大友義鎮は、翌六日未明に出立して、早朝に宮内卿法印（松井友閑）の屋敷に到着している。大坂では、折しも秀吉が大坂城を建設する最中で、義鎮一行は、城普請の人夫でごった返す門内を抜けて天守へと向かった。義鎮は、城内に諸国から集まった「幾千万」の人夫の数に驚き、また、彼らが巨石を運ぶのに声を上げることもなく働くようす、そして建設中の堀が大河のように深く広い状態について、「見るさへもきとくふしき（奇特不思議）」と書き記している。自国豊後で毎年開催する府内祇園会と柞原（ゆすはら）八幡宮放生会（ほうじょうえ）に集まる民衆の数を比較にあげ、その四〜五倍の数の「馳走人夫」が、整然と統率された状態で労役に従事する光景に圧倒されたのである。

豊臣政権が推し進める大規模土木工事の現状を目の当たりにした大友義鎮にとって、自らがこれまでに経験した人的動員と統一政権のそれとの質的・量的差異を認識するに余りある見聞になったと推測される。

註

（1）佐脇栄智「後北条氏の夫役について」（同『後北条氏の基礎研究』吉川弘文館、一九七六年）、小和田哲男「戦国大名今川氏の築城人夫役について」（『静岡大学教育学部研究報告』人文・社会科学編三五、一九八四年）、西ケ谷恭弘「戦国期の築城と夫役―普請工事における人夫徴発について―」（『城郭史研究』三五、二〇一五年）等。

（2）「信玄堤」に関しては、安達満「初期「信玄堤」の形態について―最近の安芸・古島説をめぐって―」（『日本歴史』三三五、一九七六年）、柴辻俊六『戦国大名領の研究―甲斐武田氏領の展開―』（名著出版、一九八一年）、『水の国やまなし―信玄堤と甲斐の人々―』（山梨県立博物館、二〇一三年）等の多くの考察がある。

（3）鹿毛敏夫「中世の川と水運・治水」（『史料館研究紀要』八、二〇〇三年。のち、同『戦国大名の外交と都市・流通―豊後大友氏と東アジア世界―』〈思文閣出版、二〇〇六年〉に収載）。

（4）「大友文書」一―一（『大分県史料』二六）。

（5）「恵良文書」一一（『大分県史料』八）。

（6）『筑前国続風土記』四、「石堂」および「博多」。同書の刊本としては、竹田家所蔵本を翻刻した『福岡県史資料』続第四輯と、黒田家旧蔵本を翻刻した『益軒全集』巻之四がある。ここでは内容のより詳細な前者に拠った。

（7）堀本一繁「戦国期博多の防御施設について―『房州堀』考―」（『福岡市博物館研究紀要』七、一九九七年）二四頁下段。
（8）福岡市埋蔵文化財調査報告書第一五六集・一九三集・二五〇集（『高速鉄道関係埋蔵文化財調査報告』Ⅵ・Ⅶ〈一九八七・八八年〉、『博多』二二〈一九九一年〉）、田上勇一郎「都市博多の境界と房州堀」（大庭康時他編『中世都市・博多を掘る』海鳥社、二〇〇八年）等を参照されたい。
（9）前掲註（7）堀本「戦国期博多の防御施設について」。また、佐伯弘次・小林茂「文献および絵図・地図からみた房州堀」（小林茂他編『福岡平野の古環境と遺跡立地―環境としての遺跡との共存のために―』九州大学出版会、一九九八年）でも同堀の築造について考察しているが、大友氏（臼杵氏）以外の築造者の可能性も排除していない。
（10）「大友家文書録」二二九六（『大分県史料』三三）。
（11）大分県立図書館蔵『豊府紀聞』七。
（12）『雉城雑誌』一一（『大分県郷土史料集成』地誌篇）。なお、大分県立図書館蔵の原史料と校合して補訂をなした。
（13）その近世期以降の井路開削と用水管理の実態については、初瀬井路土地改良区編『初瀬井路史』（一九六六年）、および、秦政博「府内藩における灌漑用水の開発―大分川流域を中心に―」（大分大学教育学部編『大分川流域―自然・社会・教育―』一九八六年）を参照されたい。
（14）『大分市史』中巻（一九八七年）六八九頁。
（15）「大石家文書」（前掲註（14）『大分市史』中巻、六八九頁）。
（16）「大友公御家覚書」（『増補訂正編年大友史料』三〇）。『古事類苑』編纂にも携わった黒川真道氏による端書によると、同史料の作者は不詳だが、「大友義統の遺臣などの主家に伝はれる由来の一端を覚書として記したるもの」とされる。
（17）「公方様当家條々要目複本」（『増補訂正編年大友史料』三〇）。
（18）「平林文書」二五（『大分県史料』二五）。
（19）鹿毛敏夫「戦国大名館の建設と都市―大友氏と豊後府内―」（『日本歴史』六六六、二〇〇三年。のち、前掲註（3）同『戦国大名の外交と都市・流通』に収載）。
（20）「向文書」五（『大分県史料』九）。なお、『大分県史料』は「御長囲屏之儀」と翻刻しているが、原文書を確認したところ「御土囲屛之儀」と判読できた。

(21) 東京大学史料編纂所蔵写真帳「下田文書」。同文書は、対馬厳原の下田家に伝わる古文書群であるが、その内容は豊後国佐賀郷の大友氏家臣上野氏に関する貴重な未翻刻中世史料である。

(22) 「若林文書」五四（『大分県史料』三五）。

(23) 「大友家文書録」一六二四・一六二五（『大分県史料』三二）、「田北梅三郎文書」一（『大分県史料』一三）。

(24) 前掲註（19）鹿毛「戦国大名館の建設と都市」。

(25) なお、長田弘通氏は「為所望」を「所望のため」と読み、その主体を大友義統と解釈する（大友館研究会編『大友館と府内の研究』〈東京堂出版、二〇一七年〉第六章第一節1）が、本稿では「所望として」と読み、かつその主体は、二頭政治期においていまだ十六歳の義統に実権を譲る前の大友義鎮（四十四歳）と解釈したい。すなわち、［史料八］の奉行人連署状における文言「為御所望御馳走可為　御祝着由、以　御書被　仰出候」では、「御所望」「御祝着」「御書」「仰出」の四つの当主行為に闕字敬意が示されており、長田氏の解釈では、最初の「御所望」のみを義統への敬意、それ以外を義鎮への敬意に分けざるを得なくなり、文意を損なう。

(26) 「大友家文書録」二〇九一（『大分県史料』三三）。なお、東京大学史料編纂所蔵影写本と校合して補訂した。

あとがき

本書の始まりは、二〇一六年七月に戎光祥出版株式会社編集部の石田出さんからいただいた一本のメールでの、八月に行う小さな研究会の成果を書籍化しないかというありがたいお誘いだった。ただ、その会についてはすでに他の出版社から成果論集を公刊する話が進んでいたためにお断りし、代わってもうひとつの構想中の共同研究会の趣旨とプランを説明し、その成果論集を引き受けていただけないか逆提案をしたところ、「これまでにあまりなかった切り口」の研究として評価いただいて、あらためて出版の見込みとなったいきさつがある。

その「これまでにあまりなかった切り口」の共同研究会については、すでにその二年前から構想自体は温めつつあったものの、当時は「戦国大名領国の特質をいくつかのテーマに絞って比較することで何かが見えてくるのでは」という漠然としたものでしかなかった。二〇一四年十月に企画会と称して、本書巻頭論文を提供いただいた木村信幸氏（広島県教育委員会文化財課）や、筑前岩屋・宝満城督高橋鑑種をめぐる毛利氏の北九州経略に詳しい荒木清二氏（広島県立文書館）からも意見をいただきながら、最終的にテーマを「戦国大名の土木事業――中世日本の「インフラ」整備」に絞り込んで、文献と考古十三名の気鋭研究者による共同研究会を組織できたのは二〇一六年八月のことである。

各自の分析成果を持ち寄っての研究会は、翌二〇一七年一月二十一日（土）と二十二日（日）に、北島大輔氏（山口市教育委員会文化財保護課）の協力を得て山口市で開催することができた。「中世の都市設計」と「中・近世の社会基盤整備」の二つのテーマをもとに、二日間で八本の報告と総合ディスカッションを行い、最終日午後には北島氏の案内で大内氏館と中世都市山口の現場を歩いた。会には戎光祥出版株式会社編集長の丸山裕之さんにも参加いただいて出版に向けた意見を賜るとともに、夜の懇親会では暖かい鍋料理にまろやかな山口の地酒を酌み交わしながら、厳冬の深夜まで議論を続けた。出土遺物や文書史料について熱く語り合うその集団は、周囲の一般客からは異様に見えたであろうが、この「夜の学際的会議」でのメンバーの熱心で活き活きとした研究情報交換に、私は本論文集の成功を確信することができた(無論、交わした情報の大半は翌朝には記憶に残っていないが……)。

こうして、本書は多くの方々の賛同と協力を得て刊行に漕ぎ着けることができた。十一名の論文提供者の皆さんには感謝の言葉もない。また、編者として刊行スケジュールを優先せざるをえないあまりに、成稿をお待ちできなかった方には、深くお詫び申し上げたい。多くの方々の下支え(まさに「人的インフラ」)の土台の上に本書を成すことができ、いま四年間の取り組みを思い起こし、感謝の念に堪えない。

二〇一八年四月

鹿毛敏夫

【執筆者一覧】

第1部

木村信幸　一九六三年生。現在、広島県立歴史博物館学芸課長。
吉田　寛　一九六二年生。現在、大分県立埋蔵文化財センター調査第二課長。
新名一仁　一九七一年生。現在、鹿児島大学・志學館大学非常勤講師。
山内治朋　一九七〇年生。現在、愛媛県歴史文化博物館専門学芸員。

第2部

北島大輔　一九七二年生。現在、山口市教育委員会文化財保護課副主幹。
青木勝士　一九六九年生。現在、熊本県立図書館学芸参事。
水野哲雄　一九七九年生。現在、福岡市文化財活用課文化学芸職。
中司健一　一九八〇年生。現在、益田市歴史文化研究センター主任。

第3部

竹田和夫　一九六〇年生。現在、新潟県立新発田高等学校教諭。
津野倫明　一九六八年生。現在、高知大学人文社会科学部教授。
川口洋平　一九六九年生。現在、長崎県世界遺産登録推進課課長補佐（文化財保護）。
鹿毛敏夫　別掲

【編者紹介】

鹿毛敏夫（かげ・としお）

1963年生まれ。
広島大学文学部史学科卒業、九州大学大学院人文科学府博士後期課程修了。
現在、名古屋学院大学国際文化学部教授。

著書に、『戦国大名の外交と都市・流通』（思文閣出版）、『大航海時代のアジアと大友宗麟』（海鳥社）、『アジアン戦国大名大友氏の研究』『アジアのなかの戦国大名』（ともに吉川弘文館）、編著に、『戦国大名大友氏と豊後府内』（高志書院）、『大内と大友』『描かれたザビエルと戦国日本』（ともに勉誠出版）、論文に、「『抗倭図巻』『倭寇図巻』と大内義長・大友義鎮」（『東京大学史料編纂所研究紀要』23）、「遣明船と相良・大内・大友氏」（『日本史研究』610）、「西国大名領国比較研究の方向性」（『博多研究会誌』14）などがある。

装丁：藤田美咲

戎光祥中世史論集　第6巻
戦国大名の土木事業
中世日本の「インフラ」整備

二〇一八年六月八日　初版初刷発行

編　者　鹿毛敏夫
発行者　伊藤光祥
発行所　戎光祥出版株式会社
〒一〇二－〇〇八三
東京都千代田区麹町一－七　相互半蔵門ビル八階
電　話　〇三－五二七五－三三六一㈹
ＦＡＸ　〇三－五二七五－三三六五
編集協力　株式会社イズシエ・コーポレーション
印刷・製本　モリモト印刷株式会社

https://www.ebisukosyo.co.jp
info@ebisukosyo.co.jp

ISBN978-4-86403-294-0